Eva Essa

What to Do When: Practical Guidance Strategies for Challenging Behaviors in the Preschool, Sixth Edition

ISBN: 9781418067168

Copyright © 2008 by Delmar Learning, a part of Cengage Learning.

Original edition published by Cengage Learning. All Rights reserved.

本书原版由圣智学习出版公司出版。版权所有，盗印必究。

China Light Industry Press is authorized by Cengage Learning to publish and distribute exclusively this simplified Chinese edition. This edition is authorized for sale in the People's Republic of China only (excluding Hong Kong, Macao SAR and Taiwan). Unauthorized export of this edition is a violation of the Copyright Act. No part of this publication may be reproduced or distributed by any means, or stored in a database or retrieval system, without the prior written permission of the publisher.

本书中文简体字翻译版由圣智学习出版公司授权中国轻工业出版社独家出版发行。此版本仅限在中华人民共和国境内（不包括中国香港、澳门特别行政区及中国台湾）销售。未经授权的本书出口将被视为违反版权法的行为。未经出版者预先书面许可，不得以任何方式复制或发行本书的任何部分。

978-7-5019-7797-0

Cengage Learning Asia Pte. Ltd.
5 Shenton Way, # 01-01 UIC Building, Singapore 068808

北京市版权局著作权合同登记号 图字01-2010-6086号

本书封面贴有Cengage Learning防伪标签，无标签者不得销售。

WHAT TO DO WHEN
Practical Guidance Strategies for Challenging Behaviors in the Preschool (Sixth Edition)

幼儿问题行为的识别与应对

（教师篇）

（第6版）

【美】Eva Essa 著
王玲艳 张凤 刘昊 译

中国轻工业出版社

图书在版编目（CIP）数据

幼儿问题行为的识别与应对：教师篇，第6版／（美）埃萨（Essa, E.）著；王玲艳，张凤，刘昊译．—北京：中国轻工业出版社，2011.1（2019.6重印）
书名原文：What to Do When: Practical Guidance Strategies for Challenging Behaviors in the Preschool (Sixth Edition)
ISBN 978-7-5019-7797-0

Ⅰ.①幼… Ⅱ.①埃… ②王… ③张… ④刘…
Ⅲ.①婴幼儿-不良行为-研究 Ⅳ.①B844.12

中国版本图书馆CIP数据核字（2010）第157615号

总 策 划：石　铁
策划编辑：高　君　　　　　　　　责任终审：杜文勇
责任编辑：吴　红　高　君　　　　责任监印：刘志颖

出版发行：中国轻工业出版社（北京东长安街6号，邮编：100740）
印　　刷：三河市鑫金马印装有限公司
经　　销：各地新华书店
版　　次：2019年6月第1版第20次印刷
开　　本：740×1050　1/16　印张：21.00
字　　数：256千字
书　　号：ISBN 978-7-5019-7797-0　定价：38.00元
著作权合同登记　图字：01-2010-6086
读者热线：010-65125990，65262933　传真：010-65181109
发行电话：010-85119832　传真：010-85113293
网　　址：http://www.chlip.com.cn　http://www.wqedu.com
电子信箱：1012305542@qq.com
如发现图书残缺请与我社联系调换
100045J6X101ZYW

译 者 序

"儿童是花朵,教师是园丁。"这个经典得有点俗套的比喻,似乎可以作为这本书很好的注脚。当成长中的花朵遭遇一些小问题时,园丁们该怎么办?本书通过诸多实例,为幼儿教师提供了一部详实的"园艺指南",它系统而全面地论述了学前儿童出现各种问题行为的可能原因和步骤明确的处理方法,这种系统性和全面性在同类图书中并不常见。然而,译者认为本书的最大价值并不在于为幼儿教师提供了针对某种儿童的问题行为的操作方法,而在于其背后的"思想精髓",即儿童问题行为的处理,是一项春风化雨、润物无声的"园艺系统"的工程,不是"头痛医头、脚痛医脚"的外科手术。

孩子们的每一步成长,都依赖于成人所提供的环境和养料,环境和养料提供的不当就会导致儿童出现问题行为。因此,针对儿童问题行为这种意外的"瑕疵",教师首先就要从环境和养料入手。有序的教室环境、适宜的活动和材料、合理的日常常规、良性的师生(亲子)交流等构成了儿童成长的积极环境;成人正确的教养态度、适当的期望水平、良好的教养习惯、科学的教养方式,调配出了营养丰富的养料。它们二者要融合在一起,以一种潜移默化的方式,引导儿童向理想的方向自然生长。这是我们从本书中得到的第一大启示。

儿童的每一种问题行为都绝不可能是"无本之木、无源之水",背后总有其特定的原因。如果不去探寻它们出现的根源,一味地像对付"毒瘤"一样去切除、压制,效果只能适得其反。面对问题行为时,教师首先要进行细致的观察,接着要与孩子的家人进行有效的沟通,以找出问题行为的原因,这样教师采取的针对性处理措施才有了深厚的根基支撑,这是我们从本书中得到的第二大启示。

本书针对每一种特定的问题行为,不仅为读者分析和解释了其行为背后的原因,更重要的是为我们提供了在"处理"这些问题之前应该做的准备活动、具体的处理策略以及处理之后的进一步强化措施。本书围绕着行为的产生、发展、消退进行了详尽的论述,环环相扣。对于学前教育领域的工作者来说,这本书不愧是日常教育教学实践中非常有针对性、非常实用的指导手册。希望读者在翻阅本书时细细体会、思考上述两点启示,看是否能与我们产生共鸣。这样的体会、思考过程,能帮助我们从日常教育工作的细枝末节中暂时跳出来,对儿童教育进行一

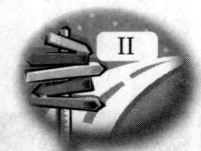

些反思和深度思考。果真如此，我们的翻译工作也就有了真正的价值。

本书的翻译分工如下：前言至第 15 章由张凤翻译、第 16 章至第 33 章由刘昊翻译、第 34 章至 49 章由王玲艳翻译，全书由王玲艳负责统稿。受水平和经验所限，本书翻译中的疏漏在所难免，望广大读者不吝指正。

王玲艳　张　凤　刘　昊

2010 年 4 月

前　言

　　在很大程度上，这本书是对我近10年来教授早期教育专业学生的一个总结。在教授有关学前儿童问题行为指导策略的课程的时候，我的学生常常会跟我说，他们发现一些文献资料谈及的话题很有趣，很令人激动，但是内容不够具体。学生们的反应通常是："是的，我理解和赞同这些理论和原则，但是当我遇到具体问题的时候，我该怎么办呢？"我的学生们关注的是似乎从不和其他孩子打交道的塔莎、总是以闪电般的速度咬人的罗杰以及总是让父母和教师担心的过分挑食的格莱斯拉。正因如此，我开始思考我怎样才能以一种更为具体和实用的方式来阐述有关发展适宜性行为指导策略方面的信息。

　　自本书第一版出版后的25年来，我收到了很多一线幼儿教师的反馈，他们发现这本书包含了很多实用的、有针对性的解决儿童问题行为的方法。承接之前几版的特点，第六版我也试图帮助教师找到一种合适的、积极的指导技术。本书所涉及的各种方法，都是基于作者的广泛研究，能有效解决儿童的问题行为。每种处理方法都有配套的操作技术。在处理儿童的一些特定的问题行为时，这本书为教师提供了一种循序渐进的指导方式，这也是出版这本书的目的。通过阅读目录，你会发现本书考虑到了儿童的很多种问题行为。

　　这本书的特点首先是，将教师的注意力集中在引起这些行为的潜在原因上。在改变某个儿童的问题行为之前，教师应该仔细考察这名儿童的生活环境，弄清可能导致这种行为产生的原因。比如，教师要尽可能多地考察儿童的家庭生活和可能引起儿童这种行为的任何医学上的因素，这些工作是非常必要的。另外，很重要的一点是要考察学前儿童的生活环境，包括在这些环境中和儿童一起生活的人。本书在阐述每一个具体的问题行为的章节中，都有一个部分——"行为分析"来讨论这方面的内容。在今天这样一个复杂多变的社会里，这些因素深刻地影响了儿童的生活，而儿童的行为常常是对其生活的反应。儿童本身没有能力来控制这些因素，因此，作为教师，你应该积极行动起来，搞清楚引发儿童问题行为的原因，帮助他们更有效地应对生活中那些让他们备感压力的因素。

　　这本书的另一个特点是强调教师与儿童家长合作，向家长咨询信息和建议。本书每章都为教师提供了一些建议，指导教师如何就孩子的问题行为与家长进行沟通。在这方面，教师应该注意的一些事项，本书第6章——"与家长合作"中介绍到了。本章和接下来每章中的相关部分都强调了教师与家长合作找到儿童问题行为解决办法的重要性。

第六版增加了一些新的内容，具有了一些新的特点。比如：此版中一个重大的改变是提倡教师们经常使用"计时隔离"策略教育孩子，而在以前的版本中，教师们被要求在使用这个策略时要非常地谨慎。此外，在此版中，这种策略的名称和方法都有所改变。为了更加反映其教育意图，我们把这种策略命名为"自我控制时间"。在使用这个策略的过程中，教师的控制将变少，更多的是儿童的自我主导。儿童有时候需要时间来远离喧闹的活动区和班级活动使自己平静下来，重新获得心理平衡，即自我控制能力。从这个意义上来说，教师可以为儿童提供一个安静的环境。此外，儿童是能够知道他们应该在什么时候回到自我控制的状态中的。所以，在这版中，我们建议教师要相信儿童，让他们自己决定他们的自我控制时间应该在什么时候结束。已经使用过这个策略的教师已经发现，这是一个非常有用的工具。在第5章中，你会获得更多的关于这个策略的信息。在其他一些章节中，"自我控制时间"也是一种被推荐使用的策略。

我希望这些调整能为那些每天和儿童朝夕相处的幼儿教师提供更有效、更实用的帮助。在理解班级中儿童的整体特征和每个儿童独特性的基础上，教师为每个儿童提供更敏锐的支持和指导，将有助于这些儿童成长为更具有安全感和更足智多谋的青年，因为他们在教师的帮助下已经学会了如何有效地应对当今社会中的各种问题。

Eva Essa 博士
2006年8月

目　　录

第一篇　概述 /1

第1章　引言：如何用好这本书 ……………………………………………… 2
第2章　创设一个积极的环境来鼓励儿童的适宜行为 ……………………… 11
第3章　为什么儿童会表现出问题行为 ……………………………………… 17
第4章　有特殊需要的儿童 …………………………………………………… 22
第5章　应对儿童问题行为的策略 …………………………………………… 27
第6章　与家长合作 …………………………………………………………… 34

第二篇　攻击性行为和反社会行为 /43

第7章　打人 …………………………………………………………………… 44
第8章　咬人 …………………………………………………………………… 51
第9章　向他人扔东西 ………………………………………………………… 57
第10章　伤害他人 ……………………………………………………………… 64
第11章　说脏话 ………………………………………………………………… 72
第12章　起外号 ………………………………………………………………… 79
第13章　不爱分享 ……………………………………………………………… 85
第14章　贿赂别人博取友谊或好处 …………………………………………… 94
第15章　爱拿不属于自己的东西 ……………………………………………… 101
第16章　拒绝服从 ……………………………………………………………… 107

第三篇　捣乱行为 /113

第17章　扰乱集体活动 ………………………………………………………… 114
第18章　擅自离开教室 ………………………………………………………… 121
第19章　在教室里漫无目的地乱跑 …………………………………………… 128
第20章　在教室里乱喊乱叫 …………………………………………………… 134
第21章　乱扔东西来制造噪声 ………………………………………………… 139

第四篇　破坏性行为 /145

第22章　撕毁图书 ……………………………………………………………… 146
第23章　损坏玩具 ……………………………………………………………… 151

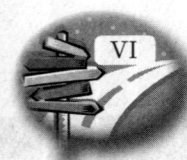

第24章	把东西丢进马桶里冲走	158
第25章	浪费纸张	164
第26章	破坏他人的作品	169

第五篇　情绪及依赖行为 /175

第27章	爱哭	176
第28章	爱发脾气	182
第29章	动不动就撅嘴生气	188
第30章	儿语	193
第31章	吮吸手指	199
第32章	尿裤子	205
第33章	黏人	210
第34章	寻求关注	216
第35章	哼哼唧唧的"小事儿妈"	222
第36章	自慰	228

第六篇　社会交往和幼儿园活动中的问题行为 /235

第37章	不参与活动	236
第38章	不参加社会性游戏	242
第39章	因害羞而不参加集体活动	249
第40章	只玩某一个或某一类玩具	255
第41章	很少参加大肌肉活动	261
第42章	很少玩假装游戏	267
第43章	不爱说话	274
第44章	不能集中注意力	282

第七篇　不良饮食行为 /291

第45章	挑食	292
第46章	多食	302
第47章	乱食	314

第八篇　多种问题行为 /321

| 第48章 | 表现出多种问题行为的儿童 | 322 |
| 第49章 | 最后的一些思考 | 325 |

第一篇

概 述

第1章

引言：如何用好这本书

作为早期教育领域的一名教师，你最重要的工作就是帮助儿童学习和消化社会规则和期望，这本书将尝试在这方面为你提供一些帮助。儿童在成长的过程中一直在不断地学习哪些行为是可以被人们所接受的，而哪些行为是不能被人们所接受的，教师对其行为如何做出反应对儿童的社会性学习非常重要。教师对儿童的行为何时以及如何反应不但影响儿童当下的行为，也将对儿童以后的发展产生影响。因此，当儿童表现出问题行为时，你对指导策略的选择不但关系到儿童当下的行为表现，还将对他们的社会化过程产生持续的影响作用。

这本书试图为你处理儿童的问题行为提供一个指南。那些分散在本书各章中作为要点强调的策略技巧并不是要你把它们作为改变儿童问题行为的固定公式，而是作为一个指南。这些策略本意在于鼓励教师认真思考儿童为什么会出现这样的行为，然后把这种思考作为系统处理儿童问题行为的起始点。

策略背后的理论支撑

教师们会使用各种策略来处理儿童的问题行为，而每种策略通常都基于某种特定的理论，而这种特定的理论又为策略的有效性提供了逻辑依据。许多教师发现，综合各种理论提出来的策略运用起来更为有效。这本书列举的各种策略正是基于各种理论方法的综合。这一部分主要是讨论这些策略背后的四种理论——行为主义理论、精神分析理论、人本主义理论和认知理论，以及本书是如何吸收和运用这些理论的。

行为主义理论。 以B. F. 斯金纳（B. F. Skinner）为代表的行为主义理论认为，行为，无论是适宜还是不适宜的，都是儿童在与周围环境和他人的相互作用过程中习得的。当儿童与同伴、成人进行交往时，他们学会了如何回应他人、如何与他人进行互动以及如何在不同的社会环境中表现出不同的行为。他们也了解到其他人是如何回应他们的行为的。这样，儿童就会逐渐选择别人认可的那些行为方式。

适宜行为和不适宜行为就是这样发展起来的。儿童的行为有被周围的人强化和不被强化这两种可能。如果适宜行为得到强化，那么适宜行为就会持续地表现出来。同样，若不适宜行为得到强化，不适宜行为就会持续表现出来。如果没有得到强化，两种行为都将消失。因此，儿童持续表现出一些不适宜行为很可能是因为当他们表现出这些行为时，成人给予了他们一定的关注。当他们表现出适宜行为时，如果没有得到关注，那么他们将逐渐不再表现出这些适宜行为。

年幼儿童所表现出来的不适宜行为既来源于他们生活中已经形成的一些行为模式，也与他们没有很好地理解什么样的行为是适宜的有关（社交经历有限所致），因此，他们表现出不适宜行为是很正常的。从技术上说，成人能系统地改变儿童的不适宜行为，直到儿童表现出适宜行为。

行为主义一直试图像一门非常精确的科学那样运作，它只把行为定义为我们通常可以看到的方面（如动作和语言，包括打人、咬人、发脾气和给别人起外号等），而不包括那些看不见的方面（如行为背后的意图和感觉，包括嫉妒、生气和悲伤等）。因为这样可以让人们更好地记录这些行为发生的频率以了解这些行为是增加了还是减少了。以艾伯特·班杜拉（Albert Bandura）为代表的社会学习理论认为，儿童是通过观察模仿他人的行为来学会如何应对各种各样的社会情境的，这一理论丰富了行为主义的研究方法。观察学习在学前儿童的学习、生活活动中非常普遍（比如，他们会表现出他们从老师和同伴那习得的一些优良品质，如同情、友爱、有礼貌和爱护物品等）。他们特别喜欢模仿他们尊敬或者喜欢的或者是那些他们在某种程度上很认可的人的行为。除此之外，某些特定的情况下，比如，他们碰巧看见某种行为得到成人的认可和表扬，他们就会模仿那种行为。

这本书中所提供的很多策略都基于行为主义理论，如每章中建议教师通过观察量表和测量标准来仔细地选择儿童的问题行为的指导策略以及建议教师有意识地强化儿童适宜行为的策略。此外，其他的一些策略，如为儿童树立榜样和忽略儿童的一些问题行为，也是基于行为主义理论。

精神分析理论。 精神分析理论的创始人是西蒙·弗洛伊德（Sigmund Freud），这种理论不仅为教师提供了又一种考察儿童为什么会表现出某些问题行为的途径，还提供了处理这些问题行为的策略。它强调要考察儿童行为背后的潜在影响因素，认为潜在因素是某种特定行为出现的根源。

美国的心理学家、精神病学家鲁道夫·德莱库斯（Rudolph Dreikurs）认为，儿童所有的不适宜行为都起源于四种潜在的心理需要：想引起他人的注意；为了权利和成人抗争；想"报复"成人；平衡因为不能达到成人某些合理的期望而产生的无助感和无能感。因此，教师在采取措施处理儿童的某种问题行为之前应该先搞清楚这种行为背后的原因。德莱库斯提倡使用鼓励和自然后果法来改变儿童的问题行为，而不赞同使用奖励和惩罚的方式。

另外一种策略基于埃里克·艾里克森（Erik Erikson）（1963）的心理发展阶段理论。

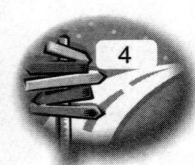

这个理论认为,成人敏锐地感知儿童在某个特定阶段的心理需要和弄清儿童在这个阶段面临的关键任务是非常重要的。比如,在婴儿阶段,儿童需要发展信任感,这种信任感可以通过我们成人为他们创设一个始终如一的、充满爱的环境而建立起来。建立强烈的信任感是儿童发展积极的人际关系非常关键和必要的基础。

在蹒跚学步阶段,儿童需要获得自主感以保证他们的运动、语言和认知能力的迅速发展。这样,他们需要在一个安全的、充满爱和理性的环境中获得更多的机会来培养他们的独立性。不能获得自主感的儿童在随后的发展过程中会伴随有羞愧感和怀疑感。

在学龄前阶段,即3—5岁,儿童正努力获得主动感,他们需要去探索、去尝试新事物以满足自己的好奇心,同时,不用担心因为自己的行为而遭到成人过度的指责和批评。否则,他们将衍生出罪恶感和失败感。

当儿童成长到学前末期,他们更多的是希望自己拥有一种勤奋感。他们喜欢制订并实施计划,喜欢参与一些活动。在这个过程中,他们也逐渐培养起爱劳动的习惯、坚持的品质和对社会规则的深刻理解能力。儿童如果不能获得足够的勤奋感将会产生自卑感和平庸感。

本书也运用了精神分析理论的观点。比如,通读全书,你将会发现,本书为你提供的一些建议正是在引导你认真观察引起儿童问题行为的原因。通常,儿童的一些问题行为是他们对自己不能控制和不能理解的事件的反应,比如父母的离异、家庭中有了新生儿或是自己生病了。当成人试图弄清楚是什么导致了儿童的某种行为时,他们也正在以一种更有效和敏锐的方式来处理这种问题行为。

此外,本书也鼓励教师考虑儿童可能出现问题行为的心理发展阶段。比如:蹒跚学步阶段,那些试图获得自主感的儿童可能会抢其他儿童的玩具,抢不到时就会咬人、打人,或者经常对教师提出的一些合理要求说"不"。如果教师能意识到这些行为只是这个阶段的儿童渴望获得自主的一种不成熟的表达方式而不是不正常的行为的话,教师就能平心静气地引导、解释和用积极的手段来纠正这些行为。

人本主义理论。人本主义理论基于这样的信条——成人和儿童之间应该相互尊重、彼此接纳,因此这一理论非常强调互动。当儿童"遇到"一个问题时,教师必须尊重儿童解决问题的权利,相信儿童有解决问题的能力。教师不必给予儿童建议、向他们说教或者分散他们的注意力,而是要运用积极倾听的技巧,这种倾听技巧的本质在于将儿童正在表达的意思反馈给他们(如"听起来你很不开心,因为艾瑞和玛丽不让你和他们一起玩")。这种技巧要求成人要去理解儿童正在表达的意思,同时,要允许儿童用他们自己的方式来解决问题。

当发现儿童表现出不适宜行为时,教师可以使用一种我们称之为"我—信息"的策略,即告诉儿童,你对他的这种行为做何感想(如"当我发现地板上全是积木

时，我很担心有人会绊倒而受伤，这让我感到很困扰")。教师不需要传达"你—信息"，即告诉儿童，他该怎样怎样（如"你玩完玩具不收拾，太不负责任了"）。

人本主义理论的一些元素在本书中也有所体现，比如认真倾听儿童说话、真诚地表达自己的感受、不轻视儿童等，这些策略应该成为教师处理任何一种问题行为方案中的一部分。综上所述，任何改善儿童不适宜行为的策略都必须以关心和尊重儿童为基础。

认知理论。认知理论，特别是其中有关道德发展的部分，也提出了一些指导儿童问题行为的策略。让·皮亚杰（Jean Piaget）通过明确儿童认知发展，包括道德发展的几个阶段奠定了认知理论的基础。儿童日益增长的逻辑思考能力和自主能力是通过教师运用"归纳推理"能力逐渐培养起来的，教师通过逻辑推理帮助儿童理解他们的行为对其他人产生的影响。教师的工作重点在于让儿童理解其他人的感受、尊重其他人的权利，而不是把重点放在那些惩戒性的禁令和限制上。除此之外，教师还要允许儿童有很多机会来自己做决定，并承担这些决定产生的后果。获得归纳推理能力和自己做决定的机会能帮助儿童发展出良好的自我控制能力。这样，儿童就会越来越多地基于自己内心的感受表现出某种行为，而不是仅仅按照成人的要求行事。在一种和谐的、充满尊重的氛围中成长起来的儿童将会更多地遵从那些合理的期待。

利维·维果斯基（Lev Vygotsky）的理论也为教师指导儿童的问题行为提供了一些建议。在他的社会文化理论中，他特别强调了成人和年长同伴在帮助儿童了解他们所处文化的社会期望和符号中的作用。他还强调成人为年幼儿童提供持续性鹰架支持的重要性，强调教师要给予儿童一定的指导以帮助他们学到新的技能。这些技能包括感知运动技能如把一副拼图拼好，大肌肉动作技能如骑自行车，或者是社会交往技能如在互动的游戏中学会分享。

这本书同样也运用了认知理论。当教师认为儿童需要发展自我约束能力时，他们的这种认识就会反映在他们与儿童的互动中，反映在他们对儿童或明示或暗示的期望中以及他们所运用的儿童行为指导策略中。这些有助于儿童逐渐意识到他们的行为对其他人的影响，并因此逐渐表现出一些适宜行为。成人的鹰架支持有助于儿童发展那些仅仅靠他们个人努力无法学习到的技能，也有助于儿童发展起其他的一些社会技能。

策略成功实施的前提条件

这本书所提供的策略是基于对策略成功实施所需环境和氛围的一些基本假设上。教师在寻找应对儿童问题行为的策略之前，他们必须获得保证这些策略能够成功实施的前提条件。

环境和教师。本书推荐使用的应对儿童问题行为的策略应该在一种以儿童为中心的、为儿童设计的活动具有发展适宜性特征且师幼互动积极的环境中实施。此外，与儿童朝夕相处的教师必须认识到自己在指导儿童行为中的重要性。教师必须始终如一、客观地对事情进行思考。教师需要认识到，年幼儿童的行为常常是他们的好奇心和探究欲导致的，认识到"困难"儿童只是一些出现问题行为的儿童，而不是一些"坏"孩子。在第2章中，我们将进一步讨论环境，包括教师，在引导儿童适宜行为中的作用。

为什么儿童会出现问题行为。这些策略成功实施的第二个前提条件是，教师要关注儿童为什么要用问题行为来对抗成人。教师应该认真地了解和考察儿童之所以表现出问题行为的原因。不要试图假设儿童出了什么问题或者不问原因直接采取措施改变这些行为。通常，环境因素，包括教师的一些不当行为，是儿童问题行为产生的根源。本书从第二篇开始在阐述这些问题行为的时候都对其潜在原因进行了讨论。因此，教师在试图改变儿童某种问题行为之前应该排除所有可能的表面上的原因。本书第3章对"为什么儿童会表现出问题行为"这个问题进一步进行了讨论。

规则和期望。第三个前提条件是，儿童必须能够理解人们对他们的社会期望。如果儿童不能意识到哪些行为是被社会接受的、哪些行为是社会不允许的，那么我们就不能期望他们表现出适宜行为。教师应该为儿童提供一些简单的、具有一般意义的行为规范。对于学前儿童来说，我们为他们制定的绝大多数行为规范都必须是基于这些行为本身的高度安全性，可能会伤害到儿童自己和其他儿童的行为应该被制止。合乎逻辑的规则也很容易被遵守，时常重申这些规则和对规则进行解释有助于防止儿童出现更多问题行为。

除此之外，很多时候，儿童仅仅只是因为他们没有意识到自己的行为是不被人们所接受的，才一再表现出某种问题行为。不过，教师要认识到这一点可能需要很长时间。虽然儿童通常都知道当他们表现出某种行为时，老师是不喜欢的，但儿童不是每次都能意识到。因此，教师要帮助儿童区分哪些行为是适宜的、哪些行为是不适宜的。当儿童没有意识到他们的问题行为可能产生的后果时，教师有时只需要用简单的话语解释给他们听，他们就能懂；有时却需要给他们做示范或者用一种相对系统的方式教给他们应该怎么做。不过，如果儿童知道他们将要表现出的是问题行为，但是他们还是不顾一切要继续的话，教师就需要考虑如何来改变这种行为了，正如这本书接下来几章所讨论的那样。

始终如一的坚持。这本书中所提供的策略也基于这样的前提，就是教师要始终如一地坚持应用这些策略。成功地改变某种不让人接受的行为必须依靠持续的指导，只有这样，教师才能在改变儿童问题行为方面获得令人满意的结果，在这

个过程中教师需要充满信心，这一点也很重要。因为儿童的某种问题行为得到了周围亲人的强化，并且这种强化已经持续有一段时间，要改变起来比较困难。但是为了改变儿童的问题行为，这样的强化必须要完全停止。

行为发生的频率。 第五个前提是，教师要知道某种问题行为发生的频率。我们所描述的策略针对的是那些儿童经常出现的问题行为。某一个儿童可能会在某种特定的情况下，比如身体很累的时候、家庭生活环境让他觉得很有压力的时候，或者被其他小朋友激怒的时候，表现出某种问题行为。在这种情况下，教师要心平气和地告诉这名儿童他的这种行为是不被允许的，并告诉他原因。如果可能，儿童身处的环境应该得到改善，比如教师可以在教室里找一个安静的地方让这个疲倦的孩子躺一会儿，这样这个孩子会感受到老师对他的关爱。当然，并不是只有这一种解决方式。但是，假如儿童的某种问题行为经常出现并持续了一段时间，那么儿童所处的生活环境中一定有什么东西强化了他的这种行为。至于是什么，这就需要教师进一步观察儿童的生活环境来确定。

与家长合作。 最后一个前提是，教师在应对儿童的问题行为时，在大多数情况下，可以和孩子的家长一起携手努力。教师应该本着诚恳的、以解决问题为目的的态度和家长讨论。家长可能和教师一样一直在关注着自己家孩子的这种问题行为，也有可能家长对孩子的这种问题行为有和教师不一样的看法。在这种情况下，阐明各自的立场和观点以及相互理解是非常重要的。假如教师和家长能一起携手合作，他们将会发现：在这种情况下采取的解决方式可能是最有效的。

如何使用本书

本书试图帮助幼儿教师有效地处理学前儿童经常出现的问题行为。假如教师决定要改变儿童的某种问题行为，那么面对此种情形应该采取的最合适的解决策略，教师都可以在这本书中找到。学前儿童最经常出现的问题行为，这本书都涉及了。至于具体如何应对儿童的某种特定的问题行为，教师可以参考本书中的相关篇章。

本书在阐述儿童的某种特定的问题行为时，都是通过下列形式呈现的。

行为表述

这个部分阐述了儿童某种问题行为的表现。

行为观察

在试图处理儿童的某种问题行为之前，教师应该尽可能多地收集关于这种行

为的信息，如这种行为什么时候、在哪里发生，为什么会发生以及当时的具体表现如何等，因为某些策略的制定和选择与行为发生的特定情境有关。因此，在这个环节，班里的所有教师都应该认真观察这个孩子一段时间。特地的、有意识的观察能让教师获得一些有价值的信息，有助于他们寻找到改变儿童问题行为的最佳方法。需要强调的是，这部分内容并不都和问题行为的改变方法有关。这个部分主要是要帮助你获得有关这种行为的尽可能多的信息。

与家长合作

本书为教师提供了一些家—园合作的方式，希望教师和家长一起携手能找到解决儿童问题行为的有效策略。正如本书第6章所言，在和儿童的家长讨论儿童的问题行为之前，教师和家长之间建立起基本的相互信任和相互尊重的良好关系是非常重要的。只有建立了这种良好关系，双方关于儿童问题行为的讨论才会更富有成效。在和家长讨论时，教师就有机会和家长交换信息，如家长能帮助教师了解儿童的这种问题行为在幼儿园外的环境中是否会出现等，并一起合作来找到解决这个问题的最适宜方法。家—园合作共同找到一种解决方法并贯彻执行这种方法，既有利于对儿童实施一致的教育影响，又能保证这种方法在幼儿园和家庭两种环境中都获得支持。还有一点很重要，教师要让家长了解儿童问题行为的改进过程，要和家长一起分享儿童在学习适宜行为方面取得的进步。

行为影响

这个部分探讨的是假如一种问题行为没有被改变会怎样。有时候，教师在处理一些问题行为时会用一种过度关注的方式，教师的这种反应反而可能会强化儿童的问题行为，导致教师干预得越多，孩子的问题行为发生的频率越高，这样就形成一种恶性循环。

行为分析

儿童的某种问题行为并不总是直接来源于儿童。这个部分主要探讨了导致儿童出现问题行为的各种因素，以期能彻底消除儿童的问题行为。比如，环境通常会引发儿童某种特定的行为，如拥挤的环境可能会让儿童产生想要打人的冲动，这时候重新摆放设施和材料可能就会消除儿童的这种冲动情绪。这就告诉教师，在对儿童进行了初步的观察之后，应该认真思考儿童问题行为形成的原因。除非所有可能的原因都被考察过了，不然教师就不能制订改变儿童问题行为的方法和计划。

目标设定

这个部分主要是讲,教师在采取措施改变儿童的问题行为前应该设定一个目标。目标只是一个建议,它会根据儿童、环境、教师和家庭的期望有所不同。对于某个儿童,我们能够做到完全消除他的某种问题行为。然而,对于其他儿童,我们能够做到的仅仅是减少他们的这种问题行为发生的频率。在开始着手处理儿童某种问题行为之前设立一个目标,可以帮助教师评估儿童问题行为改变的进程。

方法介绍

这个部分为教师提供了一个循序渐进地改变儿童某种问题行为的方法。

概念界定

这个部分对儿童需要被改变的某种问题行为进行了简单的概念界定,因为对于教师和孩子的家长来说,获得概念认同是非常重要的。

实施步骤

这个部分讨论了方法的实施步骤,这些步骤可能是连续实施的,也可能是同时开展的。对于包含连续步骤的方法,我们会发现在它被实施之后,儿童取得进步的过程。此外,这本书中讨论的大部分问题行为,我们都建议教师通过强化适宜行为来应对。有时,教师还可以使用忽略这种问题行为的策略。

基准线

在改变某个儿童的某种问题行为之前,了解这个儿童这种问题行为的严重程度很重要。如萨莎经常打其他儿童吗?胡安发脾气的行为持续多长时间了?艾莉森进行下一个活动之前,在上一个活动中通常会玩多长时间?……在你采取一种系统的方法改变某个儿童的某种问题行为之前,了解这个儿童问题行为的相关信息是很重要的,它将会给你一个基点来和这名儿童后来行为的改变作比较。

保持取得的进展

达到一个目标之后,重要的是保持这个目标。教师需要帮助儿童继续保持这些适宜的行为,不要让他们回到以前的问题行为上去。

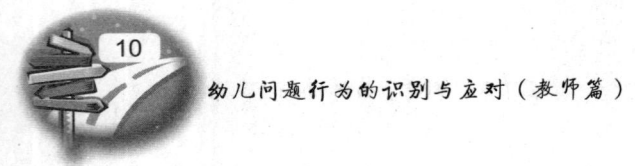

结 论

  读到这里，教师可能会觉得似乎有许多工作要做。确实如此。不过，教师要意识到，假如儿童的这些问题行为没有得到有效的处理，你可能需要花更多的时间和精力来解决它们，而且所花的时间和精力还很有可能得不到任何回报。

  时间管理是重要的，但是更重要的是认识到这些问题行为对儿童自我概念发展的影响。如果教师对这些问题行为的反应是消极的，那么接收到这种消极回应的儿童不会发展出一种良好的自我价值感。

  当一种问题行为被消除时，教师和儿童都可以从中获益。同时，儿童也会了解到表现出适宜的行为是非常值得的。

第2章

创设一个积极的环境来鼓励儿童的适宜行为

鼓励儿童的适宜行为最有效的方式之一就是创设一个能培养儿童适宜行为的环境。一个为儿童着想的、发展适宜性的环境能让儿童积极地参与到促进自我发展的一系列活动当中。儿童的早期教育环境,从广泛意义上说,包括物理环境、环境中提供给儿童的各种活动和材料、时间管理以及成人的行为和反应。在本章中,我们将要讨论这四个要素,并探讨每个要素应如何发挥对儿童适宜行为的积极影响。

物理环境的创设

幼儿园的教室基本上都包括各种各样的教育教学设施和精心设计的用来发展儿童身体素质、认知能力、社会性和情绪情感的活动材料。精心创设的环境要能在最大程度上帮助儿童发展积极的亲社会行为和建构行为。同时,环境还必须能满足儿童的需求、适合儿童的发展水平,以彰显对儿童的尊重。

例如,一个良好的早期教育环境,能够通过一系列适宜的、富有挑战性的活动和材料提高儿童在大肌肉动作和精细动作方面的技能水平;教室的环境创设和材料的精心选择可以为儿童提供一些机会,让儿童发现事物之间的关系,并让他们对物品进行测量、比较、匹配、分类和命名,以此来发展儿童的认知能力;当教室空间宽敞时,当玩具和材料的种类和数量充足时,当材料能促进孩子间的合作和共同游戏时,积极的同伴互动就能得到发展;当儿童能自信灵活地操作适合他们年龄特点的材料时,当在一定的环境中儿童能够很快地看出应该使用什么材料进行活动并能够自主选择材料时,儿童的独立性就会慢慢地被培养起来。此外,一个适宜的环境也能提高儿童的自尊,因为这种环境布置能满足他们心理发展的需求。

创设教室环境时,教师也要考虑儿童的思维发展能力和安全问题。每个学年伊始,是教师考虑如何更好地创设教室环境的最佳时机。随着时间的流逝,儿童各方面素质也发展了,教室环境也应该随之发生改变,以适应儿童当下的能力水平、兴趣和注意广度。

环境所传达的信息。教室里设施和材料的摆放方式向儿童传达了很多信息。例如，当所有的积木都被放置在四周相对封闭的、远离人群的某个区域的架子上时，很明显，这种安排所传达的信息是"在这里你可以搭建积木，其他儿童不会撞倒你搭建好的东西，你所搭建的作品是非常安全的"；当课桌椅的摆放导致教室里没有太大的开放空间时，它所传达的信息是"在这个教室里，我们只能走不能跑"；当每个孩子都有一个私人的空间来存放自己的私人物品时，它所传达的信息是"你的私人物品和你本人一样受到重视"；当安静的活动被安排在教室的一端进行而吵闹的活动被安排在另一端进行时，它所传达的信息是"在这个地方，我们可以大声说话，而在其他地方我们需要保持安静"；当"娃娃家"被围起来只能容纳四五个儿童时，它所传达的信息是"在这个地方，我们只能和几个小朋友一起玩"。当环境中包含了这类不需要用语言传达的信息时，它在无形中鼓励着儿童表现出适宜行为。

环境创设指南。这里有一些指南能帮助你创设优质的教室环境，以便最大程度地鼓励儿童的适宜行为。活动室的空间大小和形状以及门窗的位置，在某种程度上，决定了教室环境如何被创设。不过，撇开这些固定条件不谈，教师还有很多方式来创设教室环境。在创设教室环境时，空间的总体设计和安排一定要有和谐感，这样儿童和教师才会感到很舒服。教室空间的整体色彩应该让人觉得是愉快的、协调的；自然光线和灯光要能最大限度地提高孩子的活动水平；墙面的空间设计要与教室环境融为一体并成为教室环境的延伸；课桌椅等教学设施应该有条理地被摆放好。此外，教师还应该学会合理使用地毯和墙饰来降低室内噪音。

划分教室里的活动区。室内空间通常被划分成一些学习中心或者兴趣区域，即活动区。活动区应该配有各种活动材料和设施来进行一些日常的活动，如美术活动、积木活动、角色表演游戏、音乐活动、科学活动、数学活动、语言活动、木工活动、烹饪活动、感官活动如玩沙和玩水活动以及一些其他功能的活动。活动区还应该允许儿童自己选择活动材料，这些材料按照一定的顺序被摆放在一些低矮的架子上，当儿童一眼能看到这些材料并且很容易就能拿到时，他们就能自主地选择他们想要玩的材料，并且能够在玩完以后把这些材料放回原位。另外，教室里的过道应该是畅通的，教室门口也应该是这样的。

合理安排活动区。安静的活动和吵闹的活动要分开。操作活动、美术活动、阅读活动、数学活动和科学活动通常较安静，它们应该远离那些积木区、"娃娃家"、大肌肉动作活动区或者音乐活动区等比较吵闹的区域。相似性的活动可以放在一起以便于幼儿扩展活动。

一个优质的教室环境应该既适合班集体活动的开展，又适合小组活动和个人活动的开展。绝大多数的教师在日常的教育教学活动中都会指定教室里的某一区域让孩子们进行如故事阅读、音乐律动或者音乐游戏这样的小组活动。教室里应该有各种各样的适合小组活动的区域，特别是在孩子进行自由活动时。此外，孩

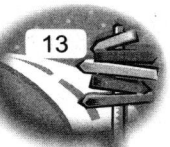

第 2 章 创设一个积极的环境来鼓励儿童的适宜行为

子们能够独处的空间也是需要的,特别是对于那些一整天都待在幼儿园的孩子来说,他们更需要一个私密的空间。独处空间或者称为私密空间,是指儿童拥有一个偶尔能远离一些集体活动和嘈杂教室的封闭的地方。教师在为孩子创设独处空间时,重点要考虑儿童能够独处和在这个空间中感觉舒适。这个空间可以是一个安静的区域如图书区,也可以是屋子里的一个小隔间,里面有一些舒服的靠枕、可爱的毛绒玩具和书籍。教师也可以在教室里为儿童提供一些让他们可以放松的物品,如枕头和一些很舒服的小地毯。

教师在创设早期教育环境时,另外要注意的一个很重要的方面是其安全性。事实上,安全问题是教师在创设儿童早期教育环境时应该优先考虑的问题。所有没靠墙摆放的家具和设施都应该要非常稳固,不至于被孩子们撞倒;电源插座一定要包起来;避免家具和一些储藏柜有尖锐的边角。一个通道顺畅、秩序井然的教室会把这些不安全因素降到最低。

优质物理环境创设的各个方面整合起来可以塑造儿童的良好行为。当环境是让人愉快的、温暖的、充满探索性的,那么这个环境就会向儿童传达出这样的信息——这个环境是为他们创设的。当环境设置出一些自然的限制时,儿童就易于遵守这些规则。当环境表达出适合开展某种活动的信息时,儿童就很容易参与到这种活动中。当环境显示出对儿童的尊重时,儿童也将用尊重来回报环境。

材料和活动

适宜的材料和活动在任何一个好的早期教育项目中都非常重要。这些活动和材料必须适合儿童的年龄发展水平,以便儿童能够在一种适合他们的难度水平上获得发展。假如提供的活动和材料操作起来太简单,儿童会觉得很无趣而感到厌倦;假如提供的材料和活动操作起来太难,儿童又会觉得难以完成而放弃。上述这两种体验都可能导致儿童出现问题行为。

适宜的材料。 丰富的、适宜的材料,无论是教师买来的还是自己动手做的,对于儿童的发展来说都具有非常重要的价值。教师在选择活动材料时,一定要考虑它们是否适合儿童的发展水平,是否涵盖了儿童的各种活动,是否为儿童提供了充足的选择机会,是否能促进儿童各个领域的发展。为了确保能做到上述几点,教师最稳妥的办法就是在活动区投放各种各样的材料。

对于年幼的学前儿童来说,凡能促进他们的语言发展、提高他们的平衡感、锻炼他们的手指灵活性和发展他们独立性的玩具材料都应该要包括进来。相比那些年长的学前儿童,教师给年幼的学前儿童提供的材料应更基础、种类更单一,许多材料还应是一模一样的,以适应他们有限的社会发展能力。而对于那些年长的学前儿

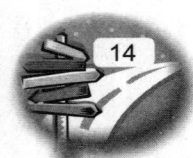

童来说，教师应该为他们提供种类丰富的、复杂的、有挑战性的材料供他们选择，以发展他们的各种精细技能。同时，教师还应该提供材料来鼓励他们的同伴交往。

所有早期教育活动中的材料都应该能提高儿童活动的参与性和探索性。那些不能让儿童参与和展开丰富想象力的材料会让儿童感到厌倦。保证儿童能积极参与活动的一个方法就是提供具有开放性的材料，如积木和表演游戏中的道具，教师不必明确规定怎样使用这些材料，让儿童灵活操作它们。当然，并不是所有的材料都具有开放性特点，像迷宫玩具就只有一个正确的结果。

适宜的活动。在日常的教育教学活动中，幼儿教师通常会设计各种活动课程，旨在提高儿童的学习兴趣和发展水平。这些活动必须具有发展适宜性特征以满足儿童发展的需要和兴趣。同时，这些活动也必须以儿童为主体，因此，那些只由教师来开展、儿童在一旁被动观赏的活动是不适宜的。

学前儿童的兴趣和他们对世界的形象理解是教师在为学前儿童选择活动时必须要考虑的前提。对学前儿童实施的教育教学活动必须来源于他们的生活经验，必须基于具体形象的事物，必须和儿童显示出来的技能技巧相联系。能提高和扩展他们对自我、家庭、幼儿园和社区的理解的活动是适合学前儿童的，因为学前儿童的发展和他们当下生活的世界紧密联系。

材料和活动对儿童行为具有同样的影响。当材料和活动具有发展适宜性特征时，这些材料和活动就传递给儿童这样的信息"这些材料和活动都是特地为我们设计的"；当材料和活动具有一定的挑战性时，儿童将会兴致勃勃地参与其中，并取得一定的成效；当活动和材料丰富多彩到足以满足儿童的各种兴趣、提高他们在各个领域的发展水平时，儿童就会用一种建设性的方式来操作这些材料、参与这些活动。当教师选择的材料和活动显示出对儿童的尊重时，儿童也将对教室和教室里的人表达他们的尊重。

时 间 管 理

早期教育环境中对儿童行为影响巨大的另一个因素是幼儿日常生活作息的安排方式。幼儿的一日生活作息安排应该考虑到要适合幼儿日益发展的能力水平和需要。日常生活作息时间表除了要为教师提供一个确切的、可预见的时间安排外，还需要留出一定的可以灵活使用的时间。制订一日生活作息时间表不是一种形式，它应该根据不同年龄段的儿童做出调整。

幼儿在园一日生活内容。幼儿在园的一日生活作息时间表应该包含各种活动时间。一般，幼儿园既会安排大量的时间让儿童自主选择材料，自由进行活动；也会安排像朗读故事、音乐律动和集体讨论这样的需要儿童和教师一起开展的集

体活动时间。此外,还有大段的让儿童进行室外游戏的时间。教师在制订一日生活作息时间表时,一些必需的生活活动如吃饭、午睡、休息、上厕所的时间也要考虑进去。此外,教师也要把整理活动的时间纳入到一日生活安排之中,这无形中向教师和孩子们传达了这样一种信息——整理和打扫是一日生活的重要环节。

幼儿在园一日生活作息安排指南。 教师应该有效地安排幼儿一日生活,包括活动的动静交替,以满足儿童消耗精力和放松的需要。在儿童进行了一个安静活动后,教师应该为他们安排一个体育活动,把他们的精神调动起来;反过来,在开展了一个体能活动以后,孩子也需要一个安静的活动平静下来。因此,教师在安排幼儿一日生活作息时,应该使安静的故事阅读、午睡以及餐点时间和喧闹的室外游戏、身体运动时间达到平衡。

在一天之中,保持教师发起活动机会和儿童发起活动机会之间的平衡也很重要。一般,幼儿园在设置课程的时候都会提供大量的时间让儿童来决定他们想要参与的活动、他们怎样开展活动和教师指导活动的次数。儿童发起的活动帮助儿童发展自主能力、判断能力、独立的决断能力、社会交往能力、主动性、探索性和创造性。教师发起的活动则鼓励儿童在教师的合理引导下服从教师的权威、接受教师的智慧。因此,幼儿在园一日活动既要包含大量的儿童发起活动,也要包含一些教师发起活动,这样才能有助于儿童发展以上这些特质和能力。

幼儿园一日作息安排也需要考虑儿童的发展水平。对于年龄稍大的学前儿童来说,他们的注意力广度更宽,因此,教师可以为他们安排持续时间比较长的活动,像讲故事、音乐活动等。教师不要期望年龄较小的学前儿童能坐下来进行5~10分钟的小组活动,对于这个年龄段的孩子来说,他们需要更多的时间来开展一些常规活动,如吃饭、上厕所、午睡和打扫整理,以培养他们的生活自理能力。此外,教师也需要考虑儿童整体的活动水平。假如班里的绝大多数儿童都比较活跃,那么教师就需要安排更多热闹的活动。最后,天气也会影响作息安排。当天气太热或者太冷时,日常作息就必须包括更多的可供选择的室内活动。

过渡环节。 幼儿日常作息时间表中有一个非常重要但又常常被忽略的方面就是活动和活动之间的过渡环节。教师应该把过渡环节也当成是幼儿日常生活作息的一部分,因为过渡环节为儿童提供了很多学习的机会。认真思考一下儿童从一个活动转移到另一个活动的顺序,比如儿童从围坐在小地毯上进行活动,转到卫生间进行洗漱,然后又坐在位子上吃餐点,或者从整理玩具到穿上外套去室外活动等,你就会意识到:假如这些过渡环节没有安排好,幼儿在活动的时候就可能会引起混乱。

儿童应该意识到即将到来的过渡环节。作为教师,你可以通过一些常用的提示或者信号比如唱一首歌、打节拍、播放音乐、摇铃或者闪动的光线来告诉儿童,整理的时间、小组活动时间或者是室外活动的时间到了。在活动结束之前,你也应该通过暗示和信号给儿童提个醒，让他们知道几分钟以后，他们就需要收拾玩具了。

教师也可以使用过渡环节来分配下一个活动的人数。比如：通常一次短暂的课间休息只能让4名儿童去洗手间洗手，同时去20名儿童就不合适了。一首熟悉的歌曲或者手指游戏能帮助你有效地实现这个目标。

一日生活作息安排也有助于儿童良好行为习惯的养成。当一些合理的日常生活作息被建立起来并被执行之后，儿童就会有一种安全感，因为他们知道下一步要干什么。当日常生活作息为儿童安排了大量的时间让他们来发展自己的兴趣时，他们就会更具创造性地融入到活动当中。当日常生活作息考虑到了儿童对活动、休息和教师关爱的需要之后，儿童就能从活动中获得更加适宜的发展。当日常生活作息安排显示出对儿童需要和兴趣的尊重时，儿童的表现也会更加符合我们成人的期望。

成人的行为和反应

早期教育环境创设涉及的最后一个因素就是和儿童朝夕相处的成人。成人的行为和反应也会对儿童的行为产生影响。那些在儿童发展和早期教育方面知识经验丰富的教师更能理解班级里的儿童，也更能满足他们的发展需要。事实上，研究已经证明，最称职的幼儿教师是那些接受过专门的学前教育训练的人。此外，个人的一些性格特征像热情、有爱心和有耐心也是使他们成为称职的幼儿教师的原因。

早期教育事业对幼儿教师的素质要求很高，它要求幼儿教师具备充沛的精力、极大的工作热情、丰富的创造力和包容的胸怀。充满责任感和洞察力的教师能认识到自己工作的重要性，特别是在年幼儿童的良好性格形成中的作用。这样的教师会认真思考儿童的行为。他们对儿童的行为做出的反应充满着对儿童的尊重和耐心。他们认识到，他们的决定和行为对儿童有重要影响，因此，他们不会贸然做出决定。这些教师知道儿童需要也应该拥有最好的教师，而他们正试图成为这样的教师。

结　　论

学前儿童适宜行为培养的基本方法之一就是创设积极的早期教育环境。正如你在书中所读到的那样，一个积极的早期教育环境应该包括优质的物理环境、适宜的材料和活动、有效的一日生活作息安排以及在这个环境中成人经过深思后采取的行为、做出的反应。事实上，成人看到的儿童问题行为可能是不适宜早期教育环境的产物，也可能是成人对儿童抱有不适宜期望的结果。实际上，一个优质的早期教育环境对儿童的问题行为应该有预防作用。只要你多花时间注意这些环境中的元素，儿童的问题行为是可以避免的。

第3章

为什么儿童会表现出问题行为

在任何一个学前机构的教室中,儿童都会表现出各种各样的行为。因为儿童作为个体,有着他们自己应对周围世界的独特方式。他们的绝大多数行为是适宜的,并且这些适宜行为会从成人和同伴的赞赏中获得进一步的发展。

他们还有一些行为是问题行为,如打人、扰乱课堂秩序、与其他儿童交往困难等。这样的一些行为看似很平常,却应该引起教师的关注。这本书为幼儿教师提供了一些实践指南来帮助儿童学会适宜行为,改掉问题行为。

有时候,儿童的某些问题行为是由他们渴望获得他人关注的冲动引起的。他们可能会认为,吸引成人注意力的最好方式就是做一些成人认为不适宜的事情。例如:佩里发现当他打人时,安老师就会关注他。假如佩里已经建立起用打人来获得教师关注这样一种行为模式,那么这本书中提供的相关技巧可能会非常有效地改变这种行为。仔细思考一下,我们就会发现,人类的行为总是通过行为的结果来驱动的。在佩里的这个例子中,安老师的关注就是维持佩里继续打人的动力。为什么不呢?毕竟,佩里已经发现了一个最好的方式来获得他想要的关注。在后面讨论这些问题行为的篇章中,你将会发现究竟是什么引起了儿童的这些问题行为。

另一方面,儿童的问题行为也常常是由他们所不能控制的一些环境因素引起的。因此,作为一名教师,你要检查可能引起儿童问题行为的一些外在因素。事实上,在做出改变儿童某种问题行为的决定之前,你应该先仔细考察可能引起儿童这种问题行为的原因。假如一名儿童的某种问题行为是被某些超越他所能控制的环境因素引起的,那么你需要改善环境条件。当然,有时候要改变一些环境因素不太可能,如你不能让儿童的过敏症状或者他们家里刚出生的小宝宝消失。但是你要认识到这名儿童正处于这种压力之下,并且要帮助他找到一些应对的策略。在后面的篇章中,我们将对此做进一步的讨论。

接下来,我们将要讨论的是儿童不能控制的一些外在因素。教师在应对儿童的问题行为前,首先应该考虑一下这些因素。

教师能直接影响的环境因素

有时,儿童的问题行为是由当时他们所处的环境导致的。下面我们将对教师可以改变的一些环境因素进行分析。

物理环境。物理环境对儿童来说非常重要。环境本身能引发或者消除儿童某种特定的行为。例如:空间较大且没有隔断的教室容易使儿童疯跑;材料被放置在高高的架子上,儿童必须依靠教师的帮助才能拿到,这促进了师幼间互动行为的发生;儿童可以在活动区随意地走来走去会导致他们调皮捣蛋行为和攻击性行为的发生。

空间对于儿童的行为发展是非常重要的。让儿童紧紧地围成一圈听老师讲故事,让他们排成一队上卫生间或者其他任何让儿童感到拥挤的时刻都可能会导致儿童的推搡行为或者其他攻击性行为的发生。当儿童天生的高活动水平遭遇过于狭小的活动空间时,儿童问题行为必然会产生。

此外,教室里为儿童提供的活动和材料,也是教师要评估的一个方面。材料要足够多才不会导致儿童发生争抢行为,也不会导致某些弱势儿童没有活动材料可操作。活动和材料既要具有发展适宜性的特征,又要具有多样化的特点,以促进儿童各个领域的发展。因此,我们要结合儿童所处的早期教育环境来评估儿童的行为。通常,不是儿童的行为需要被改变,而是教育环境需要被改变。

对儿童发展水平的不适宜期望。与学前儿童朝夕相处的教师,应该意识到自己班里孩子当下的发展水平。儿童在其成长的每一个阶段都有其独特的发展特点、心理需要和行为表现。如果我们对儿童的发展水平期望过高或者过低,所提供的材料和活动就有可能与儿童当下的发展水平不符,其结果可能导致儿童因为完不成活动、不能有效使用材料而产生挫败感,或者因为活动或材料太简单而觉得很无趣。

成人的期望一定要符合儿童当下的发展能力和水平。教室的空间布置、材料、活动和一日生活安排要适合不同年龄段儿童的独特需要,就像本书第2章中所讨论的那样,假如成人的期望或者儿童所处的早期教育环境不符合儿童的年龄发展水平,儿童就很容易表现出问题行为。了解儿童的发展阶段有助于教师根据儿童的年龄发展特点,如两岁的儿童更愿意一个人玩玩具而不愿意与他人分享,3岁的儿童在讲述活动和表演游戏中只能坐下来15分钟,4岁的儿童正在尝试说一些可能不太适宜的语言等,制订教育计划和对孩子的行为做出正确的反馈。

信息传达的不一致性。成人可能会在某种情况下告诉儿童某种行为是不好的,而在另外一种情况下却又说这种行为很好。当成人总是在不同的时刻表现出对儿

童同一种行为的不同期望时，儿童就会分不清楚哪些行为是可以被别人接受的，哪些是不被接受的。教师常常没有意识到他们正在传达给儿童不一致的信息，因此，这就要求教师要有意识地调整他们传达给儿童的信息。同样，对于同一种行为，儿童在家庭中被期望的表现和在幼儿园中被期望的表现可能也存在不一致性。因此，教师和孩子家长一起探讨一下这种差异是非常重要的。假如这种差异继续存在，那么你可以告诉这名儿童："你可以和你哥哥在家里吹口哨，但是在幼儿园是不行的。"成功地改变儿童的某种问题行为需要我们对这种行为做出一致的反应。

对刺激的过度反应。一个优质的早期教育环境应该是一个儿童主动建构活动的、丰富多姿的、繁忙的环境。绝大多数儿童在一个充满适宜刺激的环境中会表现得兴致勃勃，但是对另外一些儿童而言，这些色彩、噪音、高活动水平和运动会让他们不知所措。有时候，那些过度活跃、不能安静下来参与任何一项活动、爱捣乱或者爱攻击别人的儿童会发现，他们很难集中注意力或者控制自己的行为，因为这个环境实在是充满了太多的刺激了。在这种情况下，这些儿童常会表现出一些不舒服的迹象，如身体紧绷。

教师可以通过这样两种方式来帮助这类儿童。一种方式是在教室里提供一个相对安静的区域，以便让儿童在感到教室环境有压力的时候到这里躲一躲。这个区域应该和教室里的其他区域隔开，空间不应该特别大，色彩应该柔和，设计和装潢要很简单。另一种方式是整体考察教室环境，然后再决定是否需要改变一下，让所有的儿童都能受益。例如，你可以更有效地安排教室里的设施和材料，以传递出一种非常清晰的秩序感；利用一些柔软的材料，如地毯和枕头，来降低噪音水平。教师还可以通过使用更多的静音材料以及减少色彩来降低教室对儿童的听觉和视觉影响。同样，你也可以翻看本书第5章中"独处策略"这部分内容对这个问题的进一步讨论。

教师不能改变的环境因素

有一些影响儿童问题行为的外在因素是教师无力改变的。我们将考察以下几个因素。

健康问题。儿童的健康状况对他们的行为肯定是有影响的。教师可以想象当自己感觉不舒服时，当自己鼻塞、头疼、胃疼时，你是怎么应对的。儿童在感到不舒服时，比起成人来，他们可利用的资源更少。他们可能无法用语言向教师表达他们的感受，因此，他们只有通过不适宜的行为发泄出来。儿童生病了通常就不应该来上幼儿园了，但是那些患有慢性疾病和长期轻微感染的儿童会待在幼儿园里。教师需要敏锐地关注儿童的健康状况，提高他们对挫折的承受能力。

过敏问题。 一些儿童的问题行为可能是因为他们对食物和环境过敏而引起的。过敏可能会导致儿童过度兴奋、脾气暴躁或者很难集中注意力。因此，教师对班级里儿童的过敏史和他们过敏后出现的症状有所了解是非常重要的。一些儿童也可能对他们正在服用的药物过敏。

　　营养不良问题。 儿童的问题行为也会受他们饮食行为的影响。例如：不吃早饭、饿着肚子来幼儿园的孩子，情感可能会很脆弱，很容易生气，身体会感到很疲劳，脾气也很暴躁；饮食不均衡或者缺乏某种营养素的孩子在活动的时候不能竭尽全力，行为也常表现出不端。了解儿童食物摄取方面的信息和他们每天的饮食安排有助于教师发现和营养有关的儿童行为问题。比如，如果你了解到儿童每天来幼儿园都要在路上花费很长时间，那么在他们一到幼儿园时就让他们吃早点可能比隔一两个小时后再让他们吃要好一些。

　　感觉缺失。 儿童的问题行为也可能被听力或者视力所影响。视力不好的儿童可能表现出没有安全感、不愿意尝试新事物、行为笨拙、不愿意与他人合作、不能跟上教师的讲课节奏，有时甚至是蓄意破坏等行为特征。而听力不好的儿童说话容易大声、容易分心、注意力无法集中、过度兴奋或者有破坏性行为。因此，教师在确定儿童的问题行为是他们故意为之还是无心之举之前，仔细检查儿童的听力或者视力上是否有一些受损的迹象非常重要。

　　缺乏安全型依恋。 儿童在婴儿期最重要的需要之一是建立起和一个重要成人的安全型依恋。绝大多数儿童会和他们的母亲形成这种依恋关系。不幸的是，快节奏的生活方式和父母繁忙的工作没有给儿童留出足够多的时间让他们在婴儿期和父母形成一种强烈的依恋关系，进而导致他们以后表现出一些问题行为。研究已经证明，儿童表现出一些问题行为与他们在婴儿期没有形成安全型依恋有很大的关系。

　　家庭的压力和变故。 当儿童熟悉的日常生活发生改变，且他们不能理解这种改变时，他们可能会表现出与平时不一样的行为。这种改变既包括家庭出现了一些不和谐音符，如父母分居或者离婚了，频繁争吵，或者出现家庭经济问题等，也包括生活环境发生了变化，如小弟弟或者小妹妹出生了，祖父母到访，搬家，父亲或者母亲出差，或者其他一些变故等。因此，教师应该经常和儿童的父母进行坦诚的交流，以了解儿童家里发生的情况，进而正确解读儿童的行为反应。

　　现代生活的压力。 现在的孩子过着一种紧张忙碌的生活。他们像他们的父母一样忙个不停，他们忙着参加各种各样的活动，如学芭蕾、练体操或者假期与父母一起旅行。这些经历丰富了儿童的生活并让儿童觉得愉快，但这些活动把儿童的生活填得太满了，以致没有留出太多时间让他们进行思考，或者让他们尽情玩耍。此外，许多儿童不止上过一家幼儿园，基本上都是四五家。之所以出现这种

第3章 为什么儿童会表现出问题行为

"拼凑"起来的教育方式，是为了适应父母忙碌的生活。但是这种教育方式产生的一个负面作用就是儿童将面对不同成人对他们的不同期望。

结　　论

儿童的问题行为非常常见。儿童之所以表现出这些行为，背后有很多原因。教师在确定这些行为是由儿童自身原因导致的还是由环境因素导致的之前，要仔细思考可能影响儿童行为的原因。假如这种行为是由儿童无法控制的环境因素导致的，那么教师应该尽可能地改善环境。假如问题的根源教师也无法改变，如儿童患有一种慢性疾病或者儿童的父母离婚了，那么教师应该给予儿童足够的情感支持，以帮助他们更好地应对这些情况。

第4章

有特殊需要的儿童

基于法律的规定以及它本身的意义，很多学前教育项目都会把那些有特殊需要的儿童包括进来。这样做不仅有助于那些有特殊需要的儿童，也可以使那些正常发展的儿童、这两类儿童的父母以及教师从中受益。全纳教育项目不但为有特殊需要的儿童提供了支持，让他们能全身心地参与到社会生活中来，而且也为那些正常发展的儿童提供了示范与支持，让他们发展起对有特殊需要儿童的同情和忍耐，并学会关心和帮助这些有特殊需要的儿童。家长和教师通过这样的项目也会懂得，所有的儿童，无论其能力水平如何，他们都有很多共同之处。此外，教师还可以从儿童、父母以及一些医学专业人士的研究中获得很多知识和技巧。

全纳教育，虽然有上述种种好处，但是实施起来却面临着很多挑战。有时，问题行为就是这些儿童特殊需要的组成部分。对一些儿童来讲，行为问题是其面临的最大挑战；但对其他儿童而言，可能只是次要问题。此外还需注意的是，那些没有被确诊为有特殊需要的儿童，特别是那些在情感上或者行为上没有被确诊为有特殊需要的儿童，可能也会出现和那些有特殊需要的儿童一样的行为表现。因此，教师针对有特殊需要的儿童所使用的教学工具对于有效地开展面向所有儿童的早期教育项目非常有效。

教师和父母之间的交流也非常重要。要想了解有特殊需要的儿童，他们的父母是教师获得信息的最好来源。这些父母不仅非常了解孩子的身体状况和特殊需求，而且也知道这种特殊需求是如何影响孩子的发展的。没有两个儿童是完全相同的。每一个有特殊需要的儿童都是独特的个体，他们在症状、反应、测定、能力以及对帮助的需要程度上都是不一样的。如果班里存在有特殊需要的儿童，那么家长应该是教师获得相关信息的最重要的来源。教师还应意识到这些有特殊需要儿童的父母本身也会有特殊需要，因此，为他们提供一些支持、和他们进行真诚的交流就显得尤为必要了。

本章余下的内容将会讨论儿童的各种特殊需要，除此之外，还将要讨论与每种特殊需要有关的潜在问题行为。

儿童的各种特殊需要

情感或行为上的障碍。几乎所有的儿童都会时不时地表现出问题行为。但我们通常只关注那些行为常常失去控制，特别是那些经常有攻击性行为和破坏性行为的儿童。这些儿童的这些行为有可能起源于生理上的障碍，但是绝大多数与社会和环境因素有关，如不安全型依恋、成人不一致的教导、频繁的体罚、虐待或者忽视，以及其他一些引起情感或者行为缺失的因素。

近几年，人们把更多的注意力放在了儿童早期就表现得很明显的孤独症上。孤独症是一种神经系统疾病，因患有此病的儿童在社会互动和社会交往上有困难而特别引人关注。这种疾病的严重程度和症状差异很大，因此治疗的方案也各不相同。假如你的班里有一名儿童被确诊为孤独症，那么你要请求家长让你和治疗这名儿童的医生取得联系。因为，在幼儿园和在家庭中采用一致的教育方式对于孤独症儿童来说是非常有帮助的。

假如一名儿童的行为严重干扰到其他儿童，以致影响到班级的正常教育教学活动，那么这名儿童一定是有特殊需要。对于一些已经被确诊为情感或行为障碍的儿童，有时候我们幼儿教师可以提供一些帮助，但是有时候，我们就要建议家长寻求专业人士的帮助。这本书中提供的很多策略对于那些有情感和行为障碍的儿童是很有帮助的。

生理障碍。从动作上的轻微笨拙到几乎没有办法控制肌肉都属于生理障碍的范畴。一些儿童可能需要坐轮椅，需要他人的帮助才能做一些身体动作，需要一些特别的辅助设施，以及教师随时的关注。动作的缺陷有可能是由基因引起的，也有可能是由脑功能损伤引起的，或者是出生前受到了有毒物质的侵害，还可能是意外事故所致。

最常见的生理障碍之一是脑瘫——它的症状表现多样，有可能很轻微，也有可能很严重。患了脑瘫的儿童在与他人合作时常常有一定的困难。因为无法控制自己的动作，他们可能会用一种不正常的方式移动他们的手臂、腿、脸和脖子。脑瘫儿童可能会伴随着智力发展滞后，但并不一定如此。从脑瘫儿童的治疗医生那里获得一些信息对教师来说很重要，这样你才能给予脑瘫儿童最大的支持。

生理上有缺陷的儿童可能也会表现出问题行为，尽管这些问题行为相比他们的生理缺陷显得不是很突出，但这还是会发生的。比如，生理上有缺陷的儿童可能会因为自己总是不能跟上同伴的进度、不能成功地参与活动或者不能与他人进行正常交往，而产生挫败感。教师如果能为这类有特殊需要的的儿童精心制订指导计划，将有助于降低这类儿童问题行为出现的可能性。

认知障碍。认知发展明显滞后于同伴的儿童被认为是有特殊认知需要的儿童。有些儿童在参与活动时表现出一定的困难,对于这些儿童,我们可以认为他们在发展水平上滞后于同龄的儿童,或者说他们发展得还不成熟。而有些儿童则表现出更为严重的认知障碍,如明显的智力低下以及缺乏用人们期望的方式参与活动的能力。此外,记忆力差和注意力持续时间短也是认知障碍的明显表现。导致认知障碍的原因有很多,包括各种基因问题、出生前接触到了有害物质、疾病、意外事故或者在极端情况下受到虐待和忽视等。

一些有认知障碍的儿童行为上会比较被动,但是性情会很温和。例如,患了唐氏综合征的儿童通常感情很丰富,态度很友善。其他有认知障碍的儿童可能会表现出一些问题行为。这些行为可能源于儿童的一种挫败感,也可能是因为他们不能理解成人的期望、缺乏与他人交往的能力、发育不成熟而引起的。教师在设计教育教学活动和提供一些日常指导时要认真考虑儿童的发展能力和不足,这将有助于教师最大限度地降低儿童出现问题行为的可能性。后面的一些篇章对这个问题做了进一步讨论。

学习障碍。近年来,学习障碍已经被认为是一种医学上的问题。某种程度上而言,我们在年幼的儿童身上很难诊断出学习障碍,因为其症状也可能是由其他一些因素,如学习内容很枯燥、儿童缺乏学习兴趣或者是其他一些属于正常活动水平内的活动引起的。然而,一些在听、说、思考等最基本的学习过程方面存在困难的儿童可能存在学习障碍。当学前儿童不能掌握读、写、算技能时,他们存在的学习障碍就很容易被诊断出来。有时候,存在身体平衡和协调问题的儿童也被认为有学习障碍,因为这样的儿童在空间知觉方面有困难。

学习障碍最通常的一个表现是注意力缺陷多动障碍(ADHD,俗称多动症),这种障碍的症状表现和某些儿童在正常活动水平范围内的爱动不同,教师不要把二者弄混。多动症儿童的注意力持续时间非常短,他们常常焦躁不安,难以控制冲动,不能集中注意力,很容易分心。这样的儿童通常依赖药物治疗。教师可以通过创设让儿童少分心的教室环境、提供持续的一致的引导以及设计一些有趣的活动来吸引儿童的注意力等方式,来帮助有学习障碍的儿童,特别是多动症儿童,在教室里进行有效的学习。本书后面的内容,特别是第44章"不能集中注意力"部分,会为教师提供一些有用的技巧以应对这类儿童。

母亲在怀孕期间吸毒或者酗酒。早期教育教师发现越来越多的儿童,当他们还在母亲子宫里时就接触到毒品,或者被诊断为胎儿酒精综合征(Fetal Alcohol Syndrome,简称FAS),因为他们的母亲在怀孕期间吸毒或者酗酒。有一些儿童,他们在出生前受到的酒精影响稍微小一些,可能被诊断为胎儿酒精效应(Fetal Alcohol Effect,简称FAE)。儿童在出生前接触到的毒品和酒精的数量不同,他们

第4章 有特殊需要的儿童

出生后受到的影响也不相同。一些儿童似乎受到的影响很小，但另一些儿童可能就会表现出好攻击、易冲动、反复无常、不能预见也不能理解自己行为的后果等症状。

许多在出生之前就受到毒品和酒精侵害的儿童，其出生后的家庭生活环境通常无法给予他们安全感和情感上的支持。对这些儿童进行研究发现，一个优质的早期教育环境外加能给予这类儿童积极回应和热心照顾的教师是帮助这类儿童的最佳方式。除了给予这些儿童支持外，教师采取一些预防性的措施来使所有的儿童都远离那些潜在的不可预测的情感崩溃状态也是很重要的。这本书接下来的内容为教师提供了一些策略来满足这些在出生之前就受到毒品和酒精侵害的儿童的需要。

感知觉障碍。一些儿童的特殊需要来源于听力或者视力缺失。这些感知觉障碍严重程度不一，可以从很轻微到几乎完全丧失听觉和视觉。助听器或者眼镜有时可以解决一些问题。儿童之所以出现感知觉障碍，与他们出生前或出生后的诸多因素有关。

有严重感知觉障碍的儿童通常在出生后不久就能被发现，并接受治疗，但是有一些儿童是在不知不觉的情况下逐渐丧失听力和视力的。教师有时候会认为，某些儿童是在故意制造噪音、敲打东西或者把液体倒出容器外。然而，事实可能是这些儿童存在听力或者视力方面的问题，他们因为无法区分噪音水平、看不清楚东西才会表现出上述问题行为。因此，教师需要注意观察班里的孩子是否存在感知觉方面的问题，同时帮助那些已经被确诊为听力或者视力障碍的儿童适应环境，这对于帮助这类儿童从早期教育中学到更多的东西是很重要的。接下来的篇章为教师提供了一些帮助这类儿童的策略。

感觉处理障碍（SPD）。感觉处理指的是我们通过动作和各种感觉——视觉、听觉、触觉、味觉、嗅觉来接受、组织和解读信息的能力。一些儿童不能对他们通过感觉获得的信息做出适当的反应，因为他们的大脑解读信息和对这些信息做出反应的方式比较特别。有些存在感觉处理障碍的儿童会对某种感觉和某些感觉信息反应过度，而有些儿童却几乎感觉不到有信息输入，因此他们会寻求更多的刺激。

有感觉处理障碍的儿童，因为他们从环境中得到的是错误的信息，因此也常常不能做出适宜的行为回应。因为他们表现出问题行为，他们又常常被认为是"问题"儿童。同伴也因此总是躲着他们，导致他们的自尊心受到伤害。一名被诊断为感觉处理障碍的儿童应该接受适当的治疗，同时家庭和幼儿园也要协同努力。

言语/语言障碍。一些孩子不能有效地与他人交流是因为他们有言语/语言障碍。这些问题可能源于一些生理上的原因，也可能是认知障碍的产物，还可

是因为在早期缺乏言语交流的环境或是由其他不知名的原因导致的。假如一名儿童和同伴相比，理解力很低或者是几乎从不说话（无论是在家还是在幼儿园），那么他肯定存在言语/语言方面的障碍。如果这名儿童正在接受言语矫治医生的治疗，那么教师应该和医生取得联系，一起努力帮助这个孩子。

存在言语/语言障碍的儿童在参与教师组织的各种活动时会遇到很大困难，因为他们不能流畅地表达他们的愿望和需要，从而导致不能和同伴进行有效的交流。一些儿童可能会发现用身体动作与他人交流，如打人，是很有效的。而其他儿童可能会有退缩行为或者不愿意参加班级活动。无论是何种情况，教师提供适时的支持以帮助这类儿童积极地参与活动，都是非常重要的。接下来的篇章中介绍的一些策略可以帮助教师有效地应对这类存在言语/语言障碍的儿童。

慢性疾病。一些孩子因为在身体健康方面存在一些问题，而不能像其他孩子那样积极地参与幼儿园组织的各种活动。那些患有糖尿病、哮喘、癌症、遗传性胰腺炎、艾滋病和其他慢性疾病或者处于疾病晚期的儿童也是早期教育项目的一部分，尽管和其他儿童相比，这些儿童待在幼儿园的时间要少很多。教师采取一些防护措施以防止幼儿园里的其他儿童受到这些儿童的传染是很重要的。在这方面，家长和医生能提供一些适宜的指导。

一名因为生病而身体变得非常虚弱的儿童可能会对他自身的身体状况感到不满，进而把这种怒气发泄到其他儿童身上。而其他生病的儿童可能会有退缩行为或者不愿意参加集体活动。他们会觉得身体虚弱、精力有限，也会觉得很沮丧。无论这样的儿童反应如何，教师给予帮助很重要，比如让他们感觉身体舒服些、创造必要的条件使他们尽可能多地参与班级活动等。即便他们只是偶尔来幼儿园，也要让他们一直觉得自己是集体的一员。接下来的一些篇章为教师提供了一些帮助这类儿童的方法和措施。

结　　论

本书中那些讨论具体的问题行为的篇章，都谈到了这些有特殊需要的儿童以及教师应该如何帮助这类儿童尽可能多地参与班级活动。每章中的脚注信息都与那些有特殊需要的儿童有关。

第5章

应对儿童问题行为的策略

对年幼儿童的问题行为进行适当指导非常重要。成人对儿童的反馈直接影响着儿童自我概念的形成。指导方法是否得当也关系到班级活动是正常进行还是频繁地被儿童的各种问题行为所打乱。适宜的策略有助于保持儿童的积极行为，消除儿童的问题行为。本章只是对这些策略做一个笼统的介绍，至于如何使用这些策略来解决各种具体的问题行为将在以后的篇章中做具体阐述。

强化策略

教师在应对儿童的问题行为时，最重要也是最应该优先考虑的策略就是积极强化的策略。这种策略应该被经常使用，但是要注意选择恰当的时机。教师在使用这种策略改变儿童的问题行为时应该辅助以其他的方法。如果儿童在表现出适宜行为时得到成人的积极强化，那么适宜行为就会得到保持。

教师要注意，在使用语言进行强化的时候，语言要有意义，语气要真诚；空洞的表扬和敷衍都不能传达给儿童积极的信息。另外，语言并不是教师进行强化的唯一方式。教师可以通过很多种方式不经意间向儿童表达自己对他们行为的认可。一个微笑、一个触摸、一个眼神交流或者一个拥抱同样可以告诉儿童，他们的行为是值得赞赏的。这些非言语的强化方式可以起到同语言强化一样的效果。事实上，当教师在不想打断儿童活动的前提下对儿童进行表扬的时候，就可以使用这些非言语的强化方式。

教师在试图改变儿童的某种问题行为时，强化也显得尤其重要。教师应该牢记：在改变儿童某种问题行为的过程中，对儿童表现出来的这种问题行为，教师不要再像之前那样给予它关注。在改变儿童的某种问题行为时，教师要通过强化告诉儿童哪些行为是可以被人们接受的，而不只是告诉他们哪些行为是不被接受的。每种不被人接受的行为都有其相反的方面，即那些能被别人接受的行为，而儿童的这些行为就需要教师通过积极强化和鼓励培养起来。例如：如果一名儿童常常打人，那么教师就应该在这名儿童能用适宜方式和同伴进行互动时，对其进行强化；如果一名儿童平时说话喜欢哼哼唧唧，那么教师就应该在这名儿童能好

好说话时，对其进行表扬；如果一名儿童喜欢扰乱集体活动，那么教师就应该在这名儿童能积极参与集体活动时，对其进行肯定。

有时，频繁的强化有助于儿童很快学会某种适宜行为。比如下面这个例子：通过使用强化策略，一名3岁儿童的打人频率从每小时平均40次降低到每小时1次。其他的策略对这名儿童一点作用都不起，只有这种策略——每半分钟给予一次表扬——最有效。仅仅在两天的时间里，这名儿童打人的频率就急剧地下降了。随后几周里，通过逐渐降低强化的频率，教师最终消除了这名儿童的打人行为。在策略刚开始实施时，教师确实花了大量的时间来持续强化这名儿童的适宜行为，但从长远来看，这其实是一件很节约时间的事情。比起安慰被打的儿童和处理这名打人的儿童所用的时间，它所花的时间已经很少了。

忽视策略

忽视是一个非常有效的策略，但是确实也是一个运用起来不是很容易的策略。当某个儿童重复做某些让教师感到生气或者是扰乱课堂秩序的事情时，忽视策略就是一种不错的选择。然而，当我们发现某个儿童正在做伤害他自己或者可能会伤害到他自己和别人的事情时，忽视策略就不合适了。如果某个儿童做出问题行为是为了引起教师的注意，那么这时候忽视将会是一种特别有效的策略。如果教师发现，某个儿童在表现出问题行为之前四处张望看有谁在关注他，那么很明显，他之所以表现出问题行为是因为他渴望获得别人的关注。

儿童的问题行为每次发生时，成人完全忽略是很困难的，但是如果忽略是有效的，那么忽略就是非常有必要的。皱眉、叹气、不经意间看一眼或者其他一些非言语的信号很容易被这类儿童注意到，让他们了解到教师正在关注他们的行为，从而导致忽视策略无效。尽管这种策略有助于消除儿童那些让人生气的或者调皮捣蛋的行为，但是教师要记住：要适时使用强化适宜行为的策略来代替这种忽视策略。

自我控制时间策略

有时候，教师需要帮助某个儿童远离纷扰的活动和嘈杂的教室来使他重新控制自己的反应和情绪。自我控制时间策略不同于传统上运用得比较多的"计时隔离"策略。自我控制时间策略不是完全由教师来控制，它强调儿童自己对局势的控制，它允许儿童在冷静下来后重新回到他之前参与的活动中去。而"计时隔离"策略常常被当成是一种惩罚的方式。

第5章 应对儿童问题行为的策略

教师应该谨慎地运用自我控制时间策略。它应该主要被运用在当儿童已经伤害或者可能伤害到其他儿童或者他们自己的情况下。攻击性行为应该尽快地被制止，所以在大多数情况下，教师会使用自我控制时间策略来制止儿童的攻击性行为，但有时这种策略也不起作用。通常教师可以在一名儿童重复某种攻击性行为达两次以上，且已经和这名儿童讨论过不能出现这种行为之后，再使用这一策略。

在决定运用自我控制时间策略之前，班里的所有教师应该就持续使用这种策略达成一致意见。同一班级的所有教师需要事先讨论好哪些行为应该使用自我控制时间策略，这种策略应该在哪个地方被开展，以及如何运用这种策略等。

在运用自我控制时间策略方面，本书为教师提供了以下几个步骤：

（1）迅速搞清楚被这名儿童攻击的儿童有没有受到伤害。如果可能的话，安排另外一位教师去安慰受到伤害的儿童。

（2）冷静地把这名爱攻击他人的儿童带到自我控制区域里。坚定而平静地对而这名儿童说："我不能允许你伤害其他小朋友。请你待在这里直到你准备好再次回到小朋友们中间为止。"

（3）教师走开。在儿童自我控制的时间里，教师一定不要和他交谈，也不要看他。语言和目光的接触都可能成为这名儿童问题行为的强化剂。

（4）假如另一名儿童试图接近这名儿童，教师应该很快叫那个儿童离开，并向他解释："××需要自己一个人待会儿，你可以等他回到你们中间时再和他说话。"

（5）当这名儿童感到自己准备好了以后，他可以再次参加活动。教师千万不要批评他。他知道他自己被隔离的原因。教师可以建议这名儿童参与一项正在开展的活动，当这名儿童一表现出适宜的行为时，教师就要表扬他，强化他的这种行为，这一点很重要。

（6）假如这名儿童在他准备好之前就回到教室里参加活动，然后又表现出问题行为，那么教师可以对他说："我猜，你还没有准备好参与我们的活动。"然后，带着他重新回到自我控制区域，再次让他自己决定，他什么时候准备好就什么时候重新加入集体活动。

自我控制时间并不是一种惩罚方式，而是给儿童提供一个时间让他们平静下来，重新控制自己。有时候，儿童的攻击性行为是他们生气、焦虑、不安等不良情绪的一种反应，给儿童时间远离教室里的刺激有助于他们平静下来。

独 处 策 略

另外一种策略在某些儿童身上也很有效，这种策略就是独处。有时候，一些儿童在面对噪音、高水平的活动和教室里过多的刺激时会不知所措，会想要逃开。这是因为这些儿童的神经系统不能应对这种过度的刺激，如早产儿或者母亲在怀孕期间吸毒或酗酒的儿童，这类儿童会从这种独处的策略中获益。实施这个策略需要教师为儿童安排一个安静的、刺激较少的区域。这个区域可以在教室里，也可以在教室外。假如在教室里，这个区域需要远离活动区和教室里的噪音，以便让身处于其中的儿童感到完全的放松。

有个两岁半的儿童，在班里特别调皮，也特别爱攻击其他小朋友，他每天早晨都会无端地发四五次脾气，那些常用的试图改变或者纠正这些问题行为的策略对他根本不起任何作用。班里的一位教师注意到，这名儿童在出现消极行为之前几乎总是表现出很明显的紧张不安，于是教师们开始讨论这名儿童之所以出现问题行为，有时候可能仅仅是因为他无法接受教室里的刺激强度。于是，他们决定采用一种新策略。

第二天，这位教师和这名儿童进行了一次对话。她告诉这名儿童，她知道他什么时候开始觉得很烦躁，并问这名儿童他是否知道自己什么时候开始觉得"很狂躁"。这名儿童说，他知道。接着，教师告诉他当他开始感觉烦躁时，他可以到那个特别为他准备的地方去——另外一位教师的办公室，里面有小桌子和椅子以及一些操作玩具。这名儿童只要在他想离开教室时告诉老师一声即可。

发生在这名儿童身上的变化是令人吃惊的。从这一天开始，他的那些让人不能接受的行为尽管没有完全消失，但却急剧地减少了。他从来没有滥用过这个离开教室的机会，离开教室后，除了这个专门为他准备的房间他哪都没有去，他通常在5~10分钟之后就会回到教室里。他一天会离开教室几次，在以后的两年中持续这样。第三年，他减少了离开教室的次数，但是仍旧保持着这个习惯。直到现在，他都还觉得这个地方让他感觉很好，能够让他在心情很烦躁时放松一会儿。

当其他处理儿童问题行为的策略似乎没有什么效果时，你可以试试这个策略。但是，独处策略不应该不加区别地予以运用，而应主要用在那些经过了很长时间但还是很难适应班级环境的儿童身上。在这种情况下，引发问题行为的原因是外在的，而这种策略正是给予了儿童一个机会来自己控制环境。

预防策略

在某种问题行为出现前，采取一些预防措施是一种很好的策略。然而，运用预防的策略，成人必须仔细地观察这名儿童，以了解是什么引发了他的这种行为。例如，假如教师注意到，某一名儿童在参与活动时如果不能取得成功就很容易沮丧，然后会把这种沮丧情绪转移到一旁的同伴身上，那么教师就不能错过这

第 5 章 应对儿童问题行为的策略

名儿童在参与活动时会遇到困难的任何场景。但是，这并不意味着教师这样就能解决儿童的所有问题，而是说这样的话他们就具备了解决问题的技能和技巧。预防策略对于年幼的儿童来说特别有效，因为相比那些年长的儿童，这些年幼的儿童还没有形成很好的自我控制能力和表达能力。

转移注意力策略

针对那些年幼的学前儿童，特别是两岁左右的儿童，另一种有效策略是转移注意力。教师可以通过提供其他一些玩具或者材料把儿童的注意力从一个活动转移到另一个活动上。两岁大的儿童还不会与他人分享，也不具备幼儿园要求的一些社会技巧，这就要求教师帮助他们逐渐获得这种技巧。但是，转移注意力策略通常不应该被用在那些年长的儿童身上，那些年长的儿童需要一些更有效的方式来应对同伴交往中出现的一些问题。

讨论策略

与那些年长的学前儿童相处的另一个策略是讨论策略。通常，一个四五岁的儿童十分愿意和教师讨论那些问题行为。一个行为不端的儿童，自我感觉通常也并不好。假如这名儿童很想改变自己的行为，你可以和他讨论，实际上，也就是变成他的伙伴。

找一个安静的、隐秘的地方来和这名儿童讨论他的问题行为是非常重要的。假如他努力要改变自己的行为，你需要提供适时的帮助直到他能掌握积极的行为为止。

创造性的问题解决策略

要想让儿童学会有效地处理社会冲突，最有效的办法之一就是帮助他们掌握创造性地解决问题的技巧。教师要鼓励儿童弄清楚问题，然后通过集思广益找出解决问题的可能方法，接着评估这些可能的方法，从中选择一个双方都感到满意的方法，然后实施。通过这样一些程序，教师可以让儿童逐渐获得冲突解决的技巧。在这个过程中，教师要做一名很好的倾听者，能够倾听儿童，能够接纳儿童的想法，能够认识到儿童的主体地位。这种策略的主要特征是可以避免独断专行，无论是儿童还是成人，都不能把自己的意见强加到其他人身上。因此，在实施这个策略时，相互尊重是关键。

留出专门时间策略

对于一名为了寻求成人关注而表现出问题行为的儿童，一个非常有效的策略是为他留出专门的时间。当前许多家庭，包括那些单亲家庭和双职工家庭，父母平时压力大、工作忙，很难给予儿童足够的关注，导致儿童为了寻求成人的关注而表现出问题行为。

假如你怀疑某个儿童的某种问题行为如哭泣，是为了寻求成人的关注，那么你可以考虑使用专门时间策略。这就意味着教师每天1次或者每隔一天1次，或者每周两次，每次留出几分钟的时间只和这名儿童相处。面对整个班的儿童，这个策略运用起来并不容易，但是教师只要合理地、创造性地安排时间就能够做到。每天早晨入园前或者是每天下午离园后的时间都能够提供这样的机会。午睡前后或者休息时间前后也有这种可能性。必要时，教师可以请配班教师或者另一位主班教师帮忙。

在这个专门的时间里，教师只和这名儿童在一起。教师可以问这名儿童想在这段时间里做点什么，然后根据他的建议来开展活动。如此短时间的投入在降低儿童问题行为的出现频率上的效果却是不可思议的。从长远来看，教师可以不用再花那么多的时间来处理儿童的问题行为，从而创造出一种更加积极、更加和谐的班级氛围。

光荣榜策略

假如光荣榜让儿童看到了自己在朝着适宜行为前进的道路上取得的进步，那么光荣榜就很好地发挥了作用。光荣榜是一种看得见的强化，对于某些儿童和某些场景，它十分有效。光荣榜并不意味着惩罚，它应该是用来记录成功的，而不是用来记录失败的。因此，当儿童没有表现出适宜行为时，教师不应该使用它。

这样的光荣榜制作起来很简单，在一侧列出时间，当儿童在某个时间段表现出适宜行为时，就在另一侧贴上星星贴纸或者其他形状的贴纸。比如，当某个儿童表现出教师要求的适宜行为时，就在一侧贴上星星，或者在某个时间段以后没有出现问题行为也可以贴上星星。当然时间的长度取决于这种行为本身的特点。

第 5 章　应对儿童问题行为的策略

结　　论

在塑造儿童的积极行为方面，教师运用的指导策略非常关键。本章讨论了十种改变儿童问题行为的策略。策略的运用取决于儿童和问题行为本身。这本书后面的内容探讨了针对各种问题行为，教师应该如何使用这些策略。

在引导儿童的积极行为上，强化是一个非常重要的策略。教师既可以把它当成常规策略来使用，以便让儿童知道他们的行为是适宜的，也可以结合其他策略来使用，以改变儿童的某种问题行为。与强化相对立的策略是忽视，这也是一个非常有效的策略，虽然这个策略使用起来有一定的困难。当教师忽视儿童的某种问题行为时，同时强化这种问题行为的反面，即适宜行为，也是很重要的。

在使用自我控制时间策略时，教师应该要非常谨慎，只有当儿童表现出攻击性行为和某些危险行为时，才使用它。这需要教师制订详细计划，且不能把这种策略当成是一种惩罚方式。另一种相关策略是独处策略，当儿童觉得自己的行为失去控制时，可以选择离开教室一会儿。

仔细观察儿童的行为能为教师提供一些线索，比如是什么导致了儿童的这种行为。在指导儿童表现出适宜行为以取代问题行为方面，预防也是一个很好的方法。这种策略对于年幼的儿童来说通常是有效的，同样对他们有效的还有转移注意力策略。转移注意力策略有助于那些自我控制能力和语言表达能力还没有完全发展好的儿童找到一种处理潜在的挫折场景的方法。

对于那些想要改变自己问题行为的年龄较大的学前儿童，教师可以使用讨论的策略。在这种策略实施过程中，教师的角色是儿童的伙伴，而不是教师。创造性的问题解决策略是又一个非常有效的策略，这个策略引导儿童找到一些解决社会冲突的适宜性方式。留出专门时间策略对于那些为了寻求成人关注而表现出问题行为的儿童非常有用，这些儿童总是非常渴望获得成人的关注。最后，光荣榜策略通过提供一个"看得见、摸得着"的进步记录来促进儿童的适宜行为。

在随后的文章中，这些策略都会被运用在各种特定的问题行为上。教师要注意：这些策略的运用要基于对儿童和他们行为的一些日常观察上。教师必须运用自己的判断来决定这些策略是否适合于某个儿童以及选择的策略用在那种情况下是否合适。尽管我们能运用一些一般性的策略，但是每个儿童、每位教师和每种场景都是独特的。

第6章

与家长合作

　　教师和家长进行合作，能最有效地纠正儿童的问题行为。在这章中，我们将要讨论几种使家庭和幼儿园合作更加有效，令家长、教师和儿童都满意的家庭与幼儿园合作的方式。我们的讨论涉及这样几个主题：建立家长和教师积极互动的基础、教师如何和家长就其孩子的问题行为问题进行沟通、正确应对家长和教师的意见不一致的情况以及教师通知家长某些事情时使用的一些表格样式。

建立家长和教师积极互动的基础

　　教师和家长之间的互动必须建立在互相信任、互相尊重的基础之上。当然，这种关系的建立需要花费一定的时间。在讨论开始之前应该特别提到的一点是，不是儿童出现了问题，我们才有机会和其家长进行沟通联系。平时，教师就应该和儿童家长通过一系列持续的积极互动来逐渐熟悉彼此。这样，当问题出现的时候，因为双方已经建立了一种互信的关系，大家才能更有成效地讨论和解决问题。建立这种关系的方法很多，教师可以创设很多和家长积极互动的机会，如在家长接送孩子的时候、专门的家园活动、家长会以及书面信息交流等。

　　家长接送孩子的时候。家长早晨送孩子入园的时候以及一天结束后接孩子回家的时候，都为家长和教师建立相互尊重的、建设性的关系提供了非常好的时机。教师每天在儿童入园和离园时对儿童的家长说几句肯定他们孩子的话是非常重要的。班里的几位教师应该事先决定好谁来和家长交流以及谁在家长和其他教师聊天时照看儿童。尽管在儿童入园和离园时教师和家长都非常忙，而且状况比较混乱，但是花15秒左右的时间对家长和儿童进行友好的、积极的评价对于建立积极的家园关系是非常有帮助的。

　　在儿童入园和离园时，教师可以和儿童家长交流的信息包括：告诉家长他的孩子在幼儿园里很受欢迎、老师们都很喜欢他，让家长认识到他的孩子是很有价值的个体，而不仅是"班级群体"中的一个成员；也可以告诉家长他的孩子在幼儿园取得的成功以及在幼儿园的生活情况，这些对家长来讲，都是非常有意义的事情，通过这样的方式，儿童的生活就被家长和教师共同分享。同时，这些信息也

第6章 与家长合作

要表达出教师对这名儿童的家庭中发生的重要事情的关切,无论这些事情是好的还是不好的。下面一些例子是教师在儿童入园或者离园时,可能会对儿童及其家长说的话。

- "看见你真高兴,艾丽丝!我今天制作了很多不同颜色的橡皮泥,我知道你很喜欢玩橡皮泥。"(入园时)
- "杰米,我们很想念你和你的妈妈!我希望你的嗓子感觉好点了,这样你就可以和其他小朋友一起玩了。"(入园时)
- "埃克斯先生,你们家新出生的小宝宝怎么样了?你的妻子恢复得好吗?雷切尔非常激动地告诉我们所有关于她新出生的小弟弟的情况,我们放了一些道具娃娃在角色扮演区,这样雷切尔和其他小朋友就可以在幼儿园里扮演爸爸妈妈来照顾小宝宝了。"(入园时)
- "卡洛斯,我为你感到骄傲,昨天的小组活动中你表现得好极了。你把这件事告诉给你外婆了吗?"(入园时)
- "特拉维诺太太,我想让你看看今天艾伦剪的纸条。他不但能用剪刀,而且用得特别好。艾伦和我都很高兴。"(离园时)
- "今天下午在天气特别热时,我们组织孩子们到室外玩了一会儿水,孩子们玩得很高兴。雪莉玩的时候把裙子弄湿了,所以我们给她换了衣服,这样她会舒服点。喏,她的裙子在这个塑料袋里。"(离园时)
- "嗨,丽吉,你爸爸来了,你能给他看看你今天用积木搭建的火箭的照片吗?莱万德夫斯基先生,你应该看看,你儿子今天搭建了一个多么伟大的建筑!为了方便你看到,我们给它拍了照片。"(离园时)

这样的一些信息是积极的、友好的,不会让家长受到打击,还能够表现出教师对儿童及其家庭的关注。家长们也很乐意知道关于儿童的活动和取得的成就的信息。尽管有些家长似乎总是来去匆匆,但是如果教师能够持续地传达给他们关于他们孩子的一些积极信息,如他们的孩子在幼儿园表现得很好、很讨人喜欢,那么他们就会逐渐为孩子的成就而感到骄傲,并开始关注每天发生在孩子身上的事情。有时,教师也需要向家长表达对儿童健康的关注。例如,你可以这样说:"我想知道艾莉尔是不是身体不舒服了。今天下午午睡起床时她特别不愿意起,起来后也无精打采的。您能告诉我,她到底怎么了吗?"

专门的家—园活动。除了在家长接送孩子时教师可以与他们进行一些非正式的交流外,教师还有很多正式的机会可以和家长进行互动。很多幼儿园都会举办一些专门的活动,让教师和儿童的家长进行互动。这些活动如下:

- 一些幼儿园发现举办各种专题讲座是向家长传达信息的有效而又很受欢迎的方式。然而,准备这样的讲座,幼儿园需要考虑儿童家长或者其他家庭

成员的需要、兴趣和时间。那些忙碌的家长可能会因为事情很多，而没有办法参加这样的活动，如果是这样的话，幼儿园就要仔细考虑举行讲座是否是与家长进行交流的最好方式。此外，举行讲座的时间也很重要，可以在晚上、周末、下午的晚些时候或者是午饭时间。讲座的主题可以非常广泛。有的幼儿园发现，在春天举行关于幼小衔接问题的讲座，那些5岁儿童的家长会很感兴趣。家长们可能感兴趣的其他主题还包括儿童问题行为的应对、电视对儿童的影响以及如何限制孩子看电视、儿童的健康和营养、读写能力的培养等。

- 教师和儿童家长互动的另一个机会是家长开放日活动。这样的活动，特别是在儿童刚入园开展的家长开放日活动，给家长提供了参观幼儿园、与教师交谈、和其他家长交流、了解幼儿园课程设置和儿童活动参与情况的机会。
- 食物总是会给人们创造一种轻松愉悦的互动氛围。因此，邀请儿童及其家长一起参加的午餐聚会或者晚餐聚会，为教师和家长提供了另一个相互交流的机会。假日是举办这种聚会的好时机，不过，在其他时间，比如，在计划开展某种课程之前，也是举办午餐聚会和晚餐聚会的好时机。
- 有时，对某个主题特别感兴趣的教师和儿童的家长也可以举行圆桌讨论。这种圆桌讨论创设了一种亲密的环境氛围，让家长和教师可以交流想法和相互认识。
- 家长和教师互动的另一个比较受欢迎的方式是邀请家长参与到改善幼儿园和教室环境的活动中来。家长在锤打、打磨、粉刷和冲洗墙壁时可以和教师进行很多的对话。

这些活动是家长和教师进行互动的好时机。在开展这些活动前，幼儿园和教师要认真计划。如果幼儿园想把这些活动纳入到幼儿园日常活动时间表中，那么这个时间表也应该包括家长和教师非正式交流的那些时间。

家长会。此外，定期地召开家长会也为教师和家长提供了一对一进行互动的机会，提供了一个建立积极的家园关系的机会。在家长会上，教师可以和家长分享自己对其孩子的看法。此外，因为这时家长和教师可以不被打扰地进行交流，所以这个时候也很适合谈论他们发现的关于儿童的问题行为，相关内容我们会在后面篇章中作详细介绍。不过，双方的谈话主题不应该总是集中在那些问题行为上，教师和家长也应该分享关于儿童成长的各方面信息。

书面信息交流。通过书面方式，教师也能把有关儿童和有关幼儿园环境和活动等方面的信息有效地传递给家长。一份定期的简报和一个定期更换的信息栏可以包括那些所有家长都感兴趣的内容。如有必要，教师和某个儿童的家长之间可以使用具有更多详细信息的家园联系册来分享信息，它也可以作为"面对面"交流的一个补充。比如，某个幼儿园开展了"快乐分享"活动，教师每周至少一次和每个家长分享孩子在幼儿园生活中发生的有意义的事情。此外，精心设计的、干净整洁的家园联系栏也为教师提供了一个和家长交流的好方式。教师可以在家园联系栏上粘贴一些儿童活动的信息、最新研究成果的摘要或者在上面展示儿童的作品。有些幼儿园也展示儿童和教师的"工作档案袋"。这样的档案袋集中于儿童的学习过程，而不仅仅是教室里活动的最终产品。

假如你们班里的一些家长不认识字，那么你就需要找到一些其他的方法来和他们保持联系。例如：你可以通过录音带或者是录像带把信息传递给他们。家园联系栏在设计时也可以考虑通过视觉图画而不仅是文字的方式来传递信息。

电子交流方式。很多幼儿教师和家长现在都会使用电脑，那么就由此产生了一种新的交流方式。比如，电子邮件就是教师和家长在分享儿童信息方面的一种非常便利的方式。教师可以把班里所儿童家长的电子邮件地址记下来，以便能快速、友好地给家长们发送一些日常信息。和每个班级相链接的幼儿园网站提供了更多家长参与幼儿园活动的方式。不过，在运用这种技术时，教师必须意识到并不是所有的家长都会上网或者都有电脑。因此，和家长分享信息的其他方式也应该被采用。

当儿童的问题行为出现时

当教师注意到儿童出现问题行为时，如果此时幼儿教师和家长之间已经建立起了友好、积极的关系，那么双方讨论这个问题会比较容易。这也是为什么我们先讨论了一些教师和家长建立积极关系的方法。只有当信任和相互尊重的关系建立起来以后，双方才能更好地讨论儿童的问题行为。当教师和家长都不可避免地表现出对儿童问题行为的忧虑时，那么双方就可以共同来讨论这些担忧。当家长和教师能一起合作找出适宜的方法来鼓励儿童的适宜行为时，所有的人，包括这名儿童，都能从中受益。下面，我们就如何和家长讨论儿童的问题行为，为教师提供了一些建议。

- 寻找一个单独的见面地点很重要。教师和儿童家长在谈话时不被打扰是关键的一步。
- 如果某个儿童的家长表现出对其孩子行为的担忧，在这位家长接送孩子时，不要和他讨论这个问题。告诉这位家长，你会私下找一个时间，好好地和他谈一谈。
- 在交谈之前，做好准备工作。先想清楚你想谈些什么，你对儿童行为的事先观察可以为你提供一些信息。

幼儿问题行为的识别与应对（教师篇）

- 在交谈时，从这名儿童的所有表现中引出这名儿童的问题行为。换句话说，爱打人的儿童也会表现出其他的一些行为，包括那些积极的社交行为。教师可以先简单地谈论一下这名儿童的优点、他所喜欢的活动、同伴关系及其擅长的方面。在这种背景下，儿童的问题行为容易被当成这名儿童行为表现的一个方面，而不是主要的方面。
- 教师要带着诚恳的态度和儿童的家长进行交谈，双方要知道对儿童来讲什么是最好的。教师和家长要积极乐观地看待儿童的问题行为，并共同找到一个解决办法来帮助儿童改变他的问题行为。
- 在和家长交谈的过程中，教师要尽快了解儿童的这种问题行为发生的场所。例如，这种行为是只在幼儿园里发生，还是在家里和其他环境中也会发生？假如某种问题行为既发生在家里也出现在幼儿园中，那么就需要找到一种家长和幼儿教师能共同使用的解决策略，这样才能最有效地改变儿童的问题行为。如果这种行为主要是发生在幼儿园里，家长也需要持续地关注和支持教师的各种努力。
- 不要把责任归咎于儿童的家长。家长和幼儿教师要用解决问题的态度来进行讨论。
- 避免分析和过度解读这名儿童的问题行为。讨论要围绕着教师所观察到事实。
- 千万不要训斥或者责备儿童的家长，也不要对他们进行说教。
- 认真耐心地倾听家长。对于"这名"儿童，家长是"专家"，教师不是。教师的任务是以合作伙伴的身份和家长一起找出解决问题的办法。
- 在如何处理这名儿童的问题行为问题上，教师可能已经从书本上找到了一些方法。你可以适当地做一些这样的准备，不过，千万不要让家长觉得你已经想好该怎么办了，现在仅仅只是在通知他们。你需要做的是和家长一起努力来找到合适的方法。教师要广泛接纳各种不同的想法，和家长一起讨论，并最终找到大家都认同的好方法。
- 在和儿童的家长交谈之前，教师可能已经尝试了几种处理这种问题行为的方法。如果是这样，与家长分享你的努力并询问家长是否在家里也尝试过相同的或不同的方法。

综上所述，教师要把和家长的交流看成是建立积极联系的机会，和家长一起努力找到办法来解决这名儿童的问题行为，让大家都能从中受益。

当家长和教师意见不一致时

上面所讨论的和家长一起处理儿童问题行为的几点建议都是基于这样的假定,即家长和教师之间已经建立了积极互信的关系,彼此都赞同找到一个共同解决的方法。然而,并不是所有的家长和教师之间的关系都是这样的。有时候,家长和教师之间会出现意见不一致的情况,或者家长的态度使教师无法与之进行有效的交流。在一些不太理想的家长和教师的关系中,下面的一些方法可能会比较有效。

- 一定记住,家长的态度总是和别人如何看待他们的孩子紧密联系的。你要意识到,那些被告知他们的孩子在幼儿园表现出问题行为的家长可能会对你产生排斥心理,也可能会变得很敏感。
- 事实上,家长可能会否认自己孩子的行为是一种问题,并且告诉你,孩子的这种行为只会发生在幼儿园,是你或者其他孩子引发了这种行为。一定要仔细倾听家长的观点。除此之外,要尽量获取家长关于应对这种问题行为的意见。
- 一些家长可能会很生气、很有敌意,但是这种情绪可能跟你或者孩子没有任何关系,可能是因为这些家长正在面临其他更棘手的事情。这时,教师一定要沉住气,同时给予家长同情和理解,这样才能慢慢化解家长的敌意。
- 假如家长不同意你对他们孩子的评价,尝试着理解家长的观点。认真地、诚恳地倾听他们的意见。使用有效倾听的技巧能帮助你准确地捕捉到家长传达的信息。
- 作为教师,你也需要注意自己的言行,不要因为自己的一些无意之举降低了和家长交流的有效性。例如,不要期望和家长的交谈能取得某一个特定的结果;要用一种开放的思维以及与家长一起努力来促使儿童出现积极行为的态度和家长进行交谈。此外,不要给家长这样的印象,即你是专家,你比他们懂得多。记住,家长永远是最了解他们孩子的人。另外,教师还需要避免使用一些专业术语,尽量使用日常语言。无论是公开场合还是私底下,教师都要避免说家长的是非,因为它会影响你对家长的态度。如果你失去了耐心,变得很生气、很有防御性、很不友好,那么要马上意识到这些不良情绪对问题解决毫无帮助,你要试着保持平静,尽量予以家长积极的回应。
- 对于某些家长,教师和他们谈论孩子的问题行为可能是不明智的。几年前,我在指导一个幼儿园时遇到了一个儿童的家长。她很明显非常焦虑,也很消极。她几次告诉教师:"假如特雷弗做错了什么事情,你可以告诉我,回家后我会好好教训他。"在家长会上,教师问这位母亲:"给我们说说特雷

弗擅长什么，他有什么长处？"她想了一会儿，然后说："他什么都不擅长。"教师们认为如果他们帮助特雷弗改变他的那些经常表现出来的问题行为，同时不再向他的母亲说他的这些问题行为，情况可能会变好起来。之后，教师开始在特雷弗的母亲来接孩子时说一些关于特雷弗的积极表现。两年以后，特雷弗的母亲变得非常积极主动，也愿意和教师们交谈了。

并不是所有的家—园互动都是顺利的、相互支持的。总是会有一些家长不和教师进行沟通，因为他们对这样的事情没有兴趣，也不关心。不过，千万不要因此得出家长不关心孩子的结论，这也有可能是家长不知所措的表现。当家长不同意你的观点或者和家长交流有困难时，记住上面所说的几点是很重要的。越是交流有困难，越需要你有高超的交流技巧。

交流信息的表格式样

下面是一些教师在和家长交流、传递信息时会使用到的表格式样。

前面我们提到了有一个幼儿园至少每周都会开展一次"快乐分享"活动，和家长分享孩子在那一天活动中的表现，作为建立家园积极交流的一种方式。下面这个式样主要是告诉家长他们的孩子在幼儿园某一天中的积极表现。

快 乐 分 享

日期：
今天我们想要和您分享，您的孩子（孩子的名字）

接下来是一个邀请家长参加幼儿园环境改善活动的通知。当然，具体的内容可以根据教师的需要修改。

我们需要你的帮助！

在（年月日），我们打算翻修我们的操场，我们很需要您的帮忙。我们将要给所有的木制设施和一些金属物件重新刷漆，还要给孩子们建一个新的游戏房，以及做一些室外的保洁工作。我们从早上9点开始到下午4点结束，您可以参加一段时间，也可以全程参加。我们会提供午餐。如果您愿意来帮助我们的话，请在家园联系卡上签上您的名字。
谢谢您！（来自于所有的教师和您的孩子）

有时候，调查家长关于一些活动的时间投入情况比如是否能参加某个特定主题的家长会也是很有用的。下面是调查表的式样。

家长调查表

亲爱的家长：

在过去的几年时间里，我们已经举办了很多次家长会来讨论一些大家感兴趣的话题。我们很想知道您是否愿意我们今年继续举办这样的活动。请您花几分钟时间填写下面这个调查表，然后把这个调查表投到您孩子所在教室外面的蓝色信箱里。我们会很快给您反馈。

您可能感兴趣的话题：

____对儿童的指导和纪律　　　____上小学
____看电视的时间限制　　　　____阅读技巧
____健康和营养　　　　　　　____适合儿童玩的玩具

其他话题：
_____
_____
_____

您哪一天最方便？
____周一　____周二　____周三　____周四　____周五　____周六

您认为一天中的哪个时间段比较适合？
____中午12点到下午1点　____下午5点到6点　____上午7点到9点　____周六早晨
____周六下午

在您参加家长会时，您需要其他人帮您照看孩子吗？
____需要　____不需要

除非能像公立幼儿园那样有大段的时间开家长会，不然的话，最好还是每周安排一小部分家长进行面谈，这样的话，你的时间不会太紧张。对于某些家庭，你可以提前几周给家长送一个便条，这样会有助于家长会的顺利开展。下面是一个便条的式样。

家长会谈的时间到了！

××（儿童的名字）小朋友的家长：您好！

每年，我都会和班里每个孩子的家长至少面谈两次。这样我们就可以针对您孩子的一些事情进行交流。我每周都会约三四个家长见面。请让我知道这周，您哪天比较方面。

我在下面的时间段都有空，请让我知道您在下面的哪个时间段比较方便：

____上午7点到7点30分　　　____下午5点到5点30分
____下午1点到1点30分　　　____下午5点30分到6点

（教师的签名）

我/我们可以在（日期）_____时间_____进行交流

（家长的签名）

最后，你可能想要和家长们就某个特别的问题而进行一次面谈。假如上面的便条因为时机关系不适合，你可以用下面的格式。

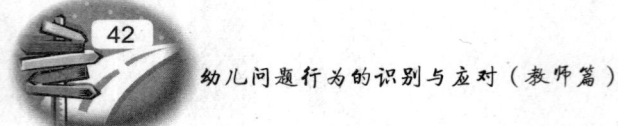

××（小朋友的名字）小朋友的家长：您好！

　　有时候我可能会和班里某些孩子的家长每年见上几次。我希望有机会能和您见个面。在接下来两周里，您能否找个时间到幼儿园来和我见个面？请告诉我您什么时候方便。我每天上午8点之前，下午1点到3点之间，或者下午4点30分到6点之间都可以。我期待与您见面。

（教师的签名）

教师和家长面谈应该注意的问题

当教师计划和家长进行面谈时，特别是想要和家长讨论共同关注的儿童问题行为问题时，下面的内容告诉教师应该注意哪些方面。教师对这名儿童保持积极的、平常的态度是重要的，不需要过度关注其某个方面。

—— 约定一个双方都方便的面谈时间。

—— 为面谈安排一个单独的地方，这个地方不会被打扰。

—— 准备好讨论这名儿童的所有行为，不仅仅是那些不适宜的行为。换句话说，准备好和家长分享这名儿童的交往、学习、技能发展和参与活动的情况。教师也可以带一些儿童的作品和观察记录与家长一起分享。

—— 带着对这名儿童共同的美好期望开始面谈。

—— 准备好和家长讨论你所关注的儿童问题行为，要有理有据，比如用你的观察来补充你们的谈话。

—— 准备好一些可以更好地了解这名儿童的问题。仔细倾听家长传达的信息。

—— 无论是在面谈开始前还是开始后，都避免过度分析儿童的行为。你的分析和结论都应该基于事实。

—— 假如你已经有了如何来解决这个问题的想法，不要先告诉家长。你要引导和倾听家长的想法，这些想法可能更符合儿童的个人实际，更有效。

—— 在结束面谈之前，在家长和教师应该如何更好地合作以应对儿童的问题行为上，尝试着相互理解。

结　　论

幼儿园家长工作一直以来都非常重要。毕竟家长和教师都是和儿童相处时间比较长的成人，都是儿童成长中的重要他人。家长和教师之间建立合作关系，彼此分享和讨论儿童生活中的重要事件，特别是共同关注儿童的各种行为，对儿童来说是有益的。家长和教师彼此交流他们自己对儿童的看法，有助于找到对儿童最有利的教育方式，这不仅有利于儿童，也有利于关注儿童的成人。

第二篇

攻击性行为和反社会行为

第7章

打 人

4岁的雷蒙德的妈妈每天都需要外出工作,他来到"欢乐时光"儿童中心差不多已经有两年时间了。雷蒙德开朗、友好、语言表达能力强,喜欢参加班里开展的所有活动。他想象力丰富,常常玩一些假装游戏,能用积木搭建非常复杂的建筑,而且搭建时还会加上一些游戏的情节。他喜欢把结构玩具当做道具,在院子里的"高速公路"上骑三轮车,喜欢玩"过家家"游戏和其他角色表演活动。

雷蒙德在游戏中往往喜欢把自己当做领导者,指挥其他儿童的行为和分配他们的角色。其他儿童通常都听他的,但是当他们不听他指挥时,雷蒙德就会打他们。他在打了某一个小朋友以后,会大步跑开,说:"没有人喜欢我!"这时,教师通常会叫住雷蒙德,并告诉他,他伤害了其他小朋友。之后,教师就不再搭理他了,直到他停止大叫并同意向被他打的儿童道歉后,才再次和他讲话。同时,教师还会告诉他,其他小朋友是喜欢他的,只是不喜欢他打人而已。雷蒙德刚开始时通常会极力反驳,之后会让教师相信他不会再打人了。但是,只能维持一小段时间。一旦教师离开了,雷蒙德就会很快地加入到小组活动中,重申他的"领导"地位。

行为表述

这名儿童经常打其他儿童。

行为观察

花一些时间来观察这名儿童的行为并收集相关信息,这些观察和信息能更进一步加深你对这种行为的了解。

这名儿童通常什么时候会打人?
- 在一天中的任何时候
- 在某个特定的时间段,比如快离园时
- 在某个特定的活动中,或者是在一日生活的某个环节
- 在室内时
- 在室外时
- 当儿童们聚集在一起时,比如小组活动时间

- 在结构化游戏时间
- 在自由活动时间
- 在活动间的过渡环节

是什么引发了他的这种行为?
- 其他小朋友有他想要的某种东西
- 其他小朋友抢走了他的东西
- 教师拒绝了他的某项要求或阻止了他的某种行为
- 他无法完成某项活动
- 他和其他儿童发生了争吵
- 他受到了惩罚
- 他受到其他小朋友的推搡
- 他与其他儿童离得太近
- 他累了
- 他受到了某种莫名的挑衅
- 他不能做他想做的事情

谁是受害者?
- 通常是同一个儿童或者是某些特定的儿童
- 任何一个儿童
- 胆小的儿童
- 坚持自己意见的儿童
- 比他年长或者年幼的儿童
- 个头大或者个头小的儿童
- 男孩
- 女孩
- 成人

他在打人前后会有怎样的行为表现?
- 打人后,承认打人
- 打人后,否认打人
- 当被打的儿童哭时,他感到很不安
- 被打的儿童又反过来打他
- 在打人之前,先观察一下是否有人在看他
- 打人后赶紧道歉或者试图安慰被打的儿童
- 打完人后就跑开了
- 打完人后就站在旁边

- 打完人后高兴地笑

通过这些观察获得的信息，教师可以了解到这名儿童什么时候打人和为什么打人。为了保护自己的东西而打人、因遇到挫折而打人和没有任何原因地打人是不一样的。不是每次打人都有原因，教师可以通过观察了解儿童打人的原因，然后有针对性地纠正这种行为。

与家长合作

你一旦观察到儿童有这种行为，就与其家长进行交流，以便了解家长对儿童这种行为的认识和看法，更为关键的是了解这名儿童的打人行为是只发生在幼儿园里还是在其他场所也会发生。假如这名儿童确实也在其他场所打人，你要搞清楚当时发生的情况：打人行为出现在什么时候、为了什么事情、打了谁、在哪里打的、怎样打以及发生这种行为时，这名儿童的兄弟姐妹或者其他儿童是否在场等。可以和家长分享一些你在幼儿园中观察到的情况，并和他们讨论在家里孩子是否也有同样的行为表现。弄清楚家长在儿童打人时采取的策略，然后和家长一起集思广益讨论一些其他的策略。一旦教师开始使用这些策略来制止儿童的打人行为，一定要让其家长了解进度，特别是这一策略取得成功时。

行为影响

当看到某个儿童打人时，教师采取的回应方式往往会"弄巧成拙"。因为打人会伤害到其他儿童，所以教师认为无论在什么情况下都应该禁止儿童打人。因此，看到儿童打人时，教师通常的反应是斥责打人的儿童，或对他说教。教师会花几分钟的时间向这名儿童解释为什么打人是不对的以及为什么其他儿童不应该被打。其实，大多数情况下，打人的儿童都能认识到自己所做的事情是不对的。这种认识可以从那些打人前总是要观察一下有没有人看着自己和那些打人后迅速道歉的儿童身上得到证实。这样一段时间下来，教师对打人儿童的这种关注会强化这名儿童的认识，即打人是获得老师关注的一种有效方式。

行为分析

从非正式观察获得的信息中，教师可以找到纠正这名儿童打人行为的方法。考虑以下几种可能：

- 假如这名儿童总是打某个特定的儿童，教师可以考虑把这两个儿童分开。极有可能是，这名被打的儿童的某种行为引发了这名儿童打人的行为。让其中一名儿童远离某种可能发生打架的场景可能会很有用。假如能让其中的一名儿童到另一个班去最好。如果不能，教师应该随时关注这两名儿童，尽量让他们分开活动。当另外一名儿童不在旁边或者是两个人不在同一个区域玩耍时，这名爱打人的儿童也就没有行为目标了。

- 对一些儿童来说，拥挤的环境会引发其打人的行为，因此降低拥挤情况的发生几率很有帮助。教师可以使用不同的小组管理技巧来让儿童从一个活动转移到另一个活动中去，这样可以减少儿童排队等候的时间。例如，让几个儿童到其他的区域进行活动。儿童被要求围坐成一个大圆圈或者是一个彼此相互都能看见的半圆可以减少团体活动中的拥挤情况。你可以坐在某些儿童的旁边或者中间来进一步防止潜在问题的发生。例如，你可以对他们说："我今天很想坐在这里"或者问某个小朋友："你愿意坐在我的旁边吗？这样你可以当我的特别助理。"

- 假如某个儿童在受到挫折后很容易攻击他人，那么教师应该在事先就预料到这名儿童在哪种场景下会发生这种情况。例如，某个智力玩具对这名儿童来说有一定操作难度，那你就需要在这名儿童旁边坐下来帮助他完成或者推荐一个相对简单的玩具。这都有助于这名儿童获得成功，而这种成功减少了儿童的挫折感和随之而来的打人行为。

- 检查教室环境，确保所有的材料和所开展的活动适合班里儿童的年龄发展水平，并保证材料充足。材料太简单或是太难，会使得儿童没有兴趣操作或者在操作时产生挫败感，这都有可能引发儿童诸如打人这样的不适宜行为。

- 年龄较小的学前儿童打人可能是因为他们缺乏语言表达能力而无法表达自己的需求，也可能是为了发展自己的独立性或者保护他们认为的属于自己的那些财物。2岁或者刚满3岁的儿童，在以社会认可的方式索取他们想要的东西方面，需要成人大量的帮助。正是因为这个原因，教师和幼儿之间的人数比例是很重要的（每4～6个儿童需要1名教师）。当教师的数量适宜时，教师就可以通过语言，通过采取预防措施，或者通过提供儿童需要的相同的材料或者其他可供选择的东西来引导他们采取适宜的方式满足自己的需要。出于这样的考虑，在年龄较小的学前儿童的教室里，教师提供大量的一模一样的玩具是很重要的。

- 假如某个儿童喜欢在下午晚些时候或者午睡前打人，他的这种行为可能是由于身体疲劳导致的。如果可能，教师可以让这名儿童提前午睡。如果不能让这名儿童提前午睡，当你意识到这名儿童累了的时候，你就要密切关注他，防止他打人的情况发生。

- 某个儿童的打人行为可能是其不安全型依恋关系的反应。通常没有和父母形成安全型依恋关系的儿童总是会用攻击性行为来应对其他儿童。这类儿

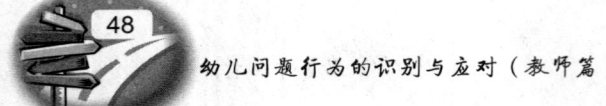

童需要被持续关注和重新得到安全的依恋。教师和保育员同这类孩子建立安全的依恋关系有助于他们形成更加稳定的自我认同感。

- 某些儿童可能正在承受着某种巨大的压力,这种压力也可能会导致他们出现类似于打人这样的攻击性行为。教师要创设一个平静的、稳定的、安全的环境,以便帮助这类儿童更有效地应对压力。

假如没有从上面的建议中找到问题的解决办法,教师可以尝试下面这些更为详细的操作步骤。

目标设定

让这名儿童不再打其他儿童。

方法介绍

最基本的方法包括以下三种同时使用的步骤:
- 防止打人事件的发生。
- 表扬这名儿童的适宜社会行为。
- 当这名儿童打人时,使用自我控制时间策略。

概念界定

打人,是指某个儿童故意侵袭其他儿童的攻击性行为。

基准线

在开始采取行动之前,教师了解清楚班级里的这名儿童打人的频率是很有必要的,这些信息为教师提供了评估这名儿童行为改善程度的基准线。无论这名儿童什么时候打人,教师都要在纸上做标记。

在一天结束的时候,把这些标记加起来,在频率记录图上记下这个数字。这样连续做三天的记录。

实施步骤

在连续三天记录了这名儿童的打人行为后,开始实施下面的策略。班里的所有教师都要使用同样的方法,这一点非常重要。

无论任何时候,都要尽可能地防止打人事件发生。*从非正式观察中,教师可

---

* 预防措施对于有特殊需要的儿童来说非常重要。对于那些有情感或者行为障碍、有认知障碍,或者那些出生前母亲吸毒或酗酒的儿童,教师需要特别提高警惕。教师通常需要花费很长时间来帮助这类儿童学会用其他非攻击的方式解决矛盾冲突。

能会预计到什么时候这名儿童会打人，这种时候教师一定要特别提高警惕。古语说得好，"一分预防胜似十分治疗"。教师可以通过寻找线索来防止这名儿童出现打人行为。例如，如果某个儿童在和别人玩积木时总是以打人告终，那么当这名儿童在积木区时，教师也一定要待在那儿。如果这名儿童搭建的积木倒了，教师要帮助这名儿童处理由此产生的挫折情绪。要向这名儿童解释与其他小朋友共享积木的需要，还要为这名儿童提供与其他儿童合作的机会。同时，教师也要向他示范适宜的行为，促使他与其他小朋友进行积极的社会互动。教师可以这样说："看，玛丽也想和我们一起玩积木。玛丽，我们正在搭建一个仓库，你能帮助我们找一些这种型号的积木来搭墙吗？"换句话说，教师要为儿童创设一个积极的互动环境。

这样，儿童就逐渐获得了处理这种情境的其他技巧，打人行为也就会逐渐减少。随着打人行为的逐渐消失，教师可以相信儿童的自我控制力在不断地提高，从而可以减少对这名儿童的持续关注。

这名儿童一出现适宜的社会行为，就对其进行表扬。 在你观察这名儿童可能会出现打人行为的同时，也要观察他的积极行为。当这名儿童很好地处理了某个社会交往问题时，教师要表扬他，要让他知道你是多么地为他感到高兴。记住，随着打人行为的减少，教师负面的关注也要减少，即渐渐减少训斥和责备这名儿童的次数。但这名儿童仍然需要得到教师的关注，因为教师对这名儿童的积极行为的关注有助于这名儿童发展他的适宜行为。假如这名儿童缺乏社会交往技巧，那么当他一出现适宜的社会交往行为时，教师就立即对其强化就显得尤其重要了。

当这名儿童打人时，使用自我控制时间策略。 假如这名儿童打了一个年龄更小的儿童，教师需要：

（1）迅速地检查一下，确保被打的儿童没有受伤。如果可能，请班里的另外一位教师来安慰被打的儿童。

（2）平静地牵着这名打人的儿童到自我控制区域，然后以严肃而平静的语气对他说："我不能允许你伤害其他小朋友，请你待在这里，直到你准备好重新和你的小伙伴一起玩为止。"

（3）教师走开。在自我控制时间里，教师不要和这名儿童说话，也不要去看他。语言和目光的接触都可能会强化他的不适宜行为。

（4）假如其他的儿童靠近自我控制区域，坚定地要求那名儿童离开，并向他解释："雷蒙德需要单独待一会儿，你可以在他重新回到你们中间后再和他说话。"

（5）如果这名儿童认为自己准备好了，那么他可以重新回到小朋友中间参加活动。不要批评他，他知道自己被隔离的原因。教师可以建议他参加一个正在进行的活动，然后在他一出现适宜的行为时，就对其进行及时的强化。

(6) 假如这名儿童在准备好之前就回来了并且再次出现不适宜行为,对他说:"我猜你还没有准备好来加入到我们中间。"然后把他带回到自我控制区域。再次让他自己决定他什么时候能准备好加入集体活动。

继续记录这种行为。为了能彻底消除这种问题行为,教师要持续在记录图上记录下这种行为发生的频率。这一过程可能是漫长的。但是通过持续记录,教师可能会看到儿童这种问题行为发生的变化——逐渐减少,这也是令人鼓舞的一件事情,因为这意味这名儿童的问题行为正逐渐得到改善。

保持取得的进展

在这名儿童的打人行为消失后,教师还要保证继续关注这名儿童适宜的社会交往行为。要让这名儿童知道,你是多么地欣赏他用一些适宜行为来代替以前的打人行为,你为他所付出的努力感到由衷的高兴。

第 8 章

咬 人

两岁的詹妮已经上幼儿园两个月了。她每周会有三个上午的的时间来幼儿园，因为这个时候她妈妈要去大学里上课。詹妮是一个金发碧眼的女孩，稍微有点婴儿肥。她爱来幼儿园，而且对所有的活动都充满热情。她是一个非常可爱的孩子，常常会拥抱教师和其他小朋友。

然而，詹妮爱咬人。假如某个小朋友拥有她想要的玩具，如一辆玩具小汽车、一个拼图玩具或者是一个毛绒小动物，如果那个小朋友不给她，她就会咬他。有时候，她会走到某一个小朋友面前，笑眯眯地抱住这个小朋友，然后突然咬住这个小朋友的下巴。在用餐时间，如果她没有及时拿到饼干，她也会咬在她旁边的小朋友，在等待活动时也是这样。几天前，因为前面的小朋友没有及时爬上攀爬架，她就咬了那个小朋友的脚踝。

每当詹妮咬人的时候，教师总是会批评她，并告诉她，她的这一次行为给别的小朋友带来了很大的伤害；如果其他小朋友咬了她的话，她也会不高兴的。每当这时，詹妮总是表现出很后悔的样子，并向被咬的小朋友道歉。但是她的后悔通常持续不了很久，她很快就像什么事也没有发生过一样去玩了。有时，在教师的一再提醒下，她可以一天不咬人；而有时，过了一小会儿后，她就又咬人了。

行为表述

这名儿童时常咬其他的儿童。

行为观察

在采取行动之前，教师应该花几天时间观察这名儿童，以进一步了解她的这种问题行为。

这名儿童通常会在什么时候咬人？
- 一天中的任何时候
- 在某个特定的活动中，或者是在一日生活的某个环节
- 在室内时
- 在室外时

- 当小朋友们聚集在一起时，比如小组活动时
- 在教师主导的活动中
- 在自由活动中
- 在午睡时间
- 在过渡环节中
- 在她情绪不稳定时

是什么引发了她的这种行为？
- 其他小朋友抢了她的东西
- 她想要其他小朋友手里的东西
- 她身体感到疲劳
- 马上到吃饭时间了
- 她不能完成某项任务
- 教师拒绝了她的某项要求或阻止了她的某种行为
- 她看到其他小朋友伤害了自己的好朋友
- 待在其他小朋友旁边
- 她因为不能参与某项活动而感到焦躁
- 她必须等待才能参与某项活动

谁是受害者？
- 任何人
- 那些与她年龄相同、身高相近的小朋友
- 比她年幼的小朋友
- 从她手里抢走东西的小朋友
- 离她近的小朋友

她在咬人前后会有怎样的行为表现？
- 在咬人之前，会先看看是否有人在注意自己
- 咬人后，会道歉或者试图安慰被咬的小朋友
- 咬人后，若无其事地走开了
- 当被咬的小朋友哭泣时，她会觉得很不安

其他需要观察的方面：
- 她是否会咬自己
- 她是否也咬玩具，比如积木或者是塑料圈
- 她是否经常把衣服、玩具或者手指放在嘴里

这些事先的观察可以提供给教师一些信息，让教师了解这名儿童咬人行为发生的时间、原因以及经过。绝大多数爱咬人的儿童年龄都较小，通常是两岁左右。

虽然很多儿童在小的时候都咬过人，但是这种行为是不被允许的，因为咬人会伤害到其他小朋友。在这里，教师观察获得的信息越多，就越能防止这种行为的发生。

与家长合作

教师一旦观察到这名儿童连续几天有咬人的行为，就要和这名儿童的家长见面讨论一下这个问题。从家长那里了解一下儿童的这种行为除了发生在幼儿园是否也发生在其他场所比如家里，以及当家长发现孩子咬人时他们使用了什么策略。然后，和家长讨论一下哪种策略最有效。如果咬人的孩子正处于蹒跚学步阶段，那么教师要告诉家长，这个阶段的儿童有咬人行为是很普遍、很正常的。此外，教师还要让家长相信，在幼儿园，教师是不会对他们的孩子使用任何惩罚手段的，教师的目的主要是帮助这名儿童通过其他的技巧来得到自己想要的东西。一旦你使用的策略发挥了作用，别忘了和家长一起分享这种成功。

行为影响

对于那些年龄很小的儿童来说，咬人是一种很自然的行为。这是因为两岁儿童在与其他儿童进行互动时，还不太能考虑同伴的感受，也不太能把握互动时的分寸。而且，他们正在长牙，就像喜欢咬东西的婴儿一样，他们也可能通过咬人来缓解长牙时的不适感受。

教师应该意识到两岁的儿童爱咬人，这是绝大多数的儿童都要经历的阶段，但是这个阶段很快就会过去。为了防止儿童咬人，教师可以搞清楚儿童咬人的原因，并事先做好预防工作。

如果每次在儿童咬人的时候，教师都要责备甚至是惩罚咬人的儿童，那么儿童就会发现，无论什么时候只要他们咬人，他们就会得到关注。教师的这种反应反而强化了儿童把咬人当做是迅速得到教师关注的一种方式。此外，教师对这种儿童自身不能控制的行为大发雷霆，也会影响儿童自我概念的发展。

行为分析

从非正式的观察中获得的一些线索可能会促使教师改善教室里的环境，以帮助那些年幼的、爱咬人的儿童。

- 拥挤的环境可能会导致两岁儿童咬人，因此这个年龄段的孩子所在的班级，班额应该很小，一般有8～12名儿童就可以了。此外，再包括2～3名教师。只有这样，才能减少儿童的咬人行为。
- 两岁儿童需要一些感知觉活动。因此，教室里应该为儿童提供充足地闻、看、

听、感觉、触摸、尝试和操作的机会。此外，因为儿童可能会把东西放在嘴里，所以教师应保证所提供的材料的是安全的和卫生的。允许儿童尝和咬东西也有助于缓解儿童咬人的冲动。

- 教室里应该为儿童准备适合其年龄发展水平的材料和玩具。比如：如果材料不符合两岁儿童的年龄发展需求，他们就会有挫折感，就有可能会通过咬其他同伴来发泄这种不良情绪。
- 教室也应该被创设成教师很容易就能关注到每个角落和每个儿童，因为认真观察每一个年幼的儿童很重要。另外，教师还要有意识地采取一些预防措施。
- 两岁儿童的教室里应该有很多一模一样的材料。这个阶段的儿童还不会分享。但是，如果他们知道自己喜欢的东西有很多件，他们就不会为了争抢东西而咬人或攻击其他儿童。
- 重新安排餐点时间。某些儿童可能会因为饥饿而咬人，因此，如果教师能及时提供给他们食物也可以防止他们咬人行为的发生。
- 可能还有一些其他的解释，比如生理学上的解释。如果某个儿童之前从来没咬过人，某天他突然开始出现咬人行为，那么很可能是因为他耳朵发炎了，他在通过咬人来缓解这种不适症状。

如果上面阐述的内容与你之前观察获得的信息不同，或者还是不能帮助你解决问题，那么请你接着阅读下面的内容。

目标设定

帮助这名两岁儿童找到替代咬人的方法，减少她的咬人行为。

方法介绍

- 尽可能地确保教室环境的有效性。
- 采取一些预防措施来防止这名儿童出现咬人行为。
- 强化适宜的社交行为。
- 假如这名儿童确实咬人了，要让这名儿童认识到咬人是一种不被大家接受的行为。

注意这些步骤都是为年龄较小的儿童准备的。对于那些年龄较大的儿童，教师要使用第5章中提到的策略。

概念界定

咬人，是指某个儿童故意把牙齿放在其他儿童身上任何部位的行为。

基准线

为了能够有效地评估你所使用的策略，教师要连续三天记录下这名儿童的所有咬人行为。教师可以在教室里某个比较方便的位置摆上一张纸，每次这名儿童咬人后，就在这张纸上做一个简单的标记。三天后，把儿童咬人的总次数记录在频率记录图上。

实施步骤

在你连续三天记录了这名儿童的咬人行为后，开始实施以下的步骤。班里的所有教师都要使用同样的方法，这一点非常重要。

尽可能地确保教室环境的有效性。 教师要经常检查教室里的环境布置、材料和日程安排，以确保能满足两岁儿童的发展需要。教室的管理越有效，越能减少儿童受到挫折和发生冲突的潜在可能性。两岁的儿童很容易感到疲劳和饥饿，因此两餐之间，教师要给他们提供一些点心。此外，两岁儿童的注意力时间持续很短，他们渴望得到教师的及时关注；他们喜欢在教师身边玩耍，而不是和其他小朋友一起玩；他们没有办法与其他小朋友进行分享。教师在制订计划和安排幼儿一日生活时，要考虑到两岁儿童的这些特点。

采取一些预防措施来防止这名儿童出现咬人行为。 当你知道这名儿童在某种特定的情境下会咬人时，你可以采取一些预防措施。比如：待在这名儿童旁边，认真地观察她，觉得她想要咬人了，就把她抱开。如果她反抗你，温柔地制止她直到她停止反抗；如果她没有反抗，迅速转移她的注意力到别的活动上。千万别批评她！如果你觉得她真的需要咬一些东西的话，就给她一些东西去咬。

强化适宜的社交行为。 两岁儿童已经学到了很多积极的同伴交往方式，也知道咬人是一种不被人接受的行为。你要表扬这名儿童适宜的社交行为，要让她知道当她表现出适宜行为时你很高兴。同时，要帮助她用语言来表达自己的感受。当儿童学会了更多的积极的交往方式后，他们就会更加喜欢与他人进行交往。

假如这名儿童确实咬人了，你要让这名儿童认识到咬人是一种不被大家接受的行为。 咬人行为应该通过一些预防措施来减少，但是假如这名儿童一不小心还是会咬人的话，按照下面说的去做：

（1）对咬人的儿童说："不可以咬别人，你会伤到别人的。你看，秀娜正在哭呢，因为你咬疼她了。"

（2）带着那名被咬的儿童去清洗伤口并进行紧急的治疗。让这名咬人的儿童也跟着一起。

（3）让咬人的儿童参与到安慰和照顾被咬的儿童的过程中。描述这个过程。

鼓励这名儿童通过轻拍受伤的儿童、给受伤的儿童缠上绷带，或者其他方式提供帮助。这为儿童提供了一个表达同情和进行积极的社会互动的榜样。

继续记录这种行为。运用记录图继续对这种咬人行为进行记录。假如从图上你发现儿童的咬人行为还是很多，那么检查一下预防措施。有些地方可能还有待加强。只要教师对教室里的情况加以注意，儿童的咬人行为肯定会大大减少的。

保持取得的进展

一段时间后，如果记录图显示出这名儿童的咬人行为出现得比较少了，那么这名儿童很可能已经度过了爱咬人的阶段。此时，教师可以停止这些特意的预防措施。不过，教师还需要继续强化那些适宜的行为，因为儿童的社会化是一个长期的过程。

第9章

向他人扔东西

"砰!"又是一声巨响,教师们听到声响后快速向教室四周张望,想知道马克又在什么地方乱扔东西了。

教师们越来越担心马克了,因为4岁大的他似乎越来越容易生气了。假如马克不能按照自己的方式做事情,他就会大发脾气。从几个星期前开始,马克就常常因为很小的事情生气。当他生气时,他就会抓起身边的任何东西扔向招惹他的人。他扔过积木、拼图、刷子、玩具小卡车、盘子、鞋子、毛绒玩具,甚至是剪刀和椅子。当他扔这些东西时,他通常都能够扔中目标。还好,除了划破和擦伤外,其他儿童没有受到更严重的伤害。

班里的其他儿童都说他们害怕马克,不喜欢他。这也常常令马克生气。比如,当马克用积木打玛茜的后背时,玛茜的朋友瑞奇大声叫起来:"我讨厌你,马克,你伤害了玛茜。"听到这句话,马克就会捡起另一块积木向瑞奇扔去。

教师已经批评过马克,也对他进行过教育,试图规劝他,甚至使用剥夺他的某些特权来威胁他,但是都没有用。当他生气时,他还是会向别人乱扔东西。

行为表述

这名儿童故意向其他儿童扔玩具或者其他东西。

行为观察

观察这名儿童几天,你就能更好地了解为什么他会出现这种行为。
这名儿童通常什么时候会向别人乱扔东西?
- 毫无预见性,一天中的任何时候
- 在自由活动中
- 在建构活动中
- 在室外时
- 在室内时
- 在一天中的早些时候,如刚入园时
- 在一天中的晚些时候,如快离园时

- 在吃饭时

在这名儿童乱扔东西前通常发生了什么事?
- 其他儿童惹他生气了
- 其他儿童从他手里抢走了某样东西
- 其他儿童有某种他想要的东西
- 他和其他儿童吵架了
- 他被人打了
- 其他儿童或者教师对他说了"不能……"
- 观察教师是否在注意自己

谁是受害者?
- 通常是某一个儿童或者某几个儿童
- 任何人
- 惹他生气的任何人
- 只是那些坚持自己意见的儿童
- 只是那些胆小的儿童
- 那些年龄比他小、个子也比他矮的儿童
- 男孩
- 女孩

他通常扔什么东西?
- 手里拿的任何东西
- 能拿到的任何东西
- 坚硬的物体
- 尖锐的物体
- 柔软的物体
- 体积小的东西
- 体积大的东西
- 某类或某种特别的东西

在这名儿童向其他儿童扔完东西后,通常会发生什么事?
- 扔出去的东西没有打中目标
- 扔出去的东西打中了目标
- 假如没有打中目标,他会很生气
- 他承认自己向别人乱扔东西了
- 他否认自己向别人乱扔东西了
- 他又去把扔出去的东西捡回来

第9章 向他人扔东西

- 看看是否有老师注意到他
- 当看到其他儿童被打中后,他感到很不安
- 他向被打中的儿童道歉或者试图安慰受害人
- 他走开了
- 他站在被打儿童的附近

通过这些非正式的观察,教师可以获得一些更清晰的信息,比如这种行为是在什么时候、怎样发生的,以及为什么这名儿童会向其他儿童扔东西等。这些信息有助于教师找到一个解决这种问题的办法。

与家长合作

结束了这些观察以后,你要尽快和这名儿童的家长见面讨论这些情况。弄清楚儿童的这种行为是否也出现在家里或者其他非幼儿园的场合中。假如在其他场合中也会发生,询问家长一般是在什么情况下发生这种行为、为什么儿童会出现这种行为,以及他们采取的有效策略有哪些。同时,和家长分享你在观察中获得的一些信息。另外,你还要和家长一起讨论纠正儿童这种行为的方法。一旦你开始实施以下几种策略,别忘了和家长分享儿童所取得的成功。

行为影响

这名儿童在教室里向其他儿童扔东西的行为是很危险的。其他儿童会被这些从空中抛过来的东西打伤,特别是那些坚硬的和锋利的东西更会伤到儿童。教师们都觉得需要立即制止这名儿童这种异常危险的行为。教师通常会非常生气地立即对这名爱乱扔东西的儿童发出严重的警告,告诉他这种行为是多么危险、多么错误。教师甚至会根据这种行为的严重性采取一些惩罚措施。无论教师采用什么方法,都会传达给儿童这样的信息——乱扔东西可以得到成人立即的关注。当物体被扔出去时,成人会非常着急,会给予自己特别的关注。

这名儿童可能在通过乱扔东西来缓解生气的情绪或者挫折感,也可能在通过这种行为获得教师的关注。*当某个儿童把某个物品扔向另外的儿童时,几乎毫无例外地是为了发泄怒气或者缓解沮丧的心情。因为年龄较小的儿童语言发展不成熟,通常不能很好地表达自己的感受。儿童语言表达能力发展的不成熟或者儿童不愿意用语言来表达感受,通常就会导致他们用攻击的方式来表达怒气和挫折感。当这名儿童扔完东西受到教师的批评时,他从这种负面行为中获得了教师的关注,

---

* 通常我们能认识到什么事情会让儿童觉得很沮丧,进而让他们出现扔东西的行为。然而,那些在母体里时就接触过毒品的儿童,通常会有一些毫无征兆的攻击性行为,即行为的发生似乎一点预测性都没有。因此,保持对这些儿童的关注是一种非常重要的预防措施。

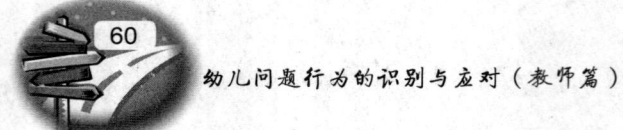

但这种关注并无益于解决问题。

行为分析

通过观察,你可能发现了一些这种行为的规律,这有助于你快速而有效地消除这名儿童的这种行为。

- 假如这名儿童只扔某种特定的物品,那么把这种物品从教室里拿走一段时间。例如,假如这名儿童只是扔木头积木,就把这些木头积木拿开。一两周以后,你可以尝试用一些大型的空心积木来代替,这种积木扔起来比较困难,或者是用那些很轻的塑料积木,或是硬纸卡片,或是一些用牛奶盒手工制作成的积木代替。又过了几周以后,再把木制的积木放回来。如果此时这名儿童已经不再扔这些积木了,那么你就可以放心地把它们放在教室里了。
- 假如某个特定的儿童总是成为这名儿童扔东西的目标,那么这个特定的儿童可能就是这名儿童攻击性行为的导火线。尽可能在所有情况下都把这两名儿童安排在不同的活动区域。引导他们参与不同的活动,无论他们到哪儿都保持对他们俩的关注。在这种情况下,消除扔物体的目标就有可能能消除这种行为。
- 这名儿童可能通过一些活动认为向别人扔东西是合情合理的。例如,把一些小沙包扔进一个容器里,或者用小沙包打中某个东西。

假如上面的这些建议都不能帮你解决问题,那么请尝试下面更具体的操作步骤。

目标设定

让这名儿童不要再向其他儿童扔东西,让他学会用适宜的方式来表达自己的怒气和沮丧情绪。

方法介绍

这个基本的方法将包括以下三个可同时进行的步骤:
- 无论何时,都尽可能防止这名儿童向其他儿童乱扔东西。
- 系统地帮助这名儿童学会用适宜的方式应对生气和沮丧的情绪。
- 假如这名儿童还是向其他儿童扔东西的话,使用自我控制时间策略。

概念界定

向他人扔东西,是指某个儿童试图通过向其他儿童乱扔东西来达到伤害其他儿童的行为。

基准线

在开始解决这个问题之前，你要用三天时间来记录这名儿童这种行为出现的频率。这名儿童每次向其他儿童扔东西时，你都要在纸上做记号。每天孩子离园后，把这个数字记录在频率记录图上，作为以后纠正这名儿童这种行为的一个比较的基准线。

实施步骤

在收集到这名儿童向别人扔东西的频率信息以后，开始实施以下步骤。为了使方法更加有效，同一班级里的所有教师都要同时有意识地合作使用这种方法。

无论何时，都尽可能防止这名儿童向其他儿童乱扔东西。 基于那些非正式的观察，教师可能已经了解到是什么引发了这名儿童乱扔东西的行为以及这种行为发生的时间，注意关注所有的细节。例如，这名儿童在向别人扔东西之前可能会握紧拳头或者吼叫，也可能是这名儿童和其他儿童出现了意见不一致的情况。

然而，无论事先的迹象是什么，都需要所有的教师对这些迹象保持关注，以防止这种行为的发生。当你关注的某个线索出现时，使用下面的方法：

（1）走到这名想扔东西的儿童面前。通过你把这两名儿童隔开，让他们不能看到彼此。

（2）判断这名儿童行为的强度，温柔而坚定地用你的手抓住他的胳膊，让他动弹不了。

（3）当你感到这名儿童的身体放松下来后，放开他或者就势给他一个拥抱。

（4）这个时候你就可以开始下一步了。

系统地帮助这名儿童学会用适宜的方式应对生气和沮丧的情绪。 防止这名儿童伤害其他儿童是很重要的。但是帮助这名儿童学会用适宜的方式来表达生气同样很重要。当这名儿童怒气消了以后，花几分钟时间和这名儿童谈谈刚才所发生的事情。首先，用下面的方法：

（1）问他："你怎么了？"假如你已经看到了发生的事情，帮助这名儿童用语言把所发生的事情描述出来。例如，"你很生气，因为莱丝莉有你想要的卡车。"即使是你先开始描述的，也要确保这名儿童能在某种程度上表达出自己的问题。

（2）一旦问题被描述出来了，问他："我想知道你还能怎样做？"给这名儿童机会让他自己想办法。假如他想的办法能被我们接受就表扬他。假如他的办法不能被我们接受，就问他："我们还有其他办法吗？"

（3）假如这名儿童没有说出解决办法，你就告诉他一种办法。比如，"我们可

以问问莱丝莉，你能否和她一起玩她的小卡车，你们可以用积木一起为卡车修建一条路。"

（4）尝试角色扮演："假如我是莱丝莉，你想玩我正在玩的小卡车。"假装你正在玩一辆小卡车。然后问："你要对我说什么呢？"帮助这名儿童说出一种可行的建议。然后假装你是莱丝莉做出回应，并同意分享这辆小卡车。

（5）在角色扮演结束后，表扬这名儿童，帮助他参与到某个活动中。

（6）你可能要花几周的时间才能最终达到这种程度。但是记住，你正在教给这名儿童一种新的方式来应对那些以前可能会引起攻击性行为的情绪和感受。

当这名儿童已经知道可以用其他的方式来处理生气和沮丧的情绪，并对角色扮演能自然应对时，你就可以开展下一步了：

（1）问他："你怎么了？"这次这名儿童应该有足够的经验告诉你他为什么会很生气。

（2）一旦这名儿童说出问题，就问他这次打算怎么做，表扬他的那些适宜的想法。

（3）告诉这名儿童你希望他去实践他自己的想法。比如，对他说："让我们去告诉莱丝莉吧。"

（4）和这名儿童一起，鼓励他用这种友好的方式来解决问题。如果有必要，进行适当的干预来促成这名儿童的方法发挥作用。重要的是要让这名儿童觉得你教给他的方法很管用。

（5）对于合作的两个儿童都给予表扬。

当儿这名童表现出能用这种适宜的方式来处理自己的生气和挫折感受时，逐渐降低你在其中的作用。这名儿童应该能够承担自己行为的更多责任。不过，你还是要常常表扬这名儿童，让这名儿童知道你为他能有新的表现而感到高兴。同样，在教给这名儿童每种新的行为技巧时，只要他能用适宜的方式处理潜在的冲突就给予大量的表扬。

假如这名儿童还是向其他儿童扔东西的话，使用自我控制时间策略。假如这名儿童还是向年龄较小的儿童乱扔东西，无论是否扔中，都采取以下策略：

（1）迅速搞清楚另一名儿童是否被扔中了。如果被扔中了，确保那名儿童没事。可能的话，请班里另一位教师留下来照顾那名儿童。

（2）平静地牵着这名向别人乱扔东西的儿童到自我控制室去。严肃而平静地说："我不能允许你伤害其他小朋友，请你待在这里，直到你觉得你准备好能重新和你的伙伴一起玩为止。"

（3）然后走开。在自我控制时间里，千万不要和这名儿童说话，也不要去看这名儿童。语言和目光的接触都可能会强化这名儿童的这种行为。

(4) 在此期间，捡起被这名儿童扔出去的东西，放回原来的地方。不要让这名儿童自己来做这件事情，因为这样的一个要求可能很容易导致他的暴力反抗。你想要做的是让这名儿童知道伤害或者试图伤害别人是不能被我们接受的，而不是要教育这名儿童这个东西应该被摆在正确的位置。虽然这一点对儿童来说也很重要，但是可以在其他时候再教给他。

(5) 假如其他的儿童试图靠近自我控制室，轻轻地把那名儿童带离开，并向他解释："马克需要单独待一会儿，你可以在他重新回到教室后再和他说话。"

(6) 当这名儿童感觉准备好了以后，他可以重新回到班级参加活动。不要批评他，他知道自己被隔离的原因。为了用积极的行为引导他，你可以建议他参加一个正在进行的活动。非常重要的一点是，当他一出现适宜的行为就进行及时强化。

(7) 假如这名儿童在准备好之前就回到班级中并且再次出现不适宜行为，对他说："我想你还没有准备好来加入我们。"然后把他带回到自我控制室。再次让他自己决定他什么时候能准备好加入集体活动。

继续记录这种行为。继续记录扔东西事件发生的频率。通过持续记录，你可以明白这名儿童的行为是否发生了变化，也可以知道什么时候可以从这一步措施移到下一步措施。例如，在让这名儿童从和你的角色扮演转移到去和其他儿童说话这一步，就需要在他扔东西的次数明显降低之后。同样，在减少你在其中的作用之前，这名儿童扔东西的次数应该接近于零或者就是零。频率记录图让你知道这名儿童正在你的帮助下逐渐改正自己的行为。

保持取得的进展

虽然这名儿童已经不再向其他儿童乱扔东西了，但是教师还需要继续表扬这名儿童的适宜行为。这名儿童已经知道自己不是不能生气或者不能受挫折，而是需要学会用一些适宜的方式来处理这些不良情绪和挫折感，还需要学会通过控制自己来获得满足感。教师要继续强化这名儿童的这些新行为。

第10章

伤害他人

泰迪,三个月前刚来到幼儿园,就被教师称为"最有攻击性的儿童。"泰迪很容易被其他儿童惹恼,然后他就会用一种无法阻止的行为来攻击其他儿童。他不是用单一的方式伤害其他儿童。他会使用各种方式:打人、咬人、抓别人的头发、扇别人耳光、推人、戳人、踢人和跳到别人身上。

从一开始,班里的其他儿童就不喜欢泰迪。活动时,他通常也是一个人玩,没有人愿意待在他旁边。即便是这样,泰迪还是会和别人发生争端。有时,他会走到某一个儿童旁边,一把抓住那个儿童正在玩的东西,说:"我想玩这个。"假如那个儿童不给,泰迪就会开始打那个儿童。有时候他想加入某个游戏小组,假如那个小组不愿意接纳他,他也会和那个小组的小朋友打架。这种行为每天都要发生三四次。

教师也和泰迪谈过,表达了对他这种行为的不满,并试图要求其他儿童和他一起玩。但是泰迪还是常常会生气,并且攻击其他儿童。

行为表述

这名儿童用各种方式伤害其他儿童,如打人、踢人、咬人、掐人以及和别人打架。有时候是无法预料的几种攻击性方式结合起来。

行为观察

通过对这名儿童进行非正式的观察获得尽可能多的信息。
这种行为通常在什么时候发生?
- 一天中的任何时候
- 在一些特定的活动中,如小组活动、集体讨论或者是音乐活动中
- 当儿童们聚集在一起时
- 在活动间的过渡环节
- 在建构活动中
- 在自由活动中
- 在室外玩耍时

第10章 伤害他人

- 在室内时
- 吃饭时间前后

在他这种行为出现前通常发生了什么事？

- 其他儿童拥有某种他想要的东西
- 和其他儿童发生争执
- 其他儿童或者教师对他说"不能……"
- 他与其他儿童离得很近
- 他受到了推搡
- 他表现出很累的样子
- 他受到其他儿童的挑衅
- 他不能完成某个任务
- 他不想参与班级常规活动
- 并没有明显的挑衅行为

谁是受害者？

- 通常是某一个儿童或者某几个儿童
- 任何人
- 和这名儿童发生争吵的任何人
- 只是那些胆小的儿童
- 只是那些坚持自己意见的儿童
- 那些年龄和个头都比这名儿童大的儿童
- 那些年龄和个头都比这名儿童小的儿童
- 男孩
- 女孩

这名儿童攻击其他儿童时有怎样的行为表现？

- 看看四周，观察教师是否在注意自己
- 承认伤害了别人
- 否认伤害了别人
- 其他儿童反过来又伤害了他
- 道歉或者试图安慰被伤害的儿童
- 继续伤害其他儿童
- 待在被伤害儿童的附近
- 一再伤害同一名儿童
- 打完人后走开了

这名儿童是怎样伤害其他儿童的？

- 他伤害某个儿童之前发生的事情和他怎样伤害儿童之间有关系
- 他伤害的对象和他怎样伤害他人有关系
- 他在某个时候的位置和他怎样伤害他人有关系
- 他怎样伤害他人和伤害他人之前发生的事情、伤害对象、事件发生的地点都没有关系

这些非正式的观察可以提供一些关于这个问题的线索，有助于教师采取一些措施消除这种行为。

与家长合作

一旦结束了观察，你就要尽快和这名儿童的家长见个面讨论一下这种行为。一定要和这名儿童的家长一起合作，并了解其家长在处理这种问题时使用的最有效的策略。同时了解这种行为除了发生在幼儿园，是否还发生在其他的场景中，比如家里、公园等。询问家长当这名儿童不在幼儿园时这种行为发生的情况。和家长分享你观察所得的信息，并和他们讨论这名儿童出现这种攻击行为的原因。同时，你要向家长强调你找他们的目的是为了帮助这名儿童学会用更有效的方式来和其他儿童进行交往。你要和这名儿童的家长保持联系，特别是当这名儿童的这种行为随着你的干预而逐渐减少时，一定要和家长一起分享成功。

行为影响

用各种方式伤害他人的儿童，其行为是不可预测的。这样的儿童在幼儿园班级里确实是一个严重的问题。当某个攻击性强的儿童通过打人有规律地伤害其他儿童时，教师们知道这种攻击性行为是何时发生的；然而，当儿童表现出没有规律的攻击性行为时，教师就不知道这种伤害是何时发生的。而且，这种情况可能会导致更严重的后果。通常这样的儿童脾气急躁，行动迅速而不顾后果。这类儿童只要一生气，就可能出现不可控制的行为反应。他们可能不会意识到他们的行为给其他儿童带来多大的伤害。训诫、讲道理、惩罚是教师们为了纠正这类儿童的这种行为而采取的方法。然而，这些方法都不管用。这类儿童实际上并不知道人们不能容忍他们的这种行为。这类儿童必须学会控制自己的脾气，并对那些惹他们生气的情境降低反应强度。

行为分析

似乎没有一种简单的办法来处理这名儿童伤害其他儿童的行为，而且他的行为还不可预测。不过，你可以试试如下几个建议：

- 如果这种行为只发生在某些特定的活动中或者是一天中的某些特定时刻，

比如，年龄较小的儿童通常对拥挤、等待或者不得不停止某个活动会产生消极反应，然后可能就会出现攻击性行为，那么你可以采取以下方式避免拥挤：在集体活动时让儿童围成一个大圆圈或者半圆；找到排队等候的替代方式——在某个时段只安排少数的儿童去上卫生间或者去穿外套，而其他的儿童继续唱歌或者玩手指游戏；年龄较小的儿童等待的时间不能太长，所有的活动在设计时都需要考虑不要让儿童等待的时间太长。假如教师们知道某个特殊的儿童最不能等待，设计活动时就要尽量减少让他等待的时间，直到等待时间缩短到这名儿童能够承受的范围之内。对于年龄较小的儿童，让他们停止正在全神贯注的活动也是有困难的，因此减少不必要的对儿童的打扰，为活动安排出充分的时间。另外，在某个活动结束前几分钟告知儿童，他们很快就要结束这个活动了，让儿童提前有个心理准备。

- 假如某个儿童总是成为这名儿童的攻击对象，那么把他们两个分开。如果可能，把其中的一个儿童转到其他班级去。假如不可能，在教室里时一定要把这两名儿童分开，引导他们参与不同的活动。在集体活动和吃饭时不要让他们坐在一起。假如需要把班级分成几个小组进行活动的话，把他们分在不同的小组。虽然教师需要花费大量的精力来关注他们两个，但是为了降低这名儿童的攻击性行为发生频率，这也是值得的。

- 通常，一个攻击性很强的儿童很难或者几乎不能控制自己对某种情境的反应。那么和他的家长进行交流，了解这名儿童的情况。然后，让这名儿童知道你已经了解了他的苦恼和烦扰，表达对他的理解和同情。同时，你可以提供给这名儿童其他的方式来替代伤害他人的行为。例如，你可以告诉这名儿童："当你觉得悲伤、生气、烦躁时，我会在这里给你一个拥抱，并和你聊聊你的感受。"

- 如果这名儿童通过各种方式来伤害其他儿童，那么在某些情况下，这些措施可能不会消除这种行为。而且这种行为也容易被教室里的一日生活安排或者是某个特定儿童的存在而引起。如果是这种情况，你可以结合以下方法来继续纠正这名儿童的这种行为。

目标设定

让这名儿童停止伤害其他儿童的行为，找到处理自己不良情绪的能被别人接受的其他方式。

方法介绍

通过同时使用以下四个步骤，你就能消除这名儿童伤害其他儿童的行为。

- 无论何时，都尽可能防止攻击性行为的发生。
- 表扬这名儿童的积极互动行为。
- 系统地帮助这名儿童学会控制伤害其他儿童的冲动情绪。
- 假如这名儿童确实伤害到了其他儿童，使用自我控制时间策略。

概念界定

伤害他人，是指某个儿童通过各种方式伤害其他儿童的行为，如打人、咬人、踢人、戳人等。教师们应该在这些攻击性行为的构成上达成一致意见，并列出所有观察到的攻击性行为。

基准线

在采取措施之前，花三天时间来统计这名儿童伤害其他儿童的次数。每次他伤害了别的儿童，都要在纸上做一个标记。每天孩子离园后，把总数统计到频率记录图上。这些信息可以作为以后评估其是否取得进步的一个基础指标。

实施步骤

教师开始关注这名儿童以及他的行为后，就可以采取下列措施来纠正这种行为了。班里所有的教师要保持合作并持续地使用以下的策略，这一点是非常重要的。

无论何时，都尽可能防止攻击性行为的发生。[*] 非正式观察所得的信息应该已经让你对这名儿童的这种行为有了一定程度的了解，比如什么时候、在什么情况下这名儿童最容易出现伤害他人的行为。运用这些信息，对这名儿童可能伤害其他儿童的任何行为迹象保持高度警惕。

假如这名儿童已经被惹恼了，根据这名儿童的反应，做以下两件事情中的其中一件：

（1）假如这名儿童很善于与他人交谈，那么和他讨论他的愤怒情绪。

（2）假如这名儿童并不想交谈仅仅只想打某个儿童，你就可以使用身体上的牵制。抱住这名儿童，用这种方式显示出你对他的关注，同时也是在告诉他，你不能让他伤害其他人。重要的一点是，你抓住他时不要表现出你很生气的样子。（假如你发现，在这种情境下，你对这名儿童生气了，那最好让其他教师来处理这种行为）用这种方式抓住这名儿童直到你感觉他放松下来了。然后给他一个拥抱，

---

* 通常我们认为是某种情境导致了某些儿童的攻击性行为。在某些情况下，一些出生之前在母体里接触了毒品的儿童，他们的攻击性行为在发生之前并没有任何征兆。这种行为在他们身上似乎是不可预测的。因此，保持对这类儿童的警惕是一个非常重要的预防措施。

并告诉他:"我很高兴,你没有伤害卢克。"然后帮助这名儿童参与到其他活动中。

阻止那些可能导致这名儿童生气和攻击性行为的情境发生,也可以防止这名儿童由于愤怒而攻击他人。然后再次运用你从先前观察中获得的信息,保持对潜在行为的关注。持续对这名儿童可能对其他儿童造成伤害的时间、地点和情境保持警惕,尽可能多地待在这名儿童身边,观察他的行为。

表扬这名儿童的积极互动行为。这名儿童需要学会用适宜的方式和其他儿童进行交往。让这名儿童知道什么时候他的行为是适宜的,一有可能就表扬这名儿童的积极互动行为。

- "谢谢你帮助卢克,这对他来说真是太好了。"
- "我喜欢你和卢克一起玩拼图游戏。"
- "你能让卢克帮你用积木搭建车库,这太好了。我知道他非常想和你一起玩。"
- "啊,卢克在给你推秋千呢,这一定很好玩!待会儿轮到他时,你也会帮他推的是吧?"避免提到不适宜的行为(比如,"你没有伤害卢克,这真好。")

系统地帮助这名儿童学会控制伤害其他儿童的冲动情绪。* 重要的是要让这名儿童知道生气是很自然的情绪反应,是可以为他人接受的,但是生气了就伤害其他儿童是不被他人接受的。利用儿童表达各种情绪的机会来强化这一点——有不良情绪是正常的,但是不良情绪应该用一种正常的方式来表达。除此之外,每天留出专门的时间来和这名儿童讨论不良情绪以及如何用可让他人接受的方式来处理不良情绪。这个专门的时间需要连续的 5～10 分钟时间。不过,假如这名儿童对此很感兴趣,反应很积极,那就再多花点时间。假如可能的话,把这名儿童带出教室,避免他被其他事物打扰而转移注意力。同时你和这名儿童的讨论应该要适合这名儿童的年龄特点。

(1)通过讨论那些引发不同情绪的情境入手。例如,"昨天我得到了一只小狗,我很兴奋,高兴得手舞足蹈。我感觉特别好。那么什么会让你觉得很高兴呢?"假如这名儿童回答了,就询问更多的细节;假如他没有回答,再说几件让你感到高兴的事情。继续和他讨论其他的情绪和感受。"有时候,我正好相反,会感到很悲伤。我有一个好朋友,她搬家了,这让我觉得心情很不好。你有感到很伤心的时候吗?"尽量鼓励这名儿童描述。另外,也和他谈论生气的情绪。"你知道吗,有时候,我真的很生气。我知道有时候你也会很生气。什么会让你感觉很生气呢?"和这名儿童一起分享那些让你感觉很生气的事情,帮助这名儿童说出让他感觉很生气的事情。你需要花几天的时间来谈论引发各种情绪的情境。

---

* 讨论情绪应该是早期儿童教育课程的组成部分,无论它是一种自发的行为还是活动中的一部分。帮助有情感/行为障碍的儿童学会表达他们的情感是帮助他们学会其他互动方式的一个很好的方法。

（2）一旦这名儿童承认他会对不同的情境表现出不同的情绪，就把讨论集中在感受上。"当你（高兴、生气、悲伤、孤独时），你感觉怎样？"帮助儿童用不同的语言描述不同的感受。在谈论这个时，你可能需要花一些时间，因为感觉并不容易用语言来描述。你需要用这名儿童听得懂的方式来讨论。此外，要注意和你讨论这个问题、需要你帮助的这个人是个孩子。

（3）在这名儿童已经能说出他经历不同情绪的感受后，开始和他谈论他是怎样表达这些感受的。不要对他所说的进行批评。假如这名儿童告诉你他会戳、打、咬或者伤害那个惹他生气的儿童，也要努力接受这些语言。继续和他讨论关于怎样用各种行为来表达各种情感的问题。

（4）下一步是告诉这名儿童你想要探讨一些不同的情绪表达方式。假如这名儿童告诉你当他感到高兴时，他就会微笑，询问他还有没有其他表达高兴的方式。你也可以想一些方式，比如拍手、跳上跳下、唱歌、单脚跳，或者是拥抱某个人。除了这些欢乐的情绪，也和这名儿童讨论处理生气的方式，例如：

- 建议他和惹他生气的儿童谈谈
- 建议他在等待玩他想玩的那个玩具时，找一些其他的事情来做
- 建议他当他想打某个儿童时，打地板或者是桌子
- 建议他告诉教师他很生气，让教师帮助他处理生气的情绪

（5）你和这名儿童的讨论不需要用过于严肃的语言。另外，运用你认为有帮助的一切道具。玩偶、橡皮泥或者是积木在探索感觉和情绪问题时真的很有帮助。

（6）随着你的讨论，每一天都寻找合适的时机来描述你和这名儿童所谈论的内容。首先，先谈谈是什么事件引起了这种情绪，然后描述遇到这些事件时的内心感受。接下来，寻找一些处理这种情绪的外在方法。最后鼓励这名儿童说出其他非攻击性的处理方式。

假如这名儿童确实伤害到了其他儿童，使用自我控制时间策略。 采取以下步骤：

（1）迅速搞清楚被打的儿童是否受伤。如果受伤了，请班里另一位教师留下来照顾那名儿童。

（2）平静地牵着这名攻击别人的儿童到自我控制室去。严肃而平静地对他说："我不能允许你伤害其他小朋友，请你待在这里，直到你觉得你准备好能重新和你的伙伴一起玩为止。"

（3）然后走开。在自我控制时间里，千万不要和这名儿童说话，也不要去看这名儿童。语言和目光的接触都可能会强化这名儿童的这种行为。

（4）假如有其他儿童靠近自我控制室，轻轻地把那名儿童带离开，并向他解释："泰迪需要单独待一会儿，你可以在他重新回到教室里后再和他说话。"

(5) 当这名儿童感觉自己准备好了以后，他可以重新回到班级里参加活动。不要批评他，他知道自己被隔离的原因。为了用积极的行为引导他，你可以建议他参加一个正在进行的活动。重要的是，当他一出现适宜的行为你就进行及时的强化。

(6) 假如这名儿童在准备好之前就回到班级中并且再次出现问题行为，对他说："我猜你还没有准备好来加入我们。"然后把他带回到自我控制室，再次让他自己决定他什么时候能准备好加入集体活动。

继续记录这种行为。要想改变这名儿童的攻击性行为，你就要每天记录这名儿童伤害其他儿童的次数。无论是用什么方式记录每天伤害事件发生的次数，你都会发现这一行为改进的过程可能是缓慢的。不过这个记录图可以反映出每个细小的进步，这可以鼓励你继续使用这种策略。

保持取得的进展

在这名儿童不再出现伤害其他儿童的行为后，你还需要继续表扬他的积极的社会行为和能用可被他人接受的方式来表达像生气这样的不良情绪的行为。继续鼓励他学习新的行为。记住，有时这名儿童可能会再次用伤害其他儿童的方式来表达愤怒。而且，如果其适宜行为没有得到表扬的话，这种攻击性行为就会得到强化。因此，你要及时强化那些有价值的、令人期待的行为。

第 11 章

说 脏 话

4岁的艾琳幼儿园经验丰富。艾琳的母亲在她一个月大时就开始出去工作,并把她托付给婴儿中心。现在艾琳在婴儿中心附近的儿童中心上学。艾琳是家里五个孩子中最小的,她有两个现在正处于青春期的哥哥,一个正在上四年级的姐姐和一个正在上二年级的哥哥。艾琳在幼儿园里是个执拗且很爱说话的孩子。

最近,她的用语中不乏恶言恶语,渐带有脏话。当她很生气时,她常常用这些不雅的语言来宣泄她的不良情绪。在其他时候,她也会把使用这些语言,通常还边说边笑。

对于艾琳的这些不雅语言,教师们很不高兴。他们会对她说,"艾琳,不要再说这些话了,这不好。"然而,这根本不能改变她的行为。艾琳仍然使用这些不雅的语言,有时其他儿童也会跟着她学。教师们很担心,因为可能很快他们就要听到家长的抱怨了。

行为表述

这名儿童经常说脏话或者使用不雅用语。

行为观察

首先花一些时间观察这名儿童,了解这种行为发生的时间、地点、原因和行为指向的对象。

这名儿童通常在什么时候说脏话?
- 毫无预见性,一天中的任何时候都有可能
- 自由活动时
- 早上
- 下午
- 户外游戏时
- 室内活动时

是什么引起了这名儿童这种不适宜行为?
- 她很生气

- 其他儿童或者教师对她说"不能……"
- 她不能完成某项任务
- 她在角色扮演游戏中扮演某个角色
- 她不能参与某项活动
- 她在和其他儿童一起玩时是"头头"
- 她在厕所
- 她在玩闹

这名儿童通常对谁使用这些脏话？
- 任何人
- 某个或某类儿童
- 所有的儿童
- 成人
- 好朋友

当这名儿童使用这些语言时通常发生了什么？
- 这名儿童大笑起来
- 其他儿童大笑起来
- 其他儿童对这名儿童说她不能这样说话
- 其他儿童会重复这些不好的话
- 教师告诉这名儿童不能说脏话
- 成人反应很激烈、很生气
- 成人笑起来

这种事先的观察会给你提供一些这名儿童使用不雅语言的信息，这些信息有助于你找到一个解决的办法。

与家长合作

儿童会在很多场景下学到一些不雅用语，他们可能会从幼儿园的同伴那里听到这些语言，也可能在家里听到这些语言，比如从年长的哥哥姐姐那里、从爸爸妈妈的朋友和邻居那里，或者从电视上。这种行为可能会引起一些家长的重视，也可能不会引起重视。当教师和这名儿童的家长见面时，一定要让其家长知道你的目的是要帮助这名儿童在幼儿园里学会使用礼貌用语和适宜的语言。假如其家长并不关心自己的孩子是否学会使用适宜的语言，告诉他们你不允许他们的孩子在幼儿园使用这种语言，并且你会采取措施帮助他们的孩子在幼儿园使用适宜的语言。另一方面，假如家长关注这种行为，和家长一起商量找到纠正这种行为的方法和策略。有的家长可能会觉得儿童是在幼儿园其他小朋友那里学到这些不好

的语言的,那么和家长分享你的观察,并向他们展示幼儿园对儿童使用礼貌用语的规定。同时,让家长了解其孩子不雅用语纠正的整个进程。

行为影响

儿童通过听周围人说话来习得语言,他们学会脏话也是如此。当成人、同伴或者是兄弟姐妹说脏话时,儿童就会听到并学会。大多数时候,学前儿童并不能理解这些脏话的意思,但是时间一长他们就会明白这些脏话很特别。儿童可能还会观察到这些话只有在某些特别时刻比如生气时才使用。通常这些语言通过改变语音和语调而得到特别强调。当某个儿童决定使用这些脏话时,这些语言在他眼中就变得更加有魅力了。

当某个儿童第一次说出脏话时,听到这些话的成人可能会觉得很吃惊或者大笑,认为这些话从一个小孩子嘴里说出来很不可思议。这些最初的反应之后,成人可能要怀疑这名儿童是从哪里学到这些脏话的,或者告诫这名儿童不要再说这些话了。这名儿童很快就会发现使用这些语言可以获得成人的关注。

当某个儿童在幼儿园使用不雅用语时,教师通常这么反应的:他们认为这些语言对年幼的儿童不适宜,想用一切方法消除它。在这个过程中,他们通常会把更多的注意力放在这名儿童身上。事实上,一旦通过使用这些脏话引起成人如此强烈的反应,这些语言就很难被消除。这种情况在幼儿园会变得更复杂,因为其他儿童会通过重复这些语言,或者觉得很有意思或者用其他方式的关注来强化这种行为。

行为分析

对于儿童说脏话这个问题,解决起来相对容易。思考你在非正式观察中获得的信息,然后考虑如下建议:

- 假如这名儿童只是在某种特定的情况下才说脏话,她这样做可能是因为误解了脏话所代表的信息或者缺乏对某句脏话的理解。例如,这名儿童只是在扮演某个特定角色时使用不适宜的语言。这可能是因为她认识的某位加油站工作人员经常说脏话,所以她就从这些经历中获得了一些认识并且相信所有加油站的工作人员都使用这种语言。如果是这种情况,教师要和这名儿童讨论,并尝试纠正她的这种误解。你也可以设计一个参观加油站的活动,或者邀请一个加油站的工作人员来班级里拜访儿童。
- 这名儿童也可能是因为活动和材料太无聊了而使用这些不雅的语言来获得关注。通过你的非正式观察关注这些信息,特别要注意这些不雅语言出现的时间。假如你发现这些语言只是出现在教学活动或者自由活动中,那么

可能是这名儿童觉得活动没有什么意思，还不如自娱自乐。然后再仔细考虑一下教室里的材料，尽量提供更多更适宜的材料和活动。通过为提供儿童可选择的和他感兴趣的活动，你将会发现，这名儿童说脏话的情况少了。

- 在4岁时，某些儿童会经历这样一个阶段——他们喜欢创造和使用一些只有在卫生间里才使用的语言。要搞清楚儿童使用这种卫生间语言时，是在模仿成人还是使用自己建构的语言，后者听起来更像儿语（如，尿尿、便便、大小便）。因为使用这些卫生间语言会有一个阶段，在这个阶段如果他没有得到特别的关注，自然就不说了。不过，你可能会发现儿童使用的这些卫生间语言超出了你的控制，一发而不可收拾。在这种情况下，和这名儿童或者爱说这些话的儿童谈一谈，在某种程度上限制他们使用这些语言。比如你同意这些语言只能在卫生间里使用，不能在其他场合使用。
- 假如这名爱说脏话的儿童在班里是个天生的领导者，其他人总是以她为榜样，你可以通过鼓励她使用适宜的语言来给其他儿童做个榜样。和这名儿童谈谈，让她知道她说脏话时你很不高兴，并且其他儿童也会学着她说脏话。通过给这名儿童做工作，尝试让她通过一些适宜的行为来帮助其他儿童。也可以通过使用一些新的艺术媒介，比如学唱新歌曲，或者玩新游戏来引导儿童。通过强化这名儿童的榜样地位，纠正其不雅用语。当这名儿童能成功地使用礼貌用语时，表扬她。

假如这些方法都不能成功的话，考虑以下的步骤。

目标设定

目标是让这名儿童停止使用不雅语言。

方法介绍

为了实现目标，方法包括以下三个可同时发生的步骤：
- 尽可能防止这名儿童使用不雅用语。
- 当这名儿童使用了不雅用语时，忽略它。
- 系统地延长这名儿童不说脏话的时间。

概念界定

说脏话，是指学前儿童使用不适宜语言的行为。这些不适宜的语言是指成人脏话，而不是儿童自己生成的卫生间用语。把那些你想纠正的语言列出来，以确保所有的教师都认可。

基准线

在开始采取措施之前,教师有必要了解这种不雅语言发生的频率。用三天的时间进行观察记录。这名儿童每次说这些语言时就在纸上做一个标记。假如每个小时发生5~6次,那么就统计每天的次数。然而如果发生得更频繁,例如每个小时20~30次,那么每天只需要收集一个小时的信息。选择这名儿童使用不雅语言最频繁的那一个小时作为样本。从你的非正式观察中,你可能已经知道了哪个时间段是儿童使用不雅用语最多的时间段。每天孩子离园后,把这些记录或者总数记在一个频率记录图上。这种记录可以用来对比这名儿童是否取得了进步。

实施步骤

和这名儿童的家长见个面讨论儿童的这种行为。除非这名儿童是从幼儿园里的其他儿童身上学到这些语言的,不然的话,这些语言更容易从家长或者邻居那里学到。家长可能也开始注意到儿童的这种语言了。家长和教师需要一起讨论看看儿童是怎样学到这些语言的以及如何来消除这些语言。只有家—园合作一起努力,这名儿童才能取得显著的进步。

在你连续三天记录了这名儿童的这种行为后,和其家长谈一谈,然后开始实施下面的策略。班里的所有教师都应该持续地使用这些策略。

让这名儿童知道你的关心和你接下来将如何处理这些不雅语言。 在这名儿童没有说脏话时把她叫到一边,和她友好地交谈。让这名儿童知道你很关心她,告诉她你想要帮助她消除这些不雅语言。一定要让这名儿童知道为什么你会认为她使用的这些语言是不适宜的。

当这名儿童使用这些不雅语言时,忽略它。 无论何时这名儿童使用这些不雅语言,不管这名儿童使用这些不雅语言是在宣泄怒火还是想要得到你的注意,都不要予以理会,也不要批评教训她或者表现出很吃惊的样子。这些反应都会给这名儿童她想要的关注。当这名儿童使用这些语言时,多半和班里其他某个儿童相关。

(1)假如其他儿童对这些语言没有任何反应或者没有注意到,什么都别说。只需要像什么事情都没发生过似的转过身去忽略这些语言。

(2)假如其他儿童通过模仿、大笑或者谈论这些语言来回应这名儿童,尽可能地转移其他儿童的注意力。例如,你可以说:"简、艾丽思、迈克和泰德,我想和你们一起玩个新游戏。"不要让这名使用不雅语言的儿童一起玩,快速把其他儿童转移开。事先想好几种转移注意力的方式会对这个环节很有帮助。千万不要谈论这名儿童使用不好语言的事情,假如某个儿童想起来了,只需要说:"是的,我知道了",然后开展活动。

尽可能防止出现说脏话的行为。从你的非正式观察中,你可能已经知道了这种行为什么时候会发生。例如,当这名儿童生气或者感到沮丧时,她可能会使用这些语言。假如是这样的话,只要一注意到她和其他儿童发生不愉快的迹象,你就很快地把这名儿童转移开,帮助她用适宜的行为表达自己的困扰。然后表扬她做得好的行为。在其他一些情况下,这名儿童使用这些语言前可能没有这种明显的情绪反应,那么很明显她是想通过这种行为获得关注。在这种情况下,预防可能不是一种好方法,忽略这种行为会更好一些。

系统地强化并延长这名儿童没有使用不雅语言的时间。下面的策略将有助于这名儿童消除这种行为:

(1) 从你获得的最基本信息开始,计算出不雅语言的平均使用频率。假如每个小时发生 6 次,那么平均频率是 10 分钟一次(用 60 分钟除以 6)。假如每个小时发生 30 次,那么平均频率是 2 分钟一次(用 60 分钟除以 30)。这个平均频率不但可以让你看到这名儿童是否经常使用这种语言,也可以让你看出她多长时间不使用这种语言。你的目的是延长这名儿童不使用这种语言的时间间隔直到这种语言永远不再出现。

(2) 为这名儿童制作一个表格。每个竖栏代表一天(星期几),每一横栏代表这天中的每个时间段。纵向和横向交叉的空间即方格应该足够大到可以贴一个星星贴纸。如下表所示:

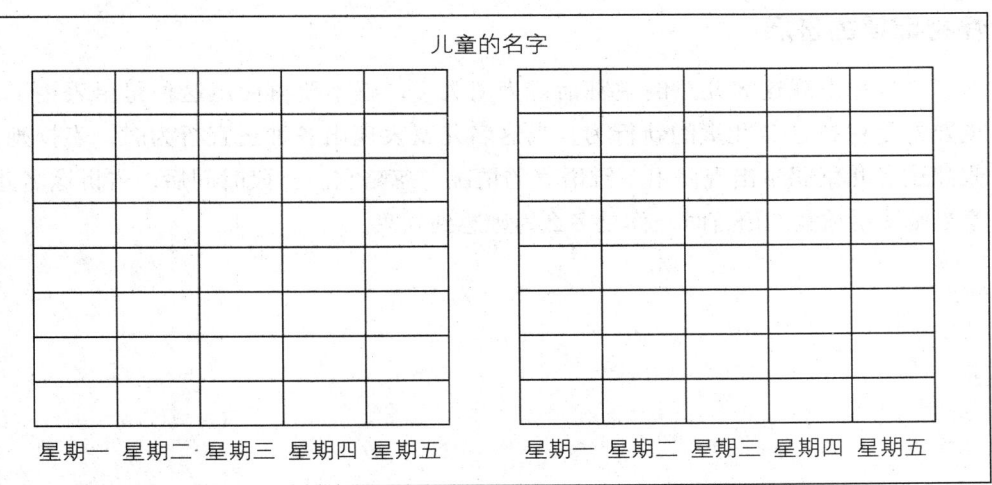

适宜语言使用的时间间隔决定每天方格的数量。间隔越短,越多的方格被画在表上。不过把一整天都画在这个表上是不切实际的。在这种情况下,选择一个比较短的时段来填这个表。确保这名儿童意识到你正在使用这个表格,而在其他时间也要重点强化儿童的积极行为，尽量通过语言来强化这些积极行为。

（3）在使用这个表的时间段里，认真观察这名儿童。如果经过一定的时间这名儿童没有使用不雅语言，就表扬这名儿童并告诉她，她可以得到一个星星贴纸。把这个贴纸给她，让她自己去贴在表格相应的位置上。

（4）每天结束时，带着这名儿童来到表格前面，表扬她得到的星星数量（即便她只得到了一个星星）。告诉这名儿童你肯定她明天能够赢得更多的星星。

（5）几天以后，这名儿童获得星星的数量应该随着不雅语言使用频率的降低而增多。当这名儿童连续两天获得的星星数量都是表上方格的一半以上，开始延长你所期望出现适宜语言的时间间隔。这种延长应该是逐步的并能确保成功的。假如什么时候不适宜行为增加了，获得星星的数量降低了，就需要再次缩短时间间隔。一定要确保这名儿童获得成功感。

（6）当不雅语言的使用次数降低到零或者接近零时，告诉这名儿童你为她感到高兴因为她纠正了爱说脏话的行为。同时告诉她，你不会再使用这个星星表格了，因为你知道她能继续好好说话，不说脏话。把这个表格送给她，强化她取得的成功。慢慢地，随着这名儿童对运用这种表格的新奇感的减退，她就不需要这种直接的强化方式了。

继续关注这种行为。 继续统计每天不雅语言使用的次数，看这名儿童是否取得了进步。假如设基准线时，说脏话是算整天的，此时就要继续按天记录。假如只是记录一个时间段，在使用上述策略时也使用相同的时间段。

保持取得的进展

一旦你发现这名儿童的说脏话行为消失了，就不要再使用这种星星表格了，重要的是保持这名儿童的新行为。当这名儿童表现出各种适宜行为时，表扬她。假如这名儿童偶尔出现使用不雅语言的情况，忽略它。一段时间后，告诉这名儿童当她使用适宜的语言时，你是多么为她感到高兴。

第12章

起 外 号

"佩妮是个'爱哭鬼'！佩妮是个'爱哭鬼'！"5岁的艾丽卡对佩妮说。佩妮听到，开始哭起来。这样的情况经常发生在实施"早期开端计划"（译者注：美国联邦政府对处境不利的5岁以下儿童进行的教育补偿，以追求教育公平）的幼儿园中，每次都是这样，艾丽卡总是通过给其他儿童起外号而嘲笑别人。

尽管艾丽卡是一个开朗而受欢迎的儿童，但她还是因为喜欢给其他儿童贴不好的标签而越来越不被大家喜欢。最让教师和其他儿童感到郁闷的是，艾丽卡的标签常常是基于某个儿童外在的真实的行为提出来的。比如，佩妮确实很爱哭。约翰尼有语言障碍，很快，艾丽卡就说："约翰尼说话真搞笑！"兰迪脾气急躁，所以艾丽卡就说他是一个"恶霸"。很多次这些外号都是充满恶意的，比如，"你这个愚蠢的小哑巴！"或者"你这个肮脏的猪头！"

教师们已经告诉过艾丽卡很多次了，这样给别人起外号不好，别人会很生气，但是艾丽卡根本不听。从一名教师的描述看来，艾丽卡对这种行为泰然处之。当教师要求艾丽卡跟别人道歉时，她非常痛快地就道歉了。像往常一样，她好象觉得什么事情都没有发生过，尽管另一名儿童已经非常生气了。

行为表述

这名儿童通过故意给别人起外号或者贴标签惹其他儿童生气。

行为观察

为了进一步了解这种给人起外号的行为，花一些时间观察这名儿童，获得一些信息。

这名儿童什么时候会叫别人的外号？
- 一天中的任何时候
- 特别是在自由活动时
- 在小组活动中
- 在大家一起讨论时
- 在室外游戏时

- 在室内活动时
- 在吃饭时
- 在上卫生间时
- 在午睡或者休息时

是什么引起了这名儿童的这种行为?
- 其他儿童做了什么不寻常的事情
- 其他儿童做了教师不允许的事情
- 其他儿童惹她生气了
- 其他儿童跟她说了"不能……"
- 其他儿童或者其他小组不跟她一起玩了
- 没有什么很明显的原因

这名儿童给谁起外号了?
- 班里的每一个儿童
- 某个或者某类儿童
- 女孩
- 男孩
- 她的朋友
- 胆小的儿童
- 自信的儿童
- 年龄更小的儿童
- 年龄更大的儿童

这名儿童在给别人起外号时有怎样的行为表现?
- 她大声叫喊其他儿童的外号
- 她重复叫了两次
- 她重复叫了很多次
- 她边叫别人的外号边嘲笑别人
- 当她给别人起外号时,她也很不安
- 她看成人是否听见她在乱叫其他儿童
- 她看看其他儿童是否听她乱叫其他儿童
- 她试图让其他儿童重复她给别人起的外号
- 她事后道歉了
- 她从受害者身边跑开了
- 她待在受害者旁边

从这些非正式观察中,你可以获得一些这名儿童给人起外号行为的相关信息。

运用这些信息帮助你找到最好的方式来消除这名儿童的这种行为。

与家长合作

在通过对这名儿童的观察收集到一些信息以后，和这名儿童的家长见面讨论一下这种行为。搞清楚这名儿童在幼儿园外是否也给兄弟姐妹或者其他小伙伴起外号。和家长说说你观察到的这种行为，然后和家长商讨，听听家长的建议和看法。在改变这名儿童给别人起外号的行为上，和家长就所采取的措施和所取得的进步保持沟通。

行为影响

儿童和成人一样，希望自己自我感觉良好，因此你需要抓住任何机会强化儿童的积极自我形象。喜欢给其他儿童起不友好外号的这名儿童找到了一种方式来伤害其他儿童。当这名儿童第一次开始给其他儿童贴标签时，可能并没有恶意。但是，她却因此得到了其他儿童的回应。为了得到相同的回应她就一再重复这种行为，她发现这是一个影响其他儿童的有效方式。

被起外号的儿童的反应是很强烈的。被起外号的儿童可能很生气或感觉受到了伤害或感觉被否定，然后就用哭泣或者其他的一些方式予以回应。除了这名儿童的回应，成人通常也会有所回应。

无论教师是亲自听到还是其他儿童让教师对这种情境进行关注，成人都会采取行动。这样，给人起外号的这名儿童就可以从两种回应方式中得到强化。受害者的反应显而易见，而成人通过和这名爱乱叫别人外号的儿童谈话或者表现出很生气也给予了其很多的关注。这名儿童发现这是一个得到双份关注的很好的方式，然后为了得到这些关注她就继续给人起外号。

行为分析

你可以从前面通过观察获得的信息中，找到一个相对简单的解决办法。考虑看看下面的建议：

- 这名儿童是否只是在一天中的某个特定时刻才叫人的外号？如果是这样的话，那么重新安排这个时段的活动或者重新安排一日生活。教师应该待在这名儿童旁边帮助她积极地参与这个时段的活动。
- 假如某个儿童总是成为这名儿童起外号的对象，那么把这两名儿童分开。如果可能，把这名儿童转到其他班级里去，或者确保这两名儿童在同一个班级里但是参与的是不同区域的活动。乱叫别人外号的机会越少，发生此类事件的可能性就越小。

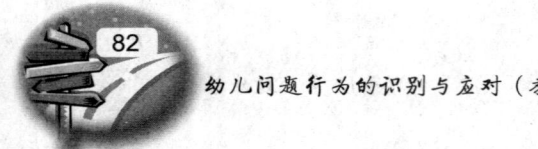

- 假如这名儿童不但乱给别人起外号，还有其他一些不适宜行为，那么她可能不是很适应教室里的活动。仔细检查提供的材料和活动是否适合这名儿童的年龄特点。这名儿童出现这种行为有可能是因为她觉得活动太无聊或者感到活动任务太难而很有挫败感。材料和活动太简单或者太难或者数量不够多，都可能导致这名儿童用一些不适宜的方式把自己的注意力转移到其他儿童身上。

假如这些建议都不能减少这种行为的发生，继续使用以下的策略。

目标设定

目标就是让这名儿童停止故意给其他儿童起外号的行为。

方法介绍

为了纠正这名儿童的这种行为，教师应该同时展开如下两个步骤：
- 尽可能强化积极的行为。
- 当这名儿童又叫人外号时，忽略这个行为，同时帮助被叫外号的儿童也忽略这种行为。

概念界定

给人起外号，是指某个儿童给别人贴上不好的标签的任何行为。教师们应该列出大家一致认可的那些作为外号的词和短语。

基准线

在开始采取措施之前，搞清楚这个行为发生的频率很重要。用三天的时间，统计一下这名儿童恶意给人起外号的次数。这名儿童每叫一次，就在纸上做个记号。每天结束后，把总数记录在频率记录图上。

实施步骤

连续三天记录了这个行为以后，教师开始使用下面的方法。重要的是，班里的所有教师都要使用同样的策略。

强化这名儿童和其他儿童积极的互动行为，*让这名儿童知道哪些行为是可以被他人接受的。只要这名儿童一和其他儿童进行积极的互动就表扬她，让她知道

---

* 存在情感/行为障碍的儿童自我感觉不好，他们可能会通过给人起外号把这种感觉强加给其他儿童。这种类型的儿童的积极的自我概念可以通过其积极行为得到认可而形成，他们的这些积极行为如果从教师那里得到积极的回应，就会得到强化。

你很高兴。你的表扬还应该包括这样的信息，即让这名儿童知道她做的具体哪些事情是值得表扬的。例如，假如这名儿童在"娃娃家"和其他儿童一起玩，你可以说："我喜欢你当妈妈的样子。妈妈让爸爸和娃娃很高兴，就像爸爸和娃娃让妈妈很高兴一样。"或者，假如这名儿童和其他儿童一起在积木区玩，你可以告诉她："你和保罗搭建的高塔真漂亮啊！你们一起玩很高兴吧？"

当这名儿童又叫人外号时，忽略这个行为，同时帮助被叫外号的儿童也忽略这个行为。 叫人外号的儿童正在从成人和目标儿童的反应中获得对这种行为的负面强化。对于成人来说，忽略这种行为相对容易；但是对于被贴上不好标签的儿童来说，要忽略这种行为就比较困难了。所以，成人需要帮助这名被叫外号的儿童忽略这种行为，或者至少要把这名儿童的反应强度降到最小化。

当你听到这名儿童叫其他儿童外号时，做下面的事情：

（1）尽可能快地走到这两名儿童身边，用你的身体将他们分开。面对被叫外号的儿童，背对叫人外号的儿童。

（2）抱住那名被叫外号的儿童（假设这名儿童能够从与你的身体接触中平静下来的话）。通过这样做向这名儿童表示你的理解，如果可能的话，离开叫人外号的儿童，把受害者带在你的身边。这应该只需要花几秒钟的时间。

（3）当你把这名受害者带走以后，跟他谈论一些跟这个事件没有关系的事情。请他帮忙做一些事情，比如喂兔子或者给图画上色，或者给这名儿童看一些他感兴趣的东西。

（4）假如这名儿童抱怨被起外号的事情，对他说："我知道，这样的外号不好，我们需要帮助艾丽卡学会应该给她的朋友起一个更好听的名字。"承认这样的名字让人不高兴，但同时要努力获得受害者的帮助一起来改变这种行为。告诉这名儿童你不会理会这种行为。

（5）如果不能成功地降低被人叫外号的儿童的反应，你能做的就是让受害者远离这名儿童，以便这种行为不会因受害者的反应而受到强化。

（6）让叫人外号的儿童尽可能地只获得最小的强化。几分钟后，关注叫人外号的儿童的行为，并对她的适宜行为给予强化。要向所有儿童传达这样一种信息，就是你不喜欢乱给人起外号的行为，这是一种不适宜的行为，而不只是针对这名儿童。要让这名儿童相信，只有表现出社会能接受的行为时才能得到你的关注。

继续记录这种行为。 继续统计这种行为的数量，把总数记录在图上。你还需要继续关注受害者的反应。不过，你只能影响而不是命令那些受到伤害的儿童的反应。由于给人起外号的行为总是会得到一些强化，因此要改变这种行为需要花一段时间。不过只要坚持，最后你就会发现这种行为在逐渐减少直至消失。

保持取得的进展

通过继续表扬这名儿童的适宜行为以及她和其他儿童的积极互动,帮助这名儿童认识到让他人高兴比让他人伤心更有价值。假如这名儿童偶尔还会乱叫他人的外号,使用你前面用到的那些方法。

第 13 章

不爱分享

"这些都是我的，我先拿到的！"莘老师转过身看到4岁的拉托雅正在极力保护自己正在玩的一些积木。拉托雅用手臂尽可能多地抱住她能拿到的积木。卡森十分困惑地站在旁边，说："我也想玩。"拉托雅回答说："你不能玩，我需要所有的积木，你一个都不能拿！"莘老师把手放在卡森身上，然后小声对拉托雅说："来，拉托雅，这有这么多的积木呢，给卡森一些。""不！"拉托雅大吼道，"它们都是我的！"

卡森决定自己采取措施，他捡起拉托雅没有拿到的散落在四周的几个积木，开始玩起来。拉托雅发现后，一脚踢飞了卡森正在搭建的积木，尖叫道："你不能拿，它们都是我的！"莘老师很生气，开始教导拉托雅要懂得分享。几分钟以后，她从拉托雅那里强行拿了一些积木给卡森，并把卡森和拉托雅拉开了一定的距离。拉托雅站起来，跺脚哭着说："我讨厌你们！你们拿走了我的积木！"莘老师对这个结果感到很不满意，但不知道该怎么办。拉托雅总是这样不爱分享。

行为表述

这名儿童不愿和其他儿童分享幼儿园里的或个人的一些东西。

行为观察

花几天的时间观察这名儿童，了解这名儿童不愿分享的情况。
不愿分享的行为最常发生的时间？
- 一天中的任何时刻
- 每天的早些时候，如刚到幼儿园不久
- 每天的晚些时候，如快离园时
- 在展示并讲述的活动中
- 在自由活动中
- 在午睡或者休息时间前后
- 在过渡环节
- 在整理清扫时间

这名儿童不愿意分享什么东西?
- 她正在使用的任何东西
- 只是她的一些私人物品,比如从家里带来的玩具
- "娃娃家"的一些东西,比如玩偶、盘子或者衣服
- 积木
- 美术材料,比如画纸、颜料或者是黏土
- 操作材料,比如拼图、桌面玩具
- 玩沙或者玩水的工具
- 书籍
- 室外设施和材料

这名儿童拒绝和谁一起分享?
- 任何儿童
- 只是某个儿童或者某几个儿童
- 男孩
- 女孩
- 年龄大、个子高的儿童
- 年龄小、个子矮的儿童

这名儿童怎样拒绝分享?
- 通过语言告诉其他儿童她正在用的东西是属于她的,不能给其他人
- 打想要这些东西或者拿这些东西的儿童
- 请求教师帮助
- 尖叫或者大哭
- 用手抱住这些东西
- 把这些东西搬到一个封闭、不受打扰的地方
- 当其他儿童走近时,赶紧抱住这些东西
- 告诉其他儿童她不想和他们一起玩
- 拒绝教师提出的轮流建议

假如其他儿童不愿意和她一起分享玩具,这名儿童如何反应?
- 会很生气
- 会哭
- 请求教师帮助
- 强行拿走或者企图拿走其他儿童手里的不愿与她分享的东西

通过这些观察,了解这名儿童不愿分享的行为,由此获得的信息能够帮助教师更好地改变这名儿童的这种行为。

与家长合作

当教师收集到这名儿童不愿和其他儿童分享的一些信息后,就要和她的家长见面商讨你对这名儿童这种行为的担心。从家长那里了解这名儿童是从一开始就有这种行为还是最近才表现出来的。例如,家里是否有刚学会走路的弟弟妹妹会拿她的东西,让这名儿童感到威胁从而要保护她自己的财产。接着和其家长讨论一下关于帮助这名儿童学会分享的方法,看看家长有没有什么有效策略。时常和家长进行信息沟通,特别是当这名儿童越来越喜欢分享后,让家长也能分享这一成功。

行为影响

在儿童学会和其他人分享之前,他们必须要感到自己的财物是安全的,即他们必须知道无论是谁在用它们,这些东西始终是属于他们自己的。儿童只有从自己的立场认识了所有权概念,同时也开始理解其他人对自己的物品的权利以后才能产生分享。年龄较小的儿童还不能理解"你的"和"我的"的真正意思。这是儿童发展中很正常的现象,两岁儿童表现得最为明显。这种情况在幼儿园环境中会变得更加复杂,因为在这里很少有东西是属于"我的",而绝大多数的东西是属于"我们的"。年龄较小的学前儿童需要知道他们自己有权利玩这些东西,其他儿童也有权利玩这些东西。

四五岁的儿童需要学会认识其他人的权利,也需要学会在其他人想要使用某种他们所拥有的东西时放弃或者分享这些东西。分享是儿童需要大量的实践和成人的帮助才能获得的概念。分享并不意味着儿童总是不能玩他们想玩的玩具。有时,他们不能玩他们想玩的玩具,或者他们被要求放弃一个玩具因为其他儿童已经等了很长的时间了。有时候,儿童能用某种方式一起玩某个玩具而不是分开玩。分享是一种要求互动双方相互理解和不断发展的技巧。儿童应该学会这个概念并且能经常运用它。总的来说,学前儿童应该在三岁半或者四岁时获得一些分享的经验。

行为分析

教师的期望、理解和教室环境的布置有助于儿童分享。如下建议可能对改变这名儿童不爱分享的行为有所帮助:*

- 需要先明确一点,不愿分享是绝大多数儿童都会经历的一个阶段。不要期望

---

* 有认知障碍的儿童在两岁之前的发展水平和正常儿童是一样的,在两岁之后他们不愿分享可能是其发展水平低的反应,而不是一种不礼貌行为。

两岁半或者三岁的儿童就会分享。在儿童掌握"你的东西"这个概念之前，儿童需要发展出"我的东西"的概念。这种理解对于后面学习分享行为是必要的。在那些年龄特别小的儿童的班级中，防止出现不爱分享行为的一个好办法就是准备充足的材料。两岁儿童的班级最好准备很多一模一样的玩具，而不是种类不同的玩具。也就是说，与其有40个不同种类的玩具，还不如有8～10种玩具，但是每种玩具都有4～5个。这样，假如某个儿童玩一个拉小鸭子的玩具，其他某个儿童也想玩的话，就可以给那个儿童一个相同的玩具。准备充足的一模一样的玩具可以避免不得不分享的情况出现。

- 对于幼儿园里的玩具，学前儿童还是比较容易分享的，对于他们自己的私人玩具，他们就不愿分享了。对这样的儿童来说，他们觉得这些东西是属于自己的，这很正常也很自然。假如某个儿童带了一个很珍贵的玩具到幼儿园来却被弄丢了或者弄坏了，这种情况对这名儿童学会分享毫无帮助。因此，制定和执行对个人物品比如从家里带来的玩具，使用和管理的规定是很明智的。关于这些规定的制定，建议如下：

  ■ 准备一个专门的场所让儿童放置个人物品。一个放外套的小壁橱或者一个储藏箱就够了。假如这些也不能做到的话，可以让家长准备一些专门的储藏设备。然后在一整天的活动中都要对从家里带的东西和幼儿园的东西进行严格区分。

  ■ 每天或者每周找出某个特定的时间让儿童们彼此分享自己从家里带来的玩具。在这段时间里，要注意小心保护这些玩具，不要弄坏，要像确保儿童的安全一样确保他们玩具的安全。况且从家里带来的玩具可能不如幼儿园的玩具牢固。幼儿园的玩具一般使用特殊的材料制成，可以经受儿童的多次使用和拉扯。而这些从家里带的玩具似乎很脆弱、很容易坏，因此教师要注意教会其他儿童如何使用这些玩具。分享玩具的时间要有一定的限制（要有一个确定的开始和结束），时间到了，就让儿童们把他们的玩具拿走。

  ■ 和儿童讨论制定有关个人玩具的使用规则。和儿童一起商量讨论，制定一些使用这些玩具的规则。强调需要尊重其他人的物品。假如规则是所有人一起商讨制定的，儿童就会更倾向于遵守这些规则，并逐渐学会分享他人物品的正确方式。

  ■ 你可能已经具备一些儿童带玩具来幼儿园的处理经验。你会发现自己的玩具被弄坏了或者玩具不见了的儿童会更不愿意和他人分享。在这种情况下，你可以考虑不要让这些儿童带玩具来幼儿园一段时间，并且让儿童

本人和家长都知道这个决定和这么做的原因，然后实施这个决定。
- 假如你发现还有其他儿童也不愿意分享幼儿园的玩具，那你需要检查你的教室看是否是由于材料和玩具不充足的缘故。假如没有充足的材料满足所有儿童的需求，可能就会出现一些不愿分享的情况。在一个大约有20名儿童的教室，教室里的兴趣区应该常备的材料至少要在一定的时间里同时满足五六名儿童。这些区域包括积木区、角色表演区、操作材料区、图书区、美术区、感知活动区、认知游戏区等。此外，对于其他一些日常教学活动，你也要为所有参与活动的儿童准备充足的材料。假如儿童感到他们需要为材料而竞争的话，他们就不会分享。当然，这并不意味着材料需要人手一份。在某个特定时间里，应该准备充足的材料使得儿童能积极参与其中。当超过一名儿童想要某种东西时，不愿分享就会出现。只有材料充足，儿童的分享才能成为可能。
- 有时候，儿童很依恋某个特定的能给予他们安全感的物品。儿童不需要分享给予他们安全感的物品如毛绒玩具、玩偶，或者是小毯子。如果必要的话，教师应该维护这名儿童拥有这些东西的权利。

假如上面这些建议都不能提供一个很好的解决办法的话，教师可以实施下面的更为具体的步骤。

目标设定

目标就是当要求这名儿童与他人分享时，她能在2/3的活动时间里和其他儿童分享幼儿园的材料。2/3是一个合理的目标，因为不能期望学前儿童在所有的时间里都能分享，而只是需要他们在一些合理的时间内分享。

方法介绍

要想消除这名儿童不爱分享的行为，有以下四个基本步骤：
- 创设适宜分享的环境。
- 提供系统的帮助让这名儿童学会为什么要分享和怎样分享。
- 强化自发的分享行为。
- 应对这名儿童不愿意分享的一些情况。

概念界定

不爱分享，是指某个儿童不愿意让其他儿童来使用自己正在使用的材料或者分享一些自己周围的材料。例如，某个儿童可能只是玩一些积木，但是却告诉其他儿童所有的积木都是他的。

基准线

在开始使用这种方法之前,教师要收集一些这名儿童不愿分享的信息。在教室里随时准备一张纸和一支笔。把纸分成两栏。一栏是有关分享行为的,一栏是有关不爱分享的行为的。一整天都仔细观察这名儿童。当其他儿童要求与这名儿童分享时,在适当的栏目中记下这名儿童的反应。假如这名儿童自愿和其他儿童分享,就在分享这一栏中记录下来。每天结束后,计算这名儿童实际分享行为发生的比例。运用下面的公式:

$$\frac{\text{分享行为次数}}{\text{分享行为次数}+\text{不爱分享行为次数}} \times 100 = \text{分享行为所占的百分比}(\%)$$

假如这名儿童有 20 次机会分享,而你的记录显示:在分享一栏上儿童有 5 个标记,而在不愿分享一栏上有 15 个标记,你的计算过程就应该是下面这个样子:

$$\frac{5}{5+15} = \frac{5}{20} \times 100 = 25\%$$

记录这个数字在频率记录图上。这个日常的记录将会告诉你这名儿童实际分享的百分比。百分比越大,这名儿童取得的进步就越大。

实施步骤

在连续三天记录下这名儿童不愿意分享的行为后,你就可以开始采取如下策略。需要强调的一点是,这种方法并不适用于所有儿童,而只适合四五岁的儿童。

通过创设适宜的环境来鼓励分享行为。 为了帮助这名儿童更积极地和其他儿童分享,教师要尽可能在环境创设上、一日生活安排上以及活动设计上为其提供尽可能多的帮助。

(1) 教室里的环境要能鼓励分享行为。就像前面提到的那样,教室里应该提供足够多的材料,不要让儿童因材料而竞争。对于那些受欢迎的材料,教室里应该有很多份,特别是在年龄较小的儿童的班级里。检查每个活动区的空间。活动区的空间应该足够大,能让几个儿童同时在里面舒服地一起玩或在不影响到其他儿童的情况下一个人玩。同时也要保证各个活动区相对独立,可以用家具、储藏柜或者其他隔板把各个活动区隔开。假如儿童不需要经常花时间来保护自己的领域和材料,那么分享行为更容易发生。

(2) 教师的监管作为一个可以控制的因素也能鼓励分享行为。当每个儿童都有自己的玩具比如每个儿童手里都有一本书时,不愿分享的情况就不太可能发生。当需要几个儿童一起玩一部分积木或者儿童需要从一个活动区取材料时,不愿意分享的情况则很可能发生。这些活动都需要教师进行认真考虑和安排。

第13章 不爱分享

(3) 某些活动的特殊材料也需要被设计成鼓励交往的。美术活动的材料应该满足所有的儿童。像颜料、胶水、亮片等材料应该分别被放在几个小盒子里而不是被放在一个大盒子里，如果在一个大盒子里儿童就会想赶快拿到他们想要的。做饭的材料应该允许每个参与这个活动的儿童自己选择。避免不爱分享的另一个方式是考虑某个特定的活动是否应该限制参与的儿童数量。例如，假如烹饪活动包括添加和搅拌六种材料，就不要有超过六名的儿童同时参与。这个活动可以以六人一组重复进行直到所有想玩的儿童都轮到了。

(4) 幼儿园通常都只有几种大型设施，往往会供不应求。比如秋千，通常会有好几个儿童都想玩秋千，但是却没有足够多的秋千。在这种情况下，就应该倡导儿童分享，不然就会有很多儿童不能玩秋千。

假如某个儿童不愿意轮流，这里有一些技巧你可以用来鼓励这名儿童。教师可以和儿童一起商量制定一个大家都同意的时间限定。你可以拿一个计时器，或者一块表或者一个钟。当时间到了，就该另一个儿童玩了。另一个处理秋千（或者可以用定时来处理的其他设施）问题的技巧是规定某个儿童荡秋千时的来回次数。一旦某个儿童达到一定的次数，那么就换下一个儿童。当这名儿童在玩秋千时，其他儿童在旁边等待，可以再次规定，教师和儿童需要一起来计数。

系统地帮助这名儿童学会分享。 假如这名儿童很少或者从不分享，使用下面的步骤。对于那些有时候能分享（至少百分率在20%以上，根据基本数据得出）的儿童其他步骤就够了。

实施下面的一些步骤。因为这种策略的特性，如果能让某个特定的教师一直做这名儿童的工作效果会更好。

(1) 通过创设环境让这名儿童体验分享。至少每天一次，找一个参与这个活动的愿意与这名儿童合作的、性格温和的儿童来参与分享活动。在这名儿童不愿意参与分享活动的某个时刻（比如活动开始后不久），走到这名儿童旁边。带着这名儿童走到另外那名性格温和的儿童身边问："我们可以和你一起玩吗？我们想和你一起玩你的玩具。"然后和这两名儿童一起玩一会儿。经常说说分享活动以及分享活动给大家带来的好处。强调分享的积极方面。一两周之内，每天都重复这个步骤，直到你觉得这名不爱分享的儿童开始理解你的用意。

(2) 对这名儿童的下一步要求就是分享。教师至少每天都要创设一个情境，让你正在关注的这名儿童参与到一个分享的活动中。走到这名儿童身边，问她："我能和你一起玩吗？我很想和你一起玩你正在玩的玩具。"谨慎选择你的方式来鼓励这名儿童同意。然后你加入到这个活动中，并让这名儿童知道你是多么欣赏她和你一起分享。如果这名儿童没有同意，你只需简单地说："好吧，也许等一下我们可以一起玩"，然后走开。不要批评或者抱怨。要让这名儿童知道分享是一种积极的活动，不是被强迫的活动。

这个步骤可能要花几天或者几周的时间。因为要给儿童留出足够的时间来理解你创设这种环境的意图。一旦这名儿童能和你一起分享并且能享受这样的过程，就可以转移到下一步了。

(3) 当你发现这名儿童已经准备好和其他儿童而不只是和成人分享时，把重心转移到儿童身上。至少一天一次，当你看到这名儿童参与到一个适合分享的活动，同时发现另一个儿童没有参与到这个活动，邀请这名儿童和你一起走到那名你正关注的不愿分享的儿童面前说："卡森和我想跟你一起玩，你愿意和我们一起玩吗？"假如这名儿童说："好的"，那么加入游戏。而你只是表面上加入游戏。实际上是让这两名儿童在游戏中扮演主角。同时，用语言表达出这名儿童能和朋友分享她的游戏真是太好了。

假如这名儿童说"不好"，不要加以任何评论。告诉她可能下次她会愿意分享。当这名儿童已经能很正常地和其他儿童分享，两周后移到下一步。

(4) 这一步和步骤 3 相似，只是教师的作用减小了。和另外一名儿童走近这名儿童，说："卡森想要和你一起玩积木。"允许这两名儿童一起讨论游戏的细节。一旦两名儿童同意一起玩以后就退出来。通过你的关注和表扬对他们进行间歇性强化。

(5) 当这名儿童在你带着某个儿童去和她分享时，2/3 的时间都愿意分享，那么教师要进一步降低自身的作用。每隔一天使用一次步骤 4，然后是每隔三天使用一次，这样一直到逐渐结束。同时，这名儿童应该能自发地分享，而且分享的次数会逐渐增加。这些都需要在图表中反映出来。

当自发的分享行为发生时，强化它。 以上逐步开展的策略有助于这名儿童学会分享。对儿童每天的分享行为保持记录。每次发生时教师都要给予表扬。重要的是让这名儿童知道你赞赏这种行为。当你第一次使用这个策略时，只要这名儿童一出现分享行为就表扬，然后逐渐降低强化的频率。最后是间歇性强化，直到表扬她的频率和你表扬班级里其他儿童的频率一样。

帮助这名儿童处理她不愿分享的情况。* 可能会有这样的情况，这名儿童不愿意和其他儿童分享，而且开始时这种行为会十分常见，你对这种情况的处理方式对这名儿童未来对分享的态度有很大的影响。分享行为起源于愿意分享的人的内心，而不是外在的强迫。所以，让分享成为一种积极的体验非常重要。

无论什么时候，只要这名儿童不愿意分享，做下面的事情：

(1) 当你注意到有跟分享相关的情况时，尽快走到这两名儿童旁边。注意你

---

* 帮助某个有情感／行为障碍的儿童学会如何处理他的负面感受，无论是和分享有关还是和其他行为有关，你都需要提供有价值的学习机会，这将有助于消除他的不适宜行为。

的行为随时都应该是平静的、温和的。

（2）询问这名儿童发生了什么事情。用语言再次重复这件事情。例如，"卡森，你想要一些切饼干的工具来切黏土。拉托雅，你先拿到的这些工具并想保留下来，是这样吗？那现在我们该怎么办呢？"

（3）假如这两名儿童并没有因为这种情况感到太困扰，鼓励他们自己找出解决办法。特别是，鼓励不愿意分享的那名儿童找到解决的办法。假如两名儿童都觉得某个办法好，那就采用这个方法，然后表扬儿童的分享行为，指出一起玩的好处，比如可以互相帮助等。

（4）假如其中的一个儿童对这种情况感到很生气并且不愿意妥协，不要试图把这种情况复杂化。只需要简单地说："卡森，拉托雅现在不想分享这些工具，你跟我来吧，我们可以一起看看有什么其他东西可以用来切割黏土。"寻找其他的东西给这名儿童。同时向这名儿童保证下次他可以得到他想要的那个工具。

（5）一旦这名儿童在任何情况下都拒绝分享，离开她。你不要让她的态度变得很强硬，你也不需要给予更多不必要的关注。根据上面的这些建议，也不要批评或者教训她。因为这些做法非但不会改变她长期形成的不愿意分享的意识，反而还会更加强化她的这种行为。

（6）这种不愿分享的场景提供了让儿童获得分享经验的良好契机。假如可能的话，在5～10分钟之内，创设一种积极的分享场景。你创设的这种场景取决于你最近开展到了哪一个步骤。通过这样做，相对于刚刚发生的不愿分享的情况，你提供给这名儿童一个相反的积极的分享场景。

继续记录这种行为。当你使用了这种策略后，持续对这名儿童的分享行为和不愿分享行为进行记录。这些记录给整个进程提供了信息，也可以显示出什么时候达到了目标。

保持取得的进展

当这名儿童在2/3的时间里都能持续进行分享，你就可以停止使用这些策略，不过仍要持续进行记录。另外，还要继续对分享行为进行一些间歇性的强化。一旦这名儿童意识到分享是一种很有值得的积极行为，她就会持续地和他人分享她的所有。其实，学前儿童需要学习的社交技巧仍旧有很多。教师在分享行为上持续的帮助和指导是非常有必要的。

第14章

贿赂别人博取友谊或好处

"嗨,特瑞,假如你让我玩一下你的小汽车,我就给你一些万圣节得到的糖果。"弗朗西斯科小声地说。4岁的特瑞带来了他收藏的小汽车来参与展示和讲述活动,他回答说:"不行!""可是你有三辆红色的,你并不需要这么多呀。"弗朗西斯科反驳说。当特瑞再次说"不"时,弗朗西斯科选择让特瑞说说他在万圣节得到了些什么,然后又列举了一大堆自己得到的很有诱惑力的糖果,接着继续请求至少得到特瑞的一辆小汽车。最后,教师告诉他们展示和讲述活动的东西是不能用来做交易或者送给别人的,从而停止了这场交换。然后为了安全,教师把特瑞的汽车放到了主任的办公室里。

午饭时间,弗朗西斯科注意到雪莉的午餐盒里有一个花生黄油三明治:"我想用我的金枪鱼三明治换你的花生黄油三明治。"弗朗西斯科说。雪莉摇摇头,赶快咬了一大口她的午餐,然后把身子转到了另一边。

随后,弗朗西斯科告诉布伦特和坎蒂:"我的外套里有钱,假如你们和我一起玩,我就把它给你们。"这两名儿童同时说:"我们不想和你一起玩。"然后走到其他地方继续他们的游戏。

教师们都注意到了,当弗朗西斯科想从其他儿童那里得到什么时,他总是通过提供某种贿赂来得到。不过,通常他都不会成功。其他儿童对这种方法的反应很消极。不过,很多时候,他还是用这种方式,通过他的东西来"买"友谊、食物或者其他东西。

行为表述

这名儿童常常运用贿赂的手段从其他儿童那里获得友谊和其他自己想要的东西。

行为观察

花几天时间观察这种行为,获得对这种行为的进一步了解。
这名儿童最喜欢在什么时候使用贿赂的手段?
- 在自由活动中
- 在大家从家里带玩具到幼儿园来分享时

第14章 贿赂别人博取友谊或好处

- 在室外游戏时
- 在吃饭时
- 早上
- 下午

这名儿童试图通过贿赂得到什么？

- 友谊
- 获准加入另一名儿童的游戏或者其他小组的游戏
- 可以玩其他儿童从家里带来的玩具
- 想带一个别人的玩具回家
- 想让其他儿童把他们的玩具当成礼物送给自己
- 想玩幼儿园里的玩具
- 想要得到其他儿童全部或者部分的食物
- 想从其他儿童那里得到一块口香糖或者其他糖果

这名儿童用什么作为交换？

- 和其他儿童一起玩
- 食物
- 钱
- 另一个玩具
- 同意让其他儿童插队
- 友谊
- 用一个听起来很奇怪的许诺（"我将给你一百万"）

这名儿童通常会贿赂谁？

- 任何儿童
- 只是某些特定的儿童
- 女孩
- 男孩
- 年龄小、个子矮的儿童
- 年龄大、个子高的儿童
- 开朗的儿童
- 安静的儿童

当这名儿童贿赂别人时发生了什么？

- 其他儿童接受了
- 其他儿童不接受
- 其他儿童开始讨价还价
- 其他儿童不理会走开了

- 其他儿童很生气
- 其他儿童告诉了教师

这名儿童通过提供某种交换实现了自己的目的了吗？

从观察中获得的这些信息将有助于你更有效地处理这种行为。

与家长合作

在获得有关这种行为的发生时间、原因和这名儿童贿赂的对象等信息以后，教师要和这名儿童的家长见面商讨这种行为。和家长讨论他们平时的教育方式从而获得一些信息，例如，家长是否常以让这名儿童完成一个期望中的任务比如收拾自己的玩具或者晚上好好睡觉等，作为交换而给这名儿童一个他想要的待遇、想要的玩具或者特别的活动。如果是这样，教师可以委婉地建议家长通过其他方式在日常生活中获得孩子的配合。另一方面，假如家长已经在关注这种行为了，那教师要弄清楚这种行为是否也发生在其他场景中，然后和家长一起讨论可能的解决方法。一旦开始采取策略试图改变这名儿童的这种行为，注意继续保持和家长的联系。

行为影响

儿童，就像成人一样，拥有各种各样的方法来获得他们想从其他人那里得到的东西。其中的绝大多数方法都属于社会可以接受的。对于儿童来说，用交换的方式来获得他们想要的东西很平常。不过，当这种方式成为某个儿童惟一使用的方式时就值得我们关注了。总是喜欢使用贿赂的方法表明这名儿童社交技巧非常有限。因此，这种行为应该引起成人的重视。首先，这名儿童没有把所有的社交潜力挖掘出来。适宜的社交能力发展应该意味着儿童拥有获取他想要的东西的技巧。其次，其他儿童和成人对经常使用贿赂方式的儿童的回应一般比较消极。这名儿童的自我概念因为其他人的消极回应而发展得比较混乱。这样的儿童需要成人帮助学会一系列的其他方式来获得他们想或者需要从其他人那里获得的东西。否则，这类儿童将继续使用贿赂的方式来获取自己想要的东西。从长远发展来看，这类儿童就会逐渐对自己的社会关系感到不满，从而影响自我概念的积极形成。

行为分析

考虑看看下面的某个建议是否会提供解决这个问题的方法：

- 确保教师所考虑的问题真的是一个问题。所有的儿童，在某个时候，都会用交换的方式来获得他们想要的东西。在某个学前儿童的教室里，你可能会听到，"假如你……，我就……"如果某个儿童偶尔使用这个公式，这是允许的。只有在儿童总是使用这个方法时，才成为问题。因此，教师需要仔细观察，认真倾听。假如这名儿童还能运用其他的方式来获得物品，就不

第14章 贿赂别人博取友谊或好处

必对这种行为太在意。要想减少这种贿赂行为，只需要重点强化这名儿童为了获得自己想要的东西而采取的其他方式就可以了。

- 某个儿童可能会因为教室里的材料和物品不够，而使用贿赂的方式。检查教室里的材料。教室里应该有充足的材料能同时让所有的儿童积极地参与活动。假如某种很受欢迎的材料数量有限，那么教师就需要使用分享的方式以便每个儿童都能轮到。
- 当有某些新异的东西出现在教室里时，这个问题可能就会更凸显出来。当某个儿童带了一个非常好玩或者很特别的玩具到幼儿园时，或者当某个儿童有糖果、口香糖或者某种在幼儿园的食谱上很少出现的好吃的东西时，这个问题也会凸显出来。这样的东西可能会引起某个儿童试图用贿赂的方式来获取。假如这些情况是问题的根源，你就需要建立一些规则来加以限制。教师可以禁止儿童拿某种在幼儿园食谱上很少看到的食品来幼儿园，除非这些东西能分发到每一个儿童。或者因为这些食品不符合幼儿园的营养标准，而禁止带到幼儿园来。你也需要建立一些常规来规定从家里带来的玩具应该怎样玩（参见本书第13章的建议）。
- 假如这名儿童用以贿赂的东西常常是一些不现实的东西，你可以帮助这名儿童明白这些东西根本不存在。告诉这名儿童他根本没有"一百万"或者他许诺的其他东西是不切实际的。可以建议他用其他有形的物品代替。教师一定要确保当你干预这种情况时，这名儿童不是在开玩笑或者"吹牛皮说大话"，而是非常郑重其事地在贿赂其他儿童。

假如上面的建议没有帮助，那就使用下面的这些更为详细的方法。

目标设定

目标就是能让这名儿童使用其他方式来获取自己需要的和想要的东西，而不是用贿赂的方式。

方法介绍

要想消除这名儿童过度使用贿赂的行为，其基本方法包括以下三个步骤：
- 找到一个系统的策略来帮助这名儿童学会通过其他方式获得自己想要的东西。
- 强化使用其他策略的行为。
- 当贿赂行为发生时，忽略它。

概念界定

儿童的贿赂行为，是指某个儿童通过使用某种东西作为回报的方式从其他儿童那里赢得友谊或者自己喜欢的东西。定义这种行为相对比较困难，在某个儿童

想要从其他人那里获得自己需要或想要的东西时,他有50%以上的概率都在使用这种方式,才能称之为贿赂行为。

基准线

花三天时间收集相关信息,了解这名儿童使用贿赂行为的频率。这些信息有助于评估后面取得的进步。根据你前面的观察,在每天的活动中选择一个小时或者两段半个小时你认为贿赂行为会发生的时间。在一张纸的中间画出一条线,标出贿赂行为和其他行为。在观察时,每当这名儿童明显地使用贿赂行为时,你就在贿赂那栏做个标记;如果这名儿童使用的是其他方式来获取心仪的物品就在另一栏做个标记。以下是一些儿童想从其他儿童那里获得物品的非贿赂方式。

- 通过请求让其他儿童给予自己想要的东西。这名儿童走到其他儿童旁边只是说他想要那个儿童拥有的东西,并不会说要用什么东西来交换。这名儿童可能会说:"让我试试吧!""我能要一粒口香糖吗?""我能玩一会儿吗?"
- 和其他儿童一起分享自己想要的东西。这里这名儿童表示他可以和其他儿童一起分享自己想要或者需要使用的东西。这名儿童可能会说:"我现在可以排队吗?""让我们一起玩,好吗?""我能帮忙吗?"
- 给那些愿意分享自己心爱的物品的儿童某种他们希望得到的东西。在这种情况下,这名儿童不会表达出他的愿望,但是会用更加温和的方式提供一些东西给其他儿童,他认为这些东西会让其他儿童愿意分享或者放弃那些他想要得到的东西。在这里,这名儿童可能会说:"你愿意玩这个吗?""我会给你一块糖。""我有玩具婴儿车。你想让你的宝宝用它吗?"
- 等待着被邀请使用或者分享自己想要的东西。这意味着这名儿童会积极地站在旁边,既不发出请求也不提出要用什么东西来交换,只是等着轮到自己或者被邀请来分享自己想玩的东西。这种邀请可能是其他儿童发出的,也可能被是在附近的教师发出的。
- 用其他东西替代自己想要的东西。在这种情况下,这名儿童决定找到其他物品来代替自己想要的东西。他可能决定玩一个相似的玩具,和其他儿童一起玩,或者用其他方式、其他物品让自己高兴起来。
- 强迫自己不要去想那些自己想要的东西。这名儿童并不试图去获得自己想要的东西,而是决定没有这个东西也能很好地玩。

对于观察者来说,并不是所有的方式都是很明显的。例如,决定强迫自己不要去想那些自己想要的东西或者找其他替代品可能就只是发生在儿童的头脑中,教师完全无法辨别。所以,只是记录那些比较容易观察到的方式。

当这名儿童使用贿赂的方式时,可能会结合其他一些技巧。例如,这名儿童可能会说:"假如你让我玩一会儿你的玩具,我午饭时就把我的饼干给你。""我能

第14章　贿赂别人博取友谊或好处

和你一起玩吗？你可以在积木区玩我的卡车。""假如你给我你的棒棒糖，我明天就给你一百万。"

每天结束后，统计两个栏目里的标记数目。接着计算出贿赂行为相对于其他行为的百分比，就像下面这样：

$$\frac{贿赂行为}{贿赂行为+其他行为} \times 100\% = 贿赂行为所占的百分比（\%）$$

在百分比记录图上记录下这个百分比。

实施步骤

在连续三天记录了这名儿童使用贿赂行为的百分比后，你就可以开始对这种行为进行纠正了。班里的所有教师都要对这些步骤有统一的认识。

这种方法只是针对某个只使用贿赂方式而不使用其他方式获得自己想要的东西的儿童。假如某个儿童只是偶尔使用贿赂方式，同时也使用其他方式，教师就不用太担心了。

使用系统的策略帮助这名儿童学会通过其他的方式来获得自己想要的东西。运用你从非正式观察中获得的信息来决定这名儿童最爱使用贿赂方式的时间。接着针对这些行为发生的情境来实施以下步骤。

（1）每天至少五次在这名儿童试图使用贿赂方式之前制止他。从一些迹象中发现他想要的物品、想一起玩的同伴或者他想要的其他的东西。这些迹象可能包括这名儿童停止他正在做的事情在教室里四处张望，或者寻找某个特定的物品或者同伴。

（2）走到这名儿童身边说："你想要什么？"鼓励他回答。假如你十分确定这名儿童想要的东西但是他却不愿告诉你，你就可以问："你是想要这些积木吗？"

（3）现在你帮助这名儿童尝试用其他非贿赂的方式得到他想要的东西。尝试先前提到的那些技巧。以下是一些你可以参考的例子：

- 询问："你想玩这些新积木吗？我们一起去问问南茜你现在是否可以玩。""你想玩特雷西的小卡车是吗？我们去请求他让你玩一会儿好吗？"
- 分享："你想玩秋千是吧，我们去看看你能不能推克莉丝汀一小会儿，然后让她再推你一小会儿。""你很想跟克劳德和蒂芬妮一起玩吧？让我们去问问他们你是否能加入他们的茶点聚会。"
- 提供某种物品："和他们一起成为一名消防员一定很有意思，让我们去找一个消防员用的水管看他们是否愿意让你加入。""你可以拿着这个筛子到沙池里去，也许雷切尔会在看这个筛子时让你用她的漏斗。"
- 等待："让我们站在桌子旁边先看看，也许当他们结束这个游戏时，他们会邀请你一起玩其他游戏。"

假如因为某些原因，这些技巧不适用或者不能让这名儿童得到他想要的东西，你就建议这名儿童找一种相似的替代物或者忘记他想要的东西。不过这两种方法只有在其他儿童不配合的情况下才用。

（4）假如第一种技巧对这名儿童很有用，用语言描述他的成功。例如，你可以说："看，你通过询问就可以让其他人把积木给你哦！"或者"和别人一起玩秋千，相互推秋千很好玩吧，看，你现在可以玩秋千了哦。"

（5）尽可能多地使用这种策略，至少每天五次。当你开始看到记录图上贿赂行为在逐渐减少时，你就知道这种方法起作用了。逐渐减少引导这名儿童的次数。假如你注意到这种行为正在减少，你就可以尽快撤销你的支持。当达到了目标以后，不要忘了还要帮助这名儿童不定期地使用这些技巧。

当非贿赂的方式自发地出现在儿童身上时，强化它。在一日生活中，如果多次观察到这名儿童自发地使用其他方式来获得自己想要的东西，那么当你每次看到时，走到这名儿童旁边强化他。你可以通过表扬，或者仅仅只是站在旁边，或者评论他的成功来进行强化。重要的是让这名儿童知道你赞赏这种行为。一旦这名儿童能够经常使用这种策略，就逐渐减少强化的次数。最后，你的强化频率就可以和强化其他儿童一样了，不再需要专门强化。

当贿赂行为发生时，忽略它。通过用某种物品来换取自己想要的物品是一种合情合理的行为。儿童在日常行为发展中已经很好地发展了这种技巧，因此不需要再对这种方式进行强化。当这名儿童使用这种技巧获得他想要的东西时，忽略就行了。因为你期望的是儿童使用其他技巧，因此这种贿赂方式就因得不到强化而自动减少。通过忽略有助于减少这种行为。

继续记录这种行为。继续记录贿赂行为和其他行为。每天都计算百分率，然后记录在频率记录图上。在你使用这种方法时，只需要统计其他技巧的自发使用次数。不需要统计在你的帮助下这名儿童通过其他方式获取自己想要的东西的情况。你可以在你统计这些行为的那个时段不对儿童进行帮助。这种记录图反映了整个进程，能告诉你什么时候可以减少有意识的指导，什么时候降低对其他技巧自发使用的强化。

保持取得的进展

在这名儿童已经学会并能随意使用各种方式获取他想要的东西后，你还要继续对那些非贿赂方式进行间歇性强化。这名儿童应该从其他儿童对这些不同方式的积极回应中获得内心的满足感，从而促使他更频繁地使用非贿赂方式来获得他自己想要的东西。

第15章

爱拿不属于自己的东西

"玛瑞莎拿走了我的小球!"芬妮叫喊道。玛瑞莎把她的手深深插进她的口袋里说:"我没有拿!"莱尔老师开始询问玛瑞莎,她好声地说:"让我看看你在你的毛衣口袋里放了什么,玛瑞莎。"当莱尔老师强迫玛瑞莎把手从她的口袋里拿出来时,玛瑞莎很抗拒并开始哭。最后,莱尔老师从玛瑞莎的口袋里掏出一个小红球。芬妮马上说:"就是我的小球。""不,不是,那是我的。"玛瑞莎哭了起来。莱尔老师把球还给了芬妮,而玛瑞莎还是眼泪汪汪地坚持说那个小球是她的。

莱尔老师跟玛瑞莎谈论过关于拿不属于自己的东西的行为。她几乎每天都会有这样的行为发生,比如她拿了别人的一个玩具却宣称是她自己的。除此之外,老师们还发现幼儿园的很多小物件神秘失踪了。没有人看见玛瑞莎拿了这些小物件,但教师们都坚定地认为是玛瑞莎拿的。教师们很困扰不知道该怎么办,因为即使证据就摆在面前,玛瑞莎也总是否认自己拿了别人的东西。

行为表述

这名儿童总是拿走属于别人的或幼儿园的东西。

行为观察

花几天时间观察这种行为,获得对这种行为的进一步了解。因为这名儿童在拿别人东西时总是偷偷进行的,所以教师要非常仔细地进行观察。

这名儿童通常什么时候会拿别人的东西?
- 毫无预见性,任何时候都有可能
- 在一些常规的教学活动中
- 在自由选择的活动中
- 在小组活动中
- 当小朋友在自己的柜子里放外套或者取外套时
- 在洗漱时
- 在活动间的过渡环节
- 在午饭或者餐点时
- 在午睡时

这名儿童拿别人东西之前通常会做些什么？
- 谈论自己很喜欢某个特别的玩具
- 正在玩某个特别的玩具
- 不停地赞赏某个物品
- 询问她是否能拥有这个物品
- 不允许其他儿童玩这个玩具
- 待在这个物品的主人旁边

当这名儿童拿别人的东西时，发生了什么事？
- 她四处张望看是否有人在看自己
- 她把这个物品放进自己的口袋
- 她把这个物品抓在手里
- 她把这个物品藏在教室里的某个地方
- 她把这个物品放进她自己的柜子里
- 假如被询问起来，她否认自己拿过这个物品
- 她坚持说这个物品是她的
- 当被发现后，她表现得很慌张
- 她宣称自己不是故意拿了这个物品
- 她把这个物品归还给它真正的主人
- 她拒绝归还

这名儿童拿了什么？
- 能放进口袋里的小物件
- 大物件
- 其他儿童从家里带来的玩具
- 幼儿园里的玩具或者材料
- 大物件的某个部分（比如一片拼图）
- 任何种类的东西
- 某个特别的东西或者某类特别的东西
- 食物

通过这些非正式的观察，增加你对这种行为发生时间和地点的了解。这些信息将有助于你消除这名儿童的这种行为。

与家长合作

教师要和这名儿童的家长见面商谈，分享一下你的观察所得。搞清楚这名儿童是否在其他场合中也会拿其他人的东西。假如这名儿童在其他场合也有这种行为，询问家长他们是用什么方式解决的。教师和家长合作一起找出这名儿童出现

第15章 爱拿不属于自己的东西

这种行为的可能原因，以及预防和阻止这种行为的可能的方法。保持和家长的联系，让家长了解消除这名儿童这种行为的整个过程。

行为影响

当这名儿童拿走不属于她的东西时，通常只是简单地因为她想要这个东西。学前儿童的物品归属感还在发展过程中，这种物品归属感最后会发展成广泛意义上的伦理道德感的一部分。物品的所有权对学前儿童来说仍然不是很明确。有时候只是因为某个心仪的物品实在太有吸引力，再加上难以抑制的自然冲动，使得想要拥有这种东西的愿望变得对这名儿童来说非常强烈，所以她就拿走了这个物品。

这名儿童需要明白拿走不属于自己的东西是错误的。当她了解了哪些行为是被社会所接受的，而哪些行为是不被社会接受的时候，她就会逐渐明白这一点。这名儿童需要成人告诉她物品所有权是什么以及为什么需要被尊重。当她明白这一点后，她就开始逐渐学会考虑他人的物品所有权。假如她再拿走其他人的东西，她会感到很羞耻和有负罪感，会对自己的行为感到很愤怒。

每个人都有一些想要却无法得到的东西。年幼的儿童需要理解这种愿望，知道处理的方法。拿不属于自己的东西在幼儿园是不被允许的，但是这种行为需要教师找到某种方法来指导，并且这种方法不会让儿童觉得自己是个坏孩子。

行为分析

一些相关的简单的步骤能帮助这名儿童降低发生这种事情的几率。考虑看看，也许下面某一个建议能起作用。

- 当儿童从家里带来玩具或者其他的东西到幼儿园里来分享时，这种情况就可能发生。拥有这些诱人物品的主人获得了某种权利，因为这个主人可以决定谁可以玩、谁不可以玩这个玩具。假如玩具的主人不让这名儿童玩这个玩具，这名儿童就会非常生气。同时，这个物品因为无法得到而变得更有吸引力。这种情形可能就会导致这名儿童偷偷地拿走这个东西。可以考虑以下让儿童从家里带玩具到幼儿园里来的方式。
  - 可以完全禁止儿童带东西到幼儿园里来。假如你决定这样做，给所有儿童的家长写一封信，信中要解释从家里带玩具到幼儿园可能会导致的一系列问题发生。同时强调家长在强化这个新规则中的作用。假如某个儿童还是要从家里带玩具到幼儿园来，那么在每天孩子入园时，你就要检查这名儿童是否带了玩具来。如果带了，你可以先夸夸这个玩具，顺便提醒这名儿童新的规则，然后要求家长把这个玩具带回家去。假如这样行不通，那就告诉这名儿童你要把这个玩具暂时先放在办公室，等放学时再还给他。
- ■ 限定从家里带玩具来幼儿园分享的时间。你可以把一周中的某一天作为"分享日"，允许儿童带玩具到幼儿园来。当儿童们分享从家里带来的玩具时，你又可以限定在这一天中的某个时段进行分享。还要找一个专门的地方来存放这些孩子们从家里带来的玩具，以确保这些玩具在其他时间是安全的。
- ■ 制定一些儿童如何分享这些玩具的规则。这些规则可以和儿童一起讨论制定。例如，可以规定，班级里每个人至少要有一次机会可以玩这个玩具。
- ● 防止儿童拿走不属于自己东西的另一个方法是保持教室整洁有序。如果幼儿园的材料只是被随意存放，并且没有人十分清楚这个屋子里有哪些东西，以及这些东西应该被放在哪里的话，教室里的材料和玩具就很容易丢失。当教室里的每个物品都被放在指定的位置上并且让人一目了然，它所传达出的信息就是教室里所有的东西都是很重要的，都是教室里不可或缺的。这样，属于某个特定区域的玩具如果被拿走了，也就很容易被看出来。就像要把一个不属于这个区域的玩具放在这个区域一样明显。
- ● 假如这名儿童只是拿走教室里某个或者某类物品，你可以采取以下两种措施中的一种：假如这种东西不是教学活动必需品的话，你可以把这种（类）东西从教室里拿走一两周；你随时保持对这种（类）物品的警惕性以防止这名儿童拿走它。

假如以上这些建议都不起作用的话，开始实施下面这些步骤。

目标设定

目标就是让这名儿童不再拿走不属于自己的东西。

方法介绍

为了消除这种行为，最基本的方法包括以下三个步骤：
- ● 强化那些正确对待教室里的物品或者其他人的物品的行为。
- ● 改变环境。
- ● 防止这名儿童拿走不属于自己的东西。

概念界定

拿走不属于自己的东西，是指儿童故意拿走或者保留不属于自己的东西，无论这个东西是属于幼儿园的还是属于其他儿童的。假如这种行为频繁地发生就是一个问题行为。班里的所有教师需要一起讨论并就什么行为属于这种行为达成共识（比如儿童把某个物品放进自己的口袋里或者放在自己的柜子里）。

第15章 爱拿不属于自己的东西

基准线

为了和这名儿童后面取得的进步进行比较，在开始采取措施消除这名儿童爱拿别人东西的行为之前，了解这名儿童这种行为发生的频率是很重要的。花三天时间，统计这种行为发生的次数。这需要教师保持高度警惕来收集这些信息，因为这名儿童可能并不会公开地拿别人的东西。另外，还有可能会因为教师保持对这名儿童的注意，导致她乱拿别人东西的行为会减少。每当这名儿童拿不属于自己的东西时，就在纸上做个标记，然后每天放学后把总数记录在频率记录图上。

实施步骤

连续三天做好这样的记录，然后开始采取措施改变这种行为。下面是需要持续开展的几个步骤。

强化那些正确对待教室里的物品或者其他人的物品的行为。假如这名儿童正在学习如何尊重他人财物，那么她需要被告知她做得很好。所以，无论何时这名儿童表现出正确地对待教室里的物品或者他人的物品的行为，她都应该得到口头上的强化：

"我喜欢你小心地玩波拉的玩具，谢谢你好好照顾了这个玩具。"

"我真高兴你把所有的小卡片都放回盒子里了。假如每个人都能像你一样照顾这些拼图，我们就不会弄丢了。"

"你记得把三轮车放回车棚里太好了，这样车就不会生锈，其他人想骑时就能骑了。"

通过对环境和一日生活安排做出调整来防止这名儿童拿不属于自己的东西。检查一下教室里可能会导致这种行为的环境布置。要从一个整洁有序的架子上拿走某个东西是不太容易的。儿童更容易从混乱摆放的物品中拿走某些物品。而且，经过仔细安排和有序存放的教室里的材料和玩具，既能表现出教师对教室里材料和玩具的尊重，同时也能让儿童清晰地意识到哪些物品是属于教室里的。

考虑一下是否允许儿童从家里带东西到幼儿园来。对什么时候带来、怎样带来和在什么场景下带来这些私人物品等问题制定特别的规定和限制。这样的指导能降低儿童拿走不属于自己东西的行为的发生次数。

在不伤害这名儿童的情况下防止她拿走不属于自己的东西。* 以下是预防儿童拿走不属于自己的东西的措施。这个措施可以称为"搜包活动"。包括下面的步骤：

（1）在集体活动时向儿童解释教室里的物品和其他儿童的东西丢失了，然后

---

* 有严重认知障碍的儿童不可能理解物品所有权的概念。出生前在母体里接触过毒品的儿童也不可能理解自己行为的结果。在这两种情况下，预防可能意味着保持对这些儿童的警惕以避免他们拿走不属于自己的东西。

说这些东西很容易一不小心被某个儿童放在自己的口袋里。要求儿童共同努力防止这些东西再丢失。

（2）在儿童离园之前，采取搜包活动来找到属于幼儿园或者其他儿童的物品。记住这不只是针对几个有嫌疑的儿童，而是每个儿童都必须进行，包括教师。放置一个盒子来装这些物品。每个人都把不属于自己的东西放进这个盒子里。教师可以事先在这个盒子里放一支蜡笔或者其他小物件，以免拿了别人东西的那些儿童觉得不好意思。无论盒子里的东西是什么，都需要把它们放回原处或者物归原主。把这种搜包活动当成是一个游戏，而不是一种审讯。一定要把儿童的反应强度降到最小化，且处理这种活动需要本着实事求是的态度。绝对不要羞辱某个儿童或者谴责他偷东西。仅仅指出这些物品应该被放回正确的位置或者归还给它们的主人。

（3）搜包活动的时间安排也很重要。假如所有的儿童都在同一个时间离开幼儿园，因为在有些幼儿园或者儿童中心，所有的儿童会在同一个时间一起坐巴士回家，那么搜包就必须在每个人离开之前进行。然而，假如这个幼儿园的儿童是在不同的时间离开幼儿园的，那么就需要在不同的时间安排这个活动。在某个儿童要离开幼儿园之前的几分钟进行搜包。在这种情况下，要注意的就是在搜包之后儿童离开幼儿园之前不要再发生拿别人东西的事情，因为这个时候其他儿童还在活动。

（4）假如这些被拿走的物品主要是其他儿童的东西，保持对这些物品所有权的关注。每天你在迎接儿童时，问这些儿童是否带了什么特别的东西来幼儿园。假如他们带了，记录这些物品和拥有这些物品的儿童的名字。用这种方式，你就可以保证所有的儿童在被搜包之后都能拿走属于自己的东西。

继续记录这种行为。你在开始使用这些策略的前三天所做的记录和开始使用这些策略之后进行的记录会有细微的差别。继续记录这名儿童拿走不属于他的东西的次数，并把每天的总数记录在频率记录图上。这个可以在每天搜包时进行。记录这名儿童从包里掏出不属于自己的东西的次数。搜包本身就可以减少拿不属于自己物品的行为，因此，你可以期待这种行为将大大减少。

保持取得的进展

即使这名儿童不再拿不属于自己的东西，也要继续实施搜包的活动。在持续进行了两周后，开始每隔一天进行一次搜包活动，然后是每隔两天，接着是每周一次。当你注意到不再发生东西不见了的事情后，就不用再搜包了。不过，还是要持续地、间歇性地表扬这名儿童。同样，保持环境的有序，以便保证环境没有成为这种行为发生的潜在刺激因素。

第 16 章

拒绝服从

杰西卡老师敲响了户外活动结束的铃声,儿童们开始把三轮车和沙坑玩具放好、把大积木摆好,走向教室。几分钟内,户外游戏区就被清理干净了,几乎所有的儿童都回到了教室。

"斯邦奇,请你从秋千上下来。该进教室了。"杰西卡老师说道。5岁的斯邦奇好像没有听到老师的话,反而在秋千上更起劲地荡起来。"别人都已经进去了,斯邦奇。你是最后一个了。"斯邦奇没有反应。"斯邦奇,快点!"斯邦奇继续荡秋千。最后,杰西卡老师走过来强行停住秋千,然后抓住了斯邦奇的胳膊。斯邦奇把胳膊抽回来,喊道:"我不想进去。"然后跑到了户外活动区的另一端。杰西卡老师又花了好几分钟时间才最终抓住了斯邦奇并强行把他带进教室。

那个早上的晚些时候,斯邦奇在活动结束后拒绝放下积木、在讲故事时间拒绝加入其中、在吃点心前拒绝洗手、在吃点心时拒绝坐到座位上、拖拖拉拉地吃完点心后又拒绝从座位上站起来。斯邦奇拒绝服从的行为让所有的教师都很有挫败感,无论他们说什么,斯邦奇要么没有任何反应,要么只说一个字:"不!"

行为表述

这名儿童总是拒绝服从他人提出的合理的要求。

行为观察

教师要花一些时间对这名儿童进行非正式的观察,以更好地了解其拒绝服从的行为什么时候可能出现。

什么时候这名儿童最可能不服从?
- 任何时候
- 刚到幼儿园不久
- 快离园回家的时候
- 活动间的过渡环节
- 要求整理活动区的时候
- 自由游戏期间

- 教师安排的活动期间
- 集体活动期间
- 室内活动期间
- 户外活动期间
- 上洗手间时
- 吃饭时
- 午睡时间

当这名儿童不服从时,他通常在做什么?

- 他在一个人活动
- 他在和其他小朋友一起活动
- 他没有从事任何活动
- 正在做某件事,但此时教师要求他去做另外一件事
- 他正感到不高兴
- 他在玩积木(或者是假装游戏、感官活动、读书、大肌肉运动等活动)

当这名儿童不服从时,会发生什么事情?

- 教师通常会去和他说话、哄他
- 教师常常会让他继续做正在做的事情
- 教师尝试着去哄他,如果不奏效的话,教师们就允许他继续做正在做的事情,而收回对他的要求
- 教师强制他完成要求他做的事情
- 他会想方设法地继续正在做的事情
- 他经常转换到另一个活动区,但不是教师所要求的活动
- 其他儿童的注意力会被吸引到这名儿童身上来

借助你所观察到的信息,帮助自己消除这名儿童不服从的行为。

与家长合作

在年幼的儿童中,不服从的行为比较常见。有些拒绝服从教师的儿童,可能在家里的表现不是这样的。如果是这样的话,当教师深入地观察了这名儿童的行为后,就可以和他的家长见一下面,了解一下他们采取了哪些成功的应对办法,并且可以讨论一下哪些办法也可以运用到幼儿园中。当教师成功地减少了这名儿童不服从的行为后,教师要保持和家长的联系,这样双方可以互相鼓励。

行为影响

儿童经常会被成人要求做一些事情,有些事情不是那么令人愉快(如,"该上

第16章 拒绝服从

床睡觉了""把玩具放下，来吃饭""你现在必须穿好衣服去上学了"）。因此，儿童拒绝此类要求并不稀奇。如果成人在提出要求后实际上并不在乎儿童是否照做，就会传达这样的信息给儿童：如果他们抵制的时间够长，就不用遵从指令了。因此，当家长和其他成人对儿童提出指令后，却不能一贯地要求儿童遵从指令，儿童就容易出现不服从行为。

不服从要求的儿童往往和成人陷入争斗之中。这种争斗会增加双方的怨恨和愤怒情绪，让双方都变得更强硬。成人的立场是："我是大人，是管事的，你应该照我说的去做"，而孩子的立场是："我要做我想做的事，而不是别人让我做的事"。

反复的、一贯的不服从行为会变成一种习惯，而这种习惯会在儿童长大后会带来严重后果。如果儿童一贯我行我素地对抗权威，他就会不断地在更大的范围内遇到麻烦。因此，帮助年幼的儿童更好地回应成人合理的要求是非常重要的。

行为分析

教师可以考虑如下建议，看看它们能否帮你解决这名儿童不服从的问题。

- 年幼儿童的独立感逐渐增强，需要有自己做决定的机会。如果一个儿童在日常生活中没有得到较多的机会来做出自己的决定，那么他就会拒绝接受别人替他所做的决定。考察一下这名儿童的生活环境和成人对他的期望，思考一下他是否得到了足够的机会自己做出决定。

- 在幼儿园中，儿童遵从的规则往往反映了教师的期望和要求。这些规则应当表述简单、符合逻辑而且数量不多。思考一下你对孩子的期望，确保儿童能够理解规则，并懂得制定这些规则背后的原因。实际上，儿童也可以参与到规则的制定过程当中，当他们成为规则制定中的一员时，往往会更认真地对待规则，更可能去遵守规则。

- 同样重要的是，教师要注意不要对儿童提出过多的要求。儿童通常愿意遵从合理的要求，但是当要求太多时，他们就会变得要么公然反抗，要么消极怠工。考察一下教室环境是否能帮助孩子们遵从你提出的要求。例如，如果儿童们在教室里乱跑会导致危险发生，那么就调整教室的环境布置，让儿童无法跑起来，而不要光靠嘴巴说"别在教室里跑"。

- 此外，还有一点非常重要的是，教师应当认识到顺从并不总是一种积极的特质。我们不应该期望儿童只是按照我们的要求去做某事。实际上儿童的自信来自于个人独立的决定，而这有时不可避免地会导致他不遵从他人的决定。因此，处理儿童不服从行为的目的，应该是减少不合理的不服从行为，而不是要儿童不加区分地服从成人所有的要求。

如果上述建议都无法减轻你对这名儿童不服从行为的担忧，请继续阅读下面的办法。

目标设定

目标是使这名儿童服从合理的要求。

方法介绍

要想减少这名儿童不合理的不服从行为，其基本方法包括如下几个步骤：
- 确保环境能够支持这名儿童遵守合理的规则。
- 在任何可能的情况下，避免可能导致不服从行为的情况出现。
- 给这名儿童提供较多的机会，让他自己做出决定。
- 强化服从的行为。
- 当这名儿童出现不服从行为时，使用自我控制时间策略。

概念界定

不服从，是指儿童拒绝遵从合理的要求的行为。

基准线

在开始实施具体步骤之前，教师要花三天的时间观察这名儿童不服从行为出现的频率。每次都记录在纸上，之后进行统计和总结，以作为今后回顾、对照的依据。

实施步骤

连续三天进行观察之后，教师开始实施具体步骤。班里的每一位教师都应该遵从同样的步骤，以使干预行动保持必要的一致性。

确保环境能够支持儿童遵守合理的规则。[*] 仔细地考察环境中的各个方面，思考其是否能够对儿童遵守规则起到潜在的积极作用。可参考如下建议：

（1）审视教室的布置。教室应当明确区分出各个活动区域，并清楚地规定各区域的活动内容。教师要考虑各个区域所能容纳的儿童数量。

（2）如果游戏活动的操作材料上清楚地做了标记，并且摆放整齐、明确，儿童就更有可能在玩完材料之后将其放回原处。同样，如果材料、器材和活动是适

---

[*] 被诊断为注意力缺陷多动症（ADHD）的儿童可能由于焦躁不安、不能集中注意力而显得不服从。仔细考察环境的布置方式，使其有利于儿童遵从规则，这对患有 ADHD 的儿童来说会很有帮助。例如，教室里有时可以最大限度地减少放置使人分心的物品，促进儿童集中注意力。日常活动中的变动——如活动转换期间——对患有 ADHD 的儿童来说尤为困难。此时给予其额外的支持、鼓励和进行结构化的安排能帮助他们更好地适应。

合儿童发展水平的，很大程度上，材料本身就向儿童们传达出了应有的玩法和规则。

（3）考察日常的常规。儿童可能会感觉到没有足够的时间去参与喜欢的活动。因此，教师要确保各个时间段（尤其是室内和户外的自由游戏时间段）的时间足够长，使儿童们有机会自主选择、参加、完成一项或多项活动。

（4）考察自由游戏和教师主导活动之间是否平衡。一天中的大部分时间应该安排儿童自由游戏。当一个儿童有足够多的机会选择自己的活动时，他就会不那么倾向于拒绝成人的要求了。

（5）考察活跃的活动时间和安静的时间之间是否平衡。既不应让儿童进行过多的活动而感到疲劳，也不应让儿童花太多时间静静地坐着而使其变得焦躁不安。

在任何可能的情况下，避免可能导致不服从行为的情况出现。* 和所有与这名儿童有接触的教师一起讨论，仔细考虑你对他的要求。对他提出的要求越少，不服从的机会也就越少。

（1）在任何可能的情况下，教师要减少对这名儿童的要求。仅在绝对需要时，才对其提出要求。之后，当这名儿童不服从的行为减少后，再增加一些合理的要求，逐渐地增加，最终达到和其他儿童同样的水平。

（2）采用非言语的方式提出要求。例如，在向儿童们提出户外活动马上结束之后，教师走到这名儿童身边，抓住他的手，不说过多的话，把他拉向教室。如果儿童反抗，就使用自我控制时间策略。

（3）在适当时教师给儿童提供选择机会。不要说"把积木放回盒子"，而是说"你想先放回红色的积木，还是先放回蓝色的积木"。

（4）避免对这名儿童下直接的指令。教师的语言表达方式传达着你对儿童的尊重。"如果你……我会很高兴"，听起来比"你必须……"令人愉快得多。

（5）如果某项任务没有选择的余地，教师要仔细考虑一下你的用词。你可以创造一种游戏的氛围，例如，不要说"去饭桌前坐下来吃点心"，可以试着这样说："让我们像蝴蝶一样飞到饭桌前去吃点心吧。"

给这名儿童提供较多的机会，让他自己做决定。 尽可能多地提供机会让儿童独立决定参加什么活动、怎么活动。给儿童提供建议，让他可以坦率地回答"好"或"不好"。当儿童否定了教师的建议时，这种否定也不应该带来消极的后果。不过要记住，如果在某项活动上你不能允许儿童拒绝，就不要让他自主选择。

强化服从的行为。 每当这名儿童听从了教师的要求时，就表扬他。让他知道，

---

* 具有情感/行为问题的儿童经常带有愤怒的情绪。这样的儿童可能经常和成人发生争执。针对这些儿童，教师预先考虑好对他们的期望值，这能在很大程度上能消除争执，并有利于创造一个对儿童、成人来说都更加舒心、积极的环境。

他的表现让你很高兴、很赞赏。你可以说"谢谢！你帮老师清理东西，老师很感谢你！"或"好可爱的笑容啊！我喜欢我的小帮手这样！"这样的回应会让儿童感觉很好，并且会让他意识到你也感觉也很好。假以时日，这名儿童会认识到不服从行为不能带来任何好处，而积极的行为则会得到奖赏。

当这名儿童出现不服从行为时，使用自我控制时间策略。 以上所述的各种方法，如改变环境、提供自主决定机会、强化服从行为等，应当能够减少这名儿童的不服从行为。同样的，教师必须确保你对这名儿童提出的要求是合理的、必要的。这样，当不服从行为出现时，教师就不要纠缠于和儿童的争吵之中，而是采用如下所述的自我控制时间策略：

（1）当这名儿童拒绝听从要求时，抓住他的手，将他带到指定的自我控制室。坚定而平静地说："我不能允许你……（例如，自己待在教室外面），请待在这里一段时间，直到你准备好回到小朋友们的活动中为止。"

（2）一定要走开，在自我控制时间里不要看他，也不要和这名儿童说话。

（3）如果其他儿童走近了自我控制室，静静地把他拉开。对他这样解释："斯邦奇需要自己单独待几分钟。你可以等他回到教室以后再找他说话。"

（4）当这名儿童觉得自己已经准备好回到教室里来时，让他回来。你不要和他讲道理，因为他知道自己为什么会被隔离。为了让儿童转换到建设性的活动中，你可以建议他加入一项正在进行中的活动。当他进行适当的活动时，给予他及时的强化也很重要。

（5）如果这名儿童没有做好准备就回到了教室里，并继续表现出不服从行为，你可以对他说："我想你还没有准备好回来。"然后把他带回自我控制室。这次依旧让他自己决定准备好回到教室里的时间。

保持取得的进展

当这名儿童的不服从行为消除后，教师要减少对他的强化，让他获得和其他儿童同样多的表扬。继续考察教室的环境布置情况，以及你对所有儿童提出的要求是否合理、是否提供较多的选择和机会让所有儿童都可以自主地做出决定。

第三篇

捣乱行为

第17章

扰乱集体活动

"今天我要给大家讲一个很特别的小火车的故事。"集体活动时间,斯莱特老师打开了今天的阅读材料。小朋友们安静下来,十六张期待的面孔围成一圈面向老师。刚讲到第二句话,斯莱特老师就被一声"砰"的声音打断了。她停顿了几秒,然后又继续讲,但却有几个小朋友把头扭向声音传来的地方。当斯莱特老师讲到第二页时,在同一个地方传来了"嗤嗤"的笑声,然后紧接着是几个小朋友的低语。斯莱特老师停了下来:"布莱恩,你现在要安静地坐好听我讲故事。"

三岁半的布莱恩一扭一摆地回到自己的座位上,对斯莱特老师甜甜地笑了一下,安静地坐好,把小手放在了腿上。斯莱特老师继续讲故事。半分钟后,布莱恩旁边的儿童大叫起来:"啊!布莱恩踢我!"斯莱特老师说:"布莱恩,请你把脚收好!"布莱恩又给了老师一个微笑。

教师继续讲故事。可是布莱恩马上又扭动起来,他起身走到另一个区域——积木区架子的前面。他挤进两个小朋友中间,他们不得不移动身体给布莱恩让出地方。斯莱特老师继续讲故事,但是也给了布莱恩一个恼怒的眼神。

布莱恩慢慢地把手伸到身后,拉出了一块积木。他仔细地端详积木,然后递给了旁边的辛迪,大声地说:"看我拿了什么。"旁边坐着的一位教师说:"嘘!"布莱恩又拿了一块积木,然后拿两块积木互相敲打起来。几个儿童笑起来,很多儿童转而注视布莱恩。斯莱特老师让布莱恩立即把积木放回去,然而布莱恩仍然敲打着积木。

另一位教师站起来走到布莱恩旁边,试图拿回积木。布莱恩反抗,并且哭叫道:"这是我的积木!这是我的积木!"然后就和老师争斗起来。刚开始,所有的儿童都关注着布莱恩,但很快有一些开始互相交谈,还有几个儿童站起来走到了别的地方。斯莱特老师合上了书本,宣告集体活动结束。布莱恩越来越多地以这种方式扰乱集体活动,这让教师们都很沮丧。

行为表述

这名儿童经常扰乱集体活动,如讲故事活动、歌唱活动、舞蹈活动等。

行为观察

教师花几天时间对这名儿童的扰乱行为进行观察，以便对这种行为获得更详尽的了解。

这名儿童以何种方式扰乱集体活动？
- 和其他小朋友说话或耳语
- 嗤嗤地笑
- 说话或耳语，但并没有特定的对象
- 推、挤别的儿童
- 把玩具带到集体活动中，很大声地玩玩具
- 不停地从一个座位换到另一个座位
- 站起来，从集体活动中走开
- 在教室的其他地方很吵闹地玩其他物品

这名儿童和谁一起扰乱集体活动？
- 独自一人扰乱集体活动
- 只有他挨着某个或某几个特定的儿童时，才会出现扰乱集体活动的行为
- 他试图把其他儿童也拉进扰乱集体活动的行为当中

当这名儿童扰乱集体活动时，他通常在做什么样的活动？
- 音乐活动
- 律动活动
- 讨论
- 讲故事

在这名儿童扰乱集体活动之前发生了什么？
- 他将注意力放在集体活动上
- 他没有将注意力放在集体活动上
- 他坐立不安地扭来扭去
- 有另一名儿童吸引开了他的注意力
- 他坐在一位教师的旁边
- 他坐在离教师较远的地方
- 他坐在某一个或某几个小朋友旁边
- 观察是否有教师在看着他

在这名儿童扰乱集体活动之后发生了什么？
- 其他儿童朝这名儿童看
- 其他儿童开始笑起来

- 其他儿童加入了这名儿童的行为
- 尽管教师让他停下来,但他仍然继续扰乱行为
- 教师让他安静下来,他变得很不高兴
- 随着集体活动的进行,他的扰乱行为越来越多
- 他否认自己扰乱了集体活动

利用上面的非正式观察所得来的信息,帮助你处理该行为。

与家长合作

由于这名儿童扰乱集体活动的行为主要发生在幼儿园中,所以教师没有必要让这名儿童的家长过分地为此担忧。如果你和儿童的家长会面,可以告诉他们这名儿童存在扰乱集体活动的行为,但同时也告诉他们你和其他教师正在采取措施处理这一行为。当儿童的扰乱行为减少并最终消失时,教师要告诉其家长你们的策略收到了成效。

行为影响

在课程当中设置集体活动有着多种原因。首先,集体活动可以用来增进、强化教师在课程的其他部分所教授的技能和概念。其次,集体活动可以促进儿童对音乐、文学、舞蹈的欣赏。最后,集体活动为儿童提供了练习集体性社会行为的机会,如安静地坐好、聆听、轮流等待、在集体中顾及其他小朋友的感受等。这些行为是逐渐习得的,但当儿童们进入到较高的班级或小学时,他们应当能够掌握这些必要的技能。

对于年幼的儿童来说,集体活动一般只有几分钟时间。随着他们年龄的增长,集体活动时间也随之延长。但是无论其持续时间多长,教师都应当设法使集体活动足够新颖、有趣,以吸引所有儿童的兴趣。

教师们设计的集体活动能够达到多个目的,一旦这些活动被扰乱,则会令人十分沮丧。扰乱集体活动的行为不仅干扰了这名儿童本身,同时也干扰了其他儿童。教师也会很受挫、很气愤。扰乱集体活动的儿童会觉得自己的行为可以吸引很多注意力——教师会向他说话、坐到他的身边,或者每当他说话、推人、发出噪声时教师就会给予他关注。这名儿童会觉得成人对他的回应(即使这些回应是负面的),比起集体活动来也要有趣得多。很不幸地,当所有教师试图阻止这名儿童时,他反而得到了更多的强化。他的扰乱行为越多,教师的反应就越强烈,他就会愈加意识到扰乱行为可以带来教师的关注。

行为分析

教师认真地思考一下通过非正式观察所获得的信息，看看是否有一些简单的方法可以解决这一问题。

- 由于在集体活动中教师要同时指导相对比较多的儿童，因此组织起来很不容易。集体中的每个小朋友都有各自的兴趣、能力，他们能够集中注意力的时间长短也不同。教师要考虑一下集体活动是否能够激发儿童的兴趣，或者某个（某几个）儿童是不是因为集体活动让他（们）感到很无聊才引发了扰乱行为。教师可以转变一下节奏，进行新的活动，扩展活动的形式，或缩短集体活动的时间。如果集体活动通常是玩两遍手指儿歌游戏、读一段故事书，那么教师可以试着变化一下：口头讲一段故事而不是看着故事书读，使用大画板进行展示而不是书本，或是让儿童表演一段家庭故事，也可以是听音乐、跳舞、循环讲故事，或者让儿童自己讲故事你将它写下来。在一些参考书上，你可以找到很多开展集体活动的方法。通过进行适合儿童年龄的活动，掌握好重复性和新奇性的平衡，控制好集体活动的时间，教师就能抓住儿童的兴趣。

- 如果儿童的注意力集中的时长、兴趣点相互差异很大，那么组织统一的集体活动就会非常困难。此时教师可以将班级进行同质分组，拆分成两到三组，让兴趣和能力接近的儿童在一起活动，每组由一位教师负责。这样集体活动就能更加适合每个幼儿。

- 如果这名儿童只有在和某个或某几个特定的小朋友坐在一起时才会出现扰乱行为，那么就把他们分开。教师可以为所有的儿童安排座位，例如，可以把儿童的姓名按照座次写在一张大卡片上，让儿童自己寻找对应的座位。如果你想把两个儿童分开，可以对他们说："今天我想和你们两个坐在一起，能不能分开一点，让我坐在你们中间呢？"

- 考察集体活动的地点，看看是否有一些容易导致儿童分心的物品。如果是这样的话，考虑将这些物品移走，或是换个地方进行集体活动。

- 考虑安排集体活动的时间。如果儿童已经进行了一个比较安静的、比较结构化的或要求他们坐着进行的活动，那么他们在接下来的活动中可能不会继续安静地坐着。教师要重新调整一下活动常规安排，让安静的活动和活跃的活动交替进行。

- 有一些儿童不能安静坐着保持注意力集中的原因可能在于他们没有能力将注意力集中足够长的时间。因此必须弄清楚这名儿童扰乱行为的原因，是因为他喜欢因此被成人、同伴注意，还是因为他本身没有能力安静坐好、

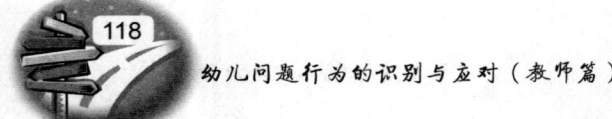

集中注意力。如果教师怀疑某个儿童注意力能够集中的时间非常短，才导致他出现扰乱行为，可以跳过本章余下的内容，直接阅读第44章。*

如果上述几条建议无法帮助教师来减少这名儿童扰乱集体活动的行为，那么请继续阅读以下策略。

目标设定

目标是让这名儿童停止扰乱集体活动的行为。

方法介绍

要想消除这名儿童扰乱集体活动的行为，其基本方法包括三个步骤：
- 考察和重新规划集体活动，最大限度地激发这名儿童的兴趣。
- 对集体活动中的适宜行为进行强化。
- 如果给予一次警告后这名儿童仍然出现扰乱行为，就让他离开集体活动。

概念界定

扰乱集体活动，是指儿童故意制造噪声或通过其他干扰方式来扰乱集体活动的行为。教师们应当一同鉴别这种行为的具体表现，以便在何为扰乱行为这个问题上能统一认识。

基准线

教师的目标是消除这名儿童的扰乱行为，而达到这一最终目标之前，首先要延长其扰乱行为出现的时间间隔。在开始采取行动之前，教师要弄清楚这名儿童扰乱行为出现的频率、在集体活动中出现的时间早晚。记录下扰乱行为在集体活动开始后多长时间出现（集体活动开始的时间以指导教师开始活动的时刻为准）。如果可能的话，也记录下第一次扰乱行为后教师继续进行集体活动，到第二次扰乱行为之间过了多长时间。观察至少两天的时间，收集上述信息。只针对这名儿童出现了扰乱行为的那些集体活动进行记录，然后以这些记录为基础开展干预工作。

实施步骤

在收集了至少两天的信息后，教师就可以开始实施具体步骤了。在此过程中，

---

* 有一些有特殊需要的儿童在集体活动中可能会遇到困难。例如，有认知缺陷或注意力缺陷多动症（ADHD，简称多动症）的儿童可能缺乏一些能力导致他们无法参与集体活动。为这些儿童提供别的选择，调整活动以满足他们的需要，或把大组拆分成2～3个小组，会对他们有所帮助。具有视觉或听觉障碍的儿童可能由于接收不到一些重要的视觉、听觉信息而失去对集体活动的兴趣。教师必须意识到这些儿童的能力和局限，并做出必要的调整。

第17章 扰乱集体活动

所有教师应当保持步调一致。

考察和重新规划集体活动，最大限度地激发儿童的兴趣。仔细地考虑你所安排的集体活动。观察每个儿童的反应，看他们是表现出快乐、有兴趣的样子，还是无聊、分心的状态。如果有一定数量的儿童没有参与到集体活动中去，那么教师就应该做出必要的调整，包括：活动内容、活动形式、活动时间的长短。

对集体活动中的适宜行为进行强化。在实施干预的整个过程中，教师在集体活动中要坐在这名儿童的身边，这对保证干预的成功很重要。让另一位教师组织集体活动，以便你能够相对自由地关注这名儿童。当他安静地坐好并且保持注意力时，尽量不引人注意地给予他强化。你转过身来给他一个微笑，或者在他的耳边说："如果你坐好不动，就能一点不落地听到整个故事。这是个很好的故事"，或者用你的胳膊环绕着他，抱一下他，让他知道你对他的行为感到满意。

教师开始实施干预的初期，要频繁地进行强化。从你的观察和记录中，可以知道这名儿童扰乱行为出现的频率，你可以由此确定强化的频率。如果扰乱行为平均两分钟发生一次，那么就对其适宜的行为给予一分钟一次的强化。如果扰乱行为每十分钟出现一次，那么就给予五分钟一次的强化。当这名儿童不扰乱集体活动时，教师要夸奖他。

当扰乱行为减少时，逐步地减少强化次数。当扰乱行为停止出现时，强化也可以完全终止。但是口头的夸奖要继续下去。教师可以说："哦，今天你们每个人都听得很认真！"

如果给予一次警告后这名儿童仍然出现扰乱行为，就让他离开集体活动。* 在你开始干预的第一天，在进行第一次集体活动之前，和这名儿童进行一次友好的谈话。告诉他你对他扰乱集体活动的行为感到忧虑并告诉他你为什么忧虑。然后告诉这名儿童如果将来这种行为再次出现会带来什么后果——你会给予警告，如果警告后，他再次扰乱集体活动，他就会被带离集体活动。你可以和儿童约定一个表示警告的信号，例如你举起手看着他。但是，要突出你对他的积极期望，让他知道你会帮助他停止扰乱行为。在开展集体活动的过程中，坐在这名儿童的身边，给予他间歇性的强化。如果这名儿童出现了扰乱行为，教师可以进行如下的步骤：

（1）当第一次扰乱行为出现时，你可以以平静的口吻对这名儿童说："你不能……（具体指出他的不当行为）。下次你再这样的话，就要离开这个教室。"

（2）如果这名儿童停止了扰乱行为，在他集中注意力时间达30秒钟后给予他

---

* 要确保你对这名儿童参与集体活动提出的要求对他来说是适当的。具有认知缺陷或注意力缺陷多动障碍的儿童可能没有能力参与集体活动，你应当为他们安排另外的活动。你的要求应当适合每一个儿童的发展水平。

表扬。

（3）如果这名儿童再一次出现了扰乱行为，你站起来，让这名儿童也站起来，尽可能安静、迅速地将他带离教室。走出教室后，到一个安静的区域，让这名儿童坐在你事先放好的椅子上，说："在集体活动结束前，你必须待在这里。"你可以在等待时拿本书看。如果有另一位教师可以照顾这名儿童，你可以回到教室。而那位教师应该事先了解状况，知道这名儿童在这段时间该做什么、不该做什么。

（4）当集体活动结束时，让这名儿童回到班级中去。不要对他说教和责骂，简单地说一句："你现在可以回去了。"

保持取得的进展

每过一段时间，就告诉这名儿童你对他在集体活动中的表现感到满意。继续考察你安排的集体活动，保证这些活动对班里所有的儿童来说都是适宜的、符合他们兴趣的。这名儿童可能偶尔还会出现扰乱行为。如果是这样的话，轻轻地告诉他，他在打扰整个班级，如果再这样的话他必须离开教室。

第 18 章

擅自离开教室

"科斯格罗夫哪儿去了？有人看见科斯格罗夫了吗？"教师们迅速扫视了一下教室，互相对视了一下摇摇头，然后特纳老师走出教室，沿着走廊去找科斯格罗夫。在放衣服的小房间里，他找到了正闷闷不乐地坐在那里的4岁的科斯格罗夫。特纳老师蹲下来平视着科斯格罗夫，说："嗨，科斯格罗夫，我们都想你了。你怎么到这里来了？"科斯格罗夫没有回答。

"科斯格罗夫，你知道吗？我们要把昨天寄来的新拼图拿出来玩了。你想玩哪一块儿？"没有回应。"有带消防车的，有带北极熊的，还有一个带《芝麻街》里的人物的，你想玩哪一个？"科斯格罗夫仍然没有回应。

"来吧，科斯格罗夫，我们回教室里面去吧。抓住我的手。"科斯格罗夫把自己的手压在腿下面。教师哄了科斯格罗夫几分钟后，和他一起回到了教室。过了半个小时，科斯格罗夫又跑了出去。

他这种频繁地离开教室的行为已经出现几个月了。教师们试过了各种办法，包括耐心地哄、表达他们的失望、和科斯格罗夫谈话，但都没有效果。当科斯格罗夫第一次跑出教室时，他表现得好像把这当成一种无聊时的游戏，一边笑一边逗弄教师，当教师试图抓住他时他又从教师身边跑开。但是过了一会儿，教师们就会被他一遍又一遍的此类行为弄烦，而科斯格罗夫的反应就变成了撅嘴不高兴，就像他展示给特纳老师的那样。教师们对如何对付科斯格罗夫的这种行为感到束手无策。

行为表述

这名儿童在没有正当理由的情况下频繁地离开教室。

行为观察

教师要花一些时间对这种行为进行观察，以便更好地了解这名儿童离开教室的时间和原因。

这名儿童通常什么时候离开教室？
- 无法预测，随时

- 当他刚到幼儿园时
- 在一天中的晚些时候
- 在参加某个特定的活动之前
- 在集体活动时间里
- 在自由活动时间里
- 在活动间的过渡环节

在这名儿童离开教室之前发生了什么？

- 他没有参与活动
- 他独自进行游戏
- 他和另一个儿童或另一组儿童一起玩
- 他口头表示自己不喜欢某项活动
- 教师或其他小朋友对他说了"不"
- 他正在教室里漫无目的地闲逛
- 他和另一个小朋友发生了争执
- 他无法完成一项任务
- 他哭叫并要找他的爸爸妈妈

在这名儿童离开教室时发生了什么？

- 在离开教室前他观察是否有教师在看着他
- 他说自己要离开教室了
- 他悄悄地离开教室
- 他鼓励其他小朋友和他一起离开教室
- 当教师要求他回到教室时，他会变得不高兴
- 当教师要求他回到教室时，他会笑
- 当教师试图抓他回去时，他会故意让教师追他
- 他自己回到教室

在他离开教室后，他会去哪里？

- 就待在教室门口
- 待在离教室不远的地方
- 会去幼儿园的餐厅
- 会去操场
- 会离开教学楼
- 会到街上去
- 会往家的方向走
- 会去一个特定的地方（如附近的一个公园或商店）

利用上述观察得来的信息帮助你消除这名儿童离开教室的行为。

与家长合作

这名儿童经常离开教室的行为应当引起教师的关注，因为他也可能会离开幼儿园而跑到外面去。因此，教师应当尽快和这名儿童的家长联系，讨论你对他这一行为的担忧，尤其是在你有机会通过观察获取更多信息之后。看看这名儿童是否在其他场所也有自己跑掉的情况发生。如果是这样，问问他的家长是如何处理的。如果这种行为仅仅发生在幼儿园里，和他的家长一起集思广益，商量要采取的应对办法。在教师开始采取措施后，一定要和这名儿童的家长保持联系，让他们知道你取得的每一点进展。

行为影响

这名儿童可能由于两种原因而离开教室：第一，他是真心想到另一个地方去；第二，他是为了获得关注。如果这名儿童真的只是想到另一个地方去，那么你应该考虑如何让他在教室里也能高兴起来。如果他是在寻求关注，那么这就是本章所讨论的内容。像其他任何一种寻求关注的不适宜行为一样，这名儿童认识到了当他离开教室时，他就能够获得教师们的关注。

幼儿园的教师有责任在儿童家长不在时照看儿童。当某个儿童脱离了教师的视线，就有发生意想不到的事情的危险。所以，当有儿童离开教室时，教师们都会做出快速的反应。他们会第一时刻追赶跑掉的儿童并把他带回教室。正是这种反应强化了这名儿童的行为。每次当他为了寻求注意而离开教室时，教师们对他的追赶、交谈、哄劝、陪同，都强化了他的这种行为。这样就形成了一个恶性循环，导致这种行为非但没有消除，反而愈演愈烈。

行为分析

在决定改变这名儿童的行为之前，教师要考虑一些简单的办法是否能解决问题。仔细考虑如下的建议：

- 这名儿童走出教室可能只是由于门是开着的。把门关上，可能就解决问题了。
- 这名儿童可能由于不想待在教室里而走出去。如果是这样，他应该会在其他时候显示出不高兴的迹象。例如，一个刚刚入园不久的儿童可能不愿意待在幼儿园里。当他知道他的家长离开教室以后，他也会想跟着离开。
- 如果幼儿园不能为这名儿童提供足够有挑战性的活动和材料，他就可能会找其他的事情让自己忙起来。离开教室，对他可能意味着一种探究，或是

更能令他兴奋。仔细考察你对教室的布置和你所安排的活动内容，看看它们是否适合了儿童的能力和兴趣。在课程中加入更新颖的、更能激发儿童活力的活动。如果这名儿童在教室里能找到足够多的兴趣点，那么他就不需要到外面寻找刺激了。

- 如果这名儿童的衣服和一些私人物品被放在教室外面（如走廊或入口处），这名儿童可能因为要拿这些东西而走出教室，尤其是当某些物品能带给他安全感时。如果是这种情况，可以让儿童拿着这件能给他安全感的物品，直到他不再需要这种外在的安全感时，再把物品放回室外。
- 这名儿童可能由于好奇而走出教室。他可能会问一些问题，从而表现出这一点。你可以安排一次幼儿园游览活动，这种活动既丰富了你的活动安排，又能够满足儿童的好奇心。

如果上述方法均不能奏效，你可以继续阅读下面的具体方法。

目标设定

目标是让这名儿童停止在不适当的时间走出教室的行为。

方法介绍

为了改变这种行为，其基本方法包括如下五个可同时进行的步骤：
- 教室的环境布置和活动安排要能够吸引这名儿童留在室内。
- 任何时候都要防止这名儿童离开教室。
- 表扬这名儿童参与室内活动的行为。
- 给这名儿童提供正当离开教室的理由。
- 可能的情况下，忽视这名儿童离开教室的行为。

概念界定

擅自离开教室，是指儿童在没有正当理由的情况下离开教室的行为，且这种行为会反复、频繁地出现。

基准线

教师要了解这名儿童离开教室的行为出现的频率，以便检查自己的干预是否取得了效果。你可以花三天的时间，数一下他在不适当的时候离开教室的次数，并在纸上加以记录。

实施步骤

教师可以实施如下的方法。在此过程中，班里的所有教师都要尽量保持步调一致。

教室的环境布置和活动安排要能够吸引这名儿童留在室内。给儿童一个充分的留在教室里面的理由。如果教室里能够提供足够多的兴趣点、挑战和刺激，就能很容易地使儿童留在室内。教师可以考虑如下办法：

（1）可能的情况下，设立一个新区域，或是对之前的区域进行改造以适合新的活动目标。教师可以添加一个科学活动桌，一个烹饪区，一个音乐区，或是一个感官活动区。同样，你也可以把原来的"娃娃家"改造成一个假想的飞机场、商店，或是饭馆。

当重新对教室进行安排时，一定要考虑采取一些防止儿童离开教室的措施。教师可以坐在离门口近的地方。离门最近的区域，应当包含最吸引人的活动内容。另外，可以考虑在门附近放一张桌子，并在那里开展活动。

（2）教师要确保教室里的物品能引起儿童的高度兴趣。如果幼儿园中的各种材料和物品是循环流动的，那么就为你的教室增加一些新的物品。材料应当是适合儿童能力的，并且有足够的数量让每个人都有机会得到。同时考察存放这些物品的地方。教室里的物品应该以吸引人的方式予以展示，摆放得整整齐齐，并且容易拿到。

（3）也可能是时候设计一些新的活动了。提到课程设计，教师们可能会很快变得没有想象力。为了得到一些新的点子，你可以去查阅很多学前游戏活动的书籍。在活动中加入新的想法后，无论是教师还是儿童都能体验到新的乐趣。

（4）可能日常常规也需要变化一下了。重新安排每日活动的顺序，延长或缩短活动的时间长度，增加或减少活动的数量。要注意到，开学以来的这段时间，儿童们已经发生了变化。他们在慢慢长大，学习到了很多新的知识，增加了新的体验。

班里的所有教师应该一起讨论这些建议。但这并不是说要对教室和活动安排两三周一变，这些措施是针对两三个月甚至更长时间都没有变化过的情况。周期性的变化是令人兴奋的，但是过于频繁和迅速的变化则会把人搞糊涂。

任何时候都要防止这名儿童离开教室。有几个措施可以有效地防止这名儿童离开教室。只要教师保持警觉，将这名儿童离开教室的行为扼杀在摇篮之中是可以做到的。

（1）让教室的门一直关着。这样，你就在教室内外之间设置了一道屏障，让试图离开教室的儿童会多花一些时间。

(2) 设置一些提示装置，当有儿童要离开教室时给自己以提醒。例如，在门的顶部装一个铃铛或其他信号装置，当有人开门时，铃铛就会响起来。当你在门不该被开启时听到了铃响，就要迅速地察看一下门口。*

(3) 无论是在结构化还是在非结构化的活动期间，教室里都应当有一位教师待在离门不远的地方。这名教师扮演双重的角色。他要参与正在进行的活动，同时也要盯住经常跑出教室的儿童。

(4) 从非正式观察中，你应当已经了解到这名儿童经常离开教室的时间，以及在这之前他通常在做什么，留意这些征兆。如果他跑出教室前通常是在漫无目的地游荡，就帮他参与到某项活动当中。如果他常常在生气时或感到受挫时离开教室，那么就帮助他更有效地应对这些消极情绪。

(5) 如果这名儿童已经走到了门口并准备走出去，制止他。用你的双臂环绕住他，关上门，把他带回到教室。告诉他你想让他选择一项活动，并帮他参与到这项活动中去。如果他挣扎，教师要温和而坚定地抓住他，直到他平静下来。不要长篇大论地说教，只是简单地说："你不能出去。"

(6) 如果这名儿童经常在集体活动期间跑出教室，教师需要采取另外的方法。应该有一位教师在集体活动期间和这名儿童坐在一起。让这名儿童坐在教师的腿上，或是旁边。如果他试图走开，教师应该温和而坚定地控制住他，直到他停止挣扎。（如果这名儿童经常性地扰乱集体活动，请参阅第17章）

表扬这名儿童参与室内活动的行为。 采取这些策略的目的在于让这名儿童待在教室里面，并积极地参与活动。让他知道如果他这样做了你会很高兴。通过经常地强化他来让他明白这一点，你可以口头表扬他、朝他微笑、轻拍一下他，或者给他一个拥抱。当这名儿童减少了试图离开教室的行为后，逐渐地减少强化次数，直到你表扬他的频率和其他儿童一样多为止。

给这名儿童提供正当离开教室的理由。 让这名儿童知道离开教室必须有正当的理由，同时必须经过教师的批准。教师可以分配给这名儿童一些到办公室或另一个教室跑腿的任务。让他担负一些责任，可以帮助他体会到自己是重要的、教师是信任他的。应当在他试图跑出教室的至少一个小时后才能给他安排这样的任务，而且当天他曾经老实地待在教室里并且积极地参与过活动。

是否给儿童布置跑腿的任务取决于环境设施。考察一下幼儿园的建筑和环境，确保此类任务对儿童来说是适宜的、安全的。不应该派两岁的和刚满三岁的儿童单独出去。大一些的幼儿喜欢担负这样的责任，并且是值得信任的。

组织班级活动，是另一种正当地离开教室的方式。你可以定期地带儿童参观

---

* 具有认知缺陷的儿童可能无法理解教室安全规则。类似于铃铛这样的听觉提示对这样的孩子有特别的帮助作用。

第18章 擅自离开教室

别的班级、沿着幼儿园的建筑绕行，或者去参观厨房。

可能的情况下，忽视这名儿童离开教室的行为。前面所提到的预防措施应当能消除或者在很大程度上减少儿童离开教室的行为。但是，这名儿童可能偶尔还会离开教室。根据你所在幼儿园的环境设施，你可以在以下两条中选择适当的办法：

（1）在可能的情况下，忽视这名儿童的行为。如果这名儿童之所以离开教室是为了寻求教师的关注，那么给他的关注则越少就越好，甚至可以忽视此类行为。为此，教师要事先采取一些安全性的预防措施。不能让他离开幼儿园。当他离开教室后，在楼里的其他地方应当有教师可以监视他。要提醒其他班级的教师、办公室行政人员、厨房工作人员，请他们留意这名儿童，并小心地给予监视，直到这名儿童自己回到教室。此时不要和他说与此事有关的话。告诉他现在可以做什么活动，在他参与到这些活动中几分钟后，对他进行表扬。

（2）如果出于安全原因，你不能让这名儿童离开教室，就要加倍实施预防措施。如果他偶尔离开了教室，教师要跟随着他，以最小的惊扰、最少的关注，将他带回教室。在此过程中，你不要和他有目光的接触。进到教室后，告诉他："你不能离开教室，因为你自己待在外面不安全。"如果他挣扎，就温和而坚定地抓住他，直到他停止挣扎。帮他找到一项可以参与的活动，等他参与其中后给予表扬。

继续记录这种行为。教师每天都要记录这名儿童实际离开教室的次数，以及他试图离开的次数。班里的所有教师一起确定"试图离开"的定义和标准，例如，这名儿童试图开门就可以算是一个例子。因为预防性的措施应该能消除或接近于消除这名儿童离开教室的行为，所以你应该把"试图离开"的行为也算进来。直到这名儿童自愿待在教室里，你的目标才算达到。如果只记录他确实离开的次数，你可能得不到准确的信息。

确实离开教室的次数应该是很少的，如果发现有很多，你需要检查一下你所采取的那些预防性的措施。当这名儿童的这种行为在好几天的时间内都保持为零时，就可以认为你的干预取得了成功，然后停止干预。

保持取得的进展

继续对这名儿童参与教室活动的行为给予表扬。同时继续考察教室环境，确保其尽可能地激发这名儿童的兴趣。当这名儿童对幼儿园活动感兴趣时，他就不会再有离开教室的心理需求了。

第19章

在教室里漫无目的地乱跑

现在是自由活动时间。教师们准备好了活动材料,向儿童介绍了几项活动。之后,儿童们选择了各自想去的区域,然后就开始玩起来。3岁的西尔维亚走向了画架。她拿起一支浸透了颜料的画笔,迅速地在纸上画了一道竖线。随后,她又重复画了一道线,颜料顺着纸流下来滴到了地板上。西尔维亚把画笔放回笔筒,把罩衫一甩,叫道:"老师,我画完了!"

她走向积木区,看了几秒钟,然后又来到了手工桌前。几个小朋友正在上面做手工。她捡起了一张拼图,把上面的拼块都倒了出来,然后就走开了。随后,她快速地扫视了一下教室,跑向了洗手间。她很快地又冲出来,跑回艺术区。就这一会儿功夫,西尔维亚在教室里跑来跑去,分散了其他小朋友们的注意力,打扰了他人的游戏活动,碰倒了吉米小心搭起来的积木塔。

安德森老师叹了一口气,漫无目的地在教室里跑来跑去——这真是典型的西尔维亚的行为表现。安德森老师抓住了西尔维亚,说:"不要跑来跑去了,西尔维亚。你要找点事情做。"西尔维亚笑着,走到了积木区。半分钟之后她又开始乱跑了。安德森老师再次要求她停止乱跑,但效果仍然只维持了几秒钟的时间。

第三次,戈麦斯老师抓住西尔维亚的手臂控制住了她,说:"来,西尔维亚,我们给你找点事情做。"他拉着西尔维亚的手来到了沙桌前。戈麦斯老师给她拿了几个小工具,在随后几分钟的时间里,他都站在西尔维亚旁边看着。然后戈麦斯老师离开了沙桌。过了没一分钟,西尔维亚又开始跑了。教师们都很生气,无论他们怎么做,西尔维亚依然我行我素。

行为表述

这名儿童漫无目的地在教室里乱跑,不参与教师组织的活动。

行为观察

教师要观察该儿童几天时间,以更好地了解其行为。
这种行为通常什么时候会出现?
- 在预设的活动时间

- 在自由活动时间
- 在集体活动时间，例如讲故事、讨论，或音乐活动
- 在整理清扫时间
- 在活动间的过渡环节

是什么引发了这名儿童的这种行为？

- 她完成了一项活动
- 她在和某一个或某几个特定的儿童玩
- 某一个或某几个儿童拒绝她参与他（们）的游戏
- 她无法完成某项任务
- 教师让她去做些事
- 不喜欢教师预设的活动
- 希望得到教师的帮助或关注，但教师没有注意到她

当这名儿童出现这种行为时发生了什么？

- 她会张望是否有教师在看着她
- 她就在某一个或某几个教师身边跑来跑去
- 她试图让其他小朋友也加入她
- 她随机地在各个区域之间跑来跑去，或是遵循一个特定的常规路线
- 她在教室里跑时发出很大的声音
- 她静静地在教室里跑
- 当有教师试图激发起她对某项活动的兴趣时，她会给予回应

这些初步的观察可以为教师提供这名儿童乱跑行为出现的时间、原因等方面的信息。教师可以利用这些信息，实施干预计划。

与家长合作

在教室里漫无目的地乱跑、打扰教室里正在进行的活动，这种行为主要出现在幼儿园里，所以它对教师来说是一个非常具有挑战性的问题。你可以在不让家长过分担心的情况下，自己着手处理这种行为。如果在日常的家长会上遇到了这名儿童的家长，你可以告诉他们你正在努力减少这名儿童的这种行为，好让她更好地参与到幼儿园活动当中。如果家长知道了此事，你就要及时告诉他们你在改进这名儿童的这种行为方面所取得的成果。

行为影响

捣乱行为通常是儿童出于对关注的需要才表现出来的。儿童表现出捣乱行为，如漫无目的地乱跑，就好像在说："嗨，看我！"出于某种原因，这名儿童觉得自已没有从教师那儿得到足够多的关注。她的适当行为可能没有得到足够的强化，同时她发现当她捣乱时教师们就会关注她。每当她在教室里乱跑时，就会有教师对她说话，试图阻止她、责备她，并试图吸引她参与某项活动。在教室里乱跑的行为会为她带来教师的关注。如果教师没有及时给她这种关注，她的捣乱行为就会升级，以激发教师的回应。教师此时往往会给她以回应，结果却强化了她的行为，导致了事与愿违的结果，即教师越是努力地阻止她，这名儿童所表现出的乱跑行为就越多。通过非正式的观察，教师也可能会发现这名儿童保持注意的时间非常短，导致她不能长时间地持续参与某项活动。如果是这样的话，就请参阅本书第44章。本章所关注的是儿童为了寻求教师的关注而出现的乱跑行为。

行为分析

捣乱行为经常是教室环境作用的结果。教师在尝试着改变这种行为之前，要仔细考察一下教室的环境，看是否存在一些潜在的问题导致儿童出现捣乱的行为。

- 严格地考察一下教室的环境安排。教室环境的布置取决于教室的形状、大小，以及可利用的设备和器材。同时它也要和班里儿童的年龄、数量、兴趣、特殊需要相联系。考察一下教学设施的摆放位置、物品的存放空间、器材的摆放方式。开放的空间会引发儿童乱跑的行为。没有进行很好规划的兴趣区不利于儿童参与规定的活动，会导致频繁的捣乱行为出现。班里的所有教师都应当参与到关于教室环境布置的讨论中来。

- 在教室里乱跑等捣乱行为出现的另一个原因是，儿童没有可参与的活动和可操作的材料。如果活动过于困难，儿童会感到灰心丧气；如果活动过于简单，儿童会觉得无聊。如果没有足够多的活动材料给每个人，他们也会有受挫感。他们可能会自己想出消遣的办法，那就是捣乱。仔细考察教室环境是否适合儿童的发展水平、需求和兴趣。如果班级中只有这一名儿童在此环境内有捣乱行为，可以考虑她是否更适合去另一个班级。*

如果班级环境中没有什么方面看起来是引起这名儿童捣乱行为的原因，那么教师可以继续阅读下面的具体方法。

目标设定

目标是让这名儿童停止漫无目的地在教室里乱跑的行为，去参与教室里当时正在进行的活动。

---

* 当某个儿童的发展水平与班里其他儿童存在差异时，教师要确保教室里有适合其发展水平的活动和活动材料以激发他的兴趣。

第19章 在教室里漫无目的地乱跑

方法介绍

要想消除这名儿童漫无目的地在教室里乱跑的行为，其基本方法包括如下三个可同时进行的步骤：

- 布置教室环境，尽可能地抑制此类行为发生。
- 当这名儿童积极地参与活动时，给予其强化。
- 忽视其可能出现的乱跑行为。

概念界定

在教室里漫无目的地乱跑，是指儿童在没有明确的目标的情况下在教室里乱跑，而不参与游戏或活动的行为。

基准线

为了了解这名儿童这种行为平均出现的次数，教师要花三天的时间数一下次数。如果此行为只在一天当中某一段特定的时间段而不是全天出现，就选择这段特定的时间来进行计数。在三天时间里都只在这段特定时间记录，把观察结果记录在纸上，以记录的信息为基准线，用以评估你的干预所取得的效果。

实施步骤

在连续三天的观察结束后，开始实施下面的步骤。班里的所有教师都应该遵从这些步骤。

布置教室环境，尽可能地抑制此类行为发生。 应让所有的教师共同讨论如何更有效地布置教室环境，目的是消除所有笔直的、空荡荡的区域。不要挡住出口或是在走道上设置小的障碍，而是要利用家具和材料来有效地分割空间，明确空间的用途。

下页的两幅图展示了同一间教室内不同的家具摆放方式。在 A 图，儿童可以在房间内随意跑动。尽管家具是按照兴趣区域摆放的，但是围绕在旁边的区域却没有区分得很清楚。这样在一个区域活动的儿童很容易会打扰到另一个区域的儿童。这些问题在 B 图得到了解决。家具的布置占据了教室中间而不是边边角角的很多空间，因此儿童可以跑动的空间就大大减少了。兴趣区域做出了很好的区分。每一个区域都对自己所包括的空间做出了规定。儿童在里面活动时不必互相干扰。

如果有儿童每天花过多的时间在教室里漫无目的地乱跑，而不是积极地参与活动，你首先应该仔细地考察教室环境。将其重新布置，以最大限度地促进你所期望的儿童行为出现。当你改变教室环境后，继续对其做出评估并进行适当的调

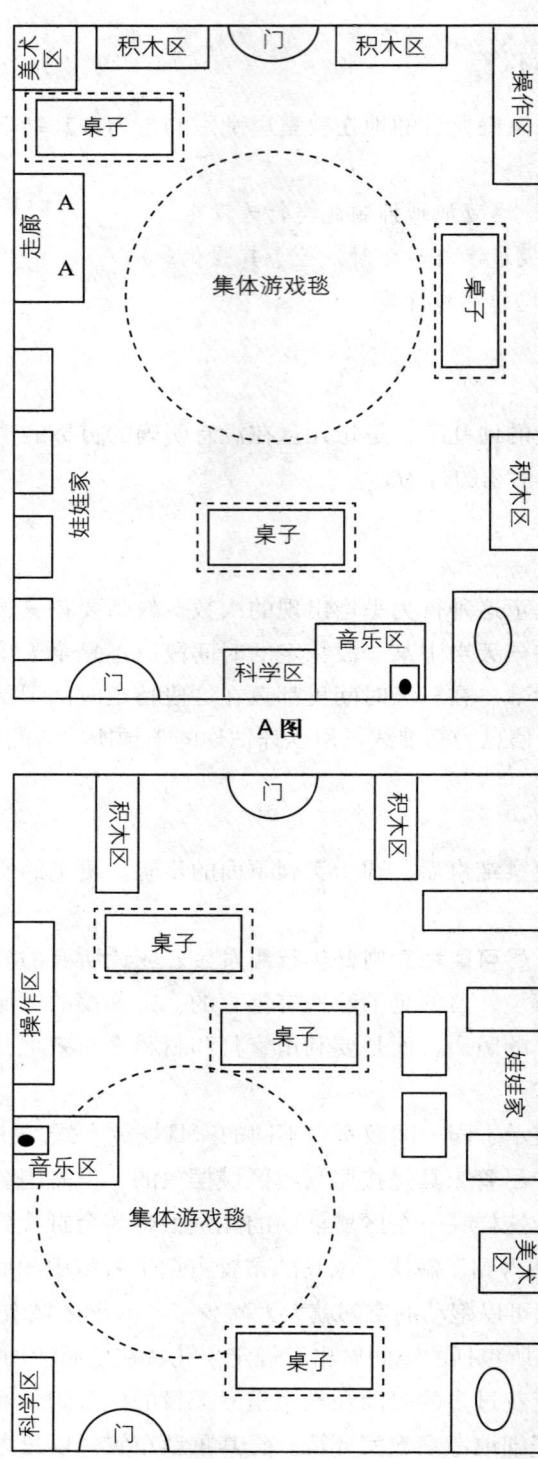

A 图

B 图

整。教室的布置没有所谓的对错之分，但却有优劣之别。

当这名儿童积极地参与活动时，给予其强化。如果教师想让这名儿童停止乱跑，让她能够积极地参与活动，那么就要对她的积极行为进行强化。无论何时，只要这名儿童积极地参与了活动，就告诉她你为此感到很高兴。表扬她的社会化的活动、她在任务中的表现、她的技巧、她的作品，或任何其他适宜的东西。根据时间调整你的强化频率，以使其达到最好的效果：

（1）最初，每次看到她积极地参与活动时，都给予表扬。当她能持续地参与活动时，每两分钟就给她一次强化。

（2）当她减少了乱跑的行为、增加了参与活动的行为后，逐渐地减少表扬的次数。

（3）最终，当这名儿童的表现达到了你的目标后，减少强化的次数。让表扬这名儿童的频率降到和表扬其他小朋友的频率相同的水平。

忽视其可能出现的乱跑行为。因为乱跑行为在很大程度上会打扰班级活动，所以要想忽视这种行为是很困难的。然而，所有的教师都对其进行忽视是很重要的。在采取忽视策略的最初的几天里，这名儿童的这种行为可能会比往常更多。这名儿童可能正在等待她平常从教师那里能得到的关注。但是一旦她意识到乱跑的行为不会再带来强化后，这种行为就会迅速地消失。

保持取得的进展

教师要继续对涉及这名儿童这种行为的教室环境进行评估，即使在这名儿童的乱跑行为消失之后也应如此。继续定期地让所有儿童知道你赞赏他们的适宜行为。这些措施应该能防止这名儿童将来继续出现乱跑行为，因为她会逐渐意识到这种行为不会带来任何关注。

第20章

在教室里乱喊乱叫

"啊……"一声尖利的叫喊穿透了教室上空,盖过了班上其他儿童发出的声音。"停下来,查尔斯!"一位教师说道。另外两位教师扭头朝边叫边做鬼脸的查尔斯看去。查尔斯朝他们笑了笑,然后继续玩他的游戏。几分钟过去了,查尔斯又像"人猿泰山"一样叫了起来,之后很快又发出了简直能让人耳鸣的尖叫。

教师们要么叹气,要么捂住耳朵、严厉地看着他,对他说:"停下来,查尔斯!""查尔斯,你吵到了所有的人!"查尔斯,个头比其他同龄的4岁小朋友小但却聪明伶俐,也很爱说话。自从开学两个月以来,他就不停地制造噪声扰乱课堂活动。他的这种行为主要是在班级开展室内活动、讲故事活动、唱歌活动以及集体讨论时出现。查尔斯的捣乱行为让教师们很是困扰,也扰乱了正常的课堂秩序。

行为表述

这名儿童在不适当的时间在教室里制造出巨大的、不必要的噪声。

行为观察

教师要花一些时间对这种行为进行非正式的观察,以便对这种行为获得更多的了解。

这种行为通常何时会发生?

- 在一天的任何时候
- 在儿童们应当保持相对安静时
- 在户外活动期间
- 在室内
- 在自由活动期间
- 在集体活动时间,如唱歌、讲故事、跳舞或讨论活动
- 在午睡或休息时间
- 在活动间的过渡环节

是什么引发了他的这种行为?

- 教室里比较安静
- 教室里比较吵闹
- 他在独自进行游戏活动
- 他在参加一个社会性游戏
- 他在进行自发的角色扮演活动
- 其他小朋友在集体活动中发言
- 他在和某个或某几个特定的小朋友一起玩
- 教师要求他完成某项任务，如帮助整理清扫教室

这名儿童在叫喊时有什么样的行为表现？
- 环顾四周，看看教师是否有反应
- 不断地重复喊叫
- 看起来有些不安
- 露出微笑
- 试图让其他小朋友和他一起喊叫
- 当教师批评他时，他变得不高兴
- 漠视教师的反应

经过观察，教师应当了解到这名儿童在什么情况下会叫喊，然后利用这些信息找到改变这种行为的办法。

与家长合作

儿童大声喊叫、弄出噪声的行为，其家长可能和教师一样都很担忧。教师在认真地观察这名儿童后，应该和这名儿童的家长见面，讨论你所关心的问题。告诉他们你的目标是让这个孩子更充分地参与到幼儿园的活动当中。如果他在家里也和幼儿园一样会发出令人意想不到的喊声，询问家长这种行为在什么样的情况下出现以及他们是如何处理的，和他们分享你的想法。当你开始干预这一行为后，要继续和这名儿童的家长保持沟通，让他们知道你所取得的进展。

行为影响

可能的情况是，在过去的某个时刻，这名儿童发现一旦他发出喊叫声，成人就会很快地予以回应。发出的噪声越尖利，成人的反应就越强烈。大人们的这种反应只会强化他的这种行为。下一次当他想得到成人的回应时，他就会喊叫。这样，就形成了一个恶性循环。因为超出正常音量的声音对班级正常秩序来说是一种扰乱因素，教师们感到必须要尽快地予以制止，教师的制止强化了这名儿童的喊叫行为，而这种行为只要得到了教师的关注，就会一直持续下去。

行为分析

针对这名儿童，教师可能有较为简便的办法来解决问题。认真考虑下面的建议：

- 对儿童提出的要求要适合儿童的年龄发展水平。不应当要求幼儿一直保持非常安静的状态。他们精力旺盛，适合其游戏活动的声音能给他们带来快乐的感受。一个活跃、高效的幼儿园班级并不总是处于安安静静的状态。

- 可能这名儿童的音量本来就比其他小朋友稍微大些。而当教师们一遍遍地要求他"小声点"时，会让这名儿童认识到，制造噪声是获取教师关注的好办法。在这种情况下，是教师们提出的要求导致了这名儿童这种行为的出现。在努力消除喊叫行为的同时，要注意这名儿童的正常音量是不是本来就比较大。

- 通常说话声音比别人大的儿童，可能在听力上有问题。幼儿的耳部往往容易被感染，从而阻塞耳道导致听力下降。此外，教师也要看看儿童的耳朵里是否有水、有耳垢，影响了他的听力。这名儿童说话的声音大，可能只是为了让自己能够听到。如果教师怀疑这名儿童的听力有问题，可以进行一个初步的测试：在这名儿童身后发出各种各样的声音，观察儿童的反应。如果该测试证实了你的怀疑，请他的家长带他去做听力测试。[*]

- 考察你所安排的活动日程，看看它是不是过分地限制了儿童的自由。过分结构化的状况，可能会引发年幼儿童出现一些扰乱行为，如喊叫。你可能在要求儿童倾听、参与活动时没有给他们选择的机会，或是过久地让他们静静地坐着。如果是这样，你需要重新安排日常常规。交替安排动静活动、交替安排教师主导和儿童自选的活动。缩短集体活动的时间，以保持在适当的水平上。

- 同样，教师也要对自己的行为进行反思。你是不是常常以喊叫的方式发出指令或是以很大的声音宣布事情？你是不是隔着整个房间对儿童讲话而不是走过去再说？教师所树立的榜样对于儿童良好行为的养成来说是一个重要的因素。确保教师在音量方面做出示范。例如，在活动结束时，教师从一个活动小组走到另一个活动小组，以正常的音量说"该收拾玩具了"，而不是像通过扩音器一样同时对整个班级喊话，这样的效果会好很多。

- 确保喊叫的这名儿童能够理解你提出的要求。告诉他他可以在室外尽情地喊叫，但是在室内时，就应该把音量降低。如果他不能遵守这样的规则，

---

[*] 很多儿童，可能会由于反复的耳部感染而患有听力损失的问题。对这种可能性，教师要予以关注。

就采取下面的方法。

目标设定

目标是让这名儿童在教室里时，将音量保持在适当的水平。

方法介绍

一般而言，消除这名儿童喊叫行为的方法包括如下三个步骤：
- 强化适宜的行为。
- 安排"专门喊叫"的时间。
- 忽视这名儿童的喊叫行为。

概念界定

乱喊乱叫，是指儿童在教室里把声音拔高到令人难以忍受的水平。除了喊叫之外，还可以包括叫嚷、尖叫、欢呼等其他形式的扰人行为。

基准线

在开始干预之前，教师要花三天的时间对这名儿童每天的喊叫行为进行记录。这可以为你提供一些基本信息，用以比对进而确定你将来的进展情况。如果这名儿童大多数情况下会在某个特定的时间段发出噪声，那么只需在这个时间段进行记录。教师要用笔将观察结果记录在纸上。

实施步骤

教师花三天的时间完成了记录后，就可以开始进行干预了。所有教师步调一致地执行这些策略很重要。

强化适宜的行为。当教师试图消除儿童的某种行为时，让儿童了解你的期望和要求同样重要。因此，你要经常通过表扬这名儿童的适宜行为来表达你对他的期望。值得表扬的行为包括，将音量保持在低水平、参与活动和社会性的游戏、参与讨论等。最初，教师要尽可能多地强化这些行为。之后，当这名儿童的喊叫行为减少时，教师就可以逐渐地减少表扬次数，直到减少到与其他小朋友相当的程度。

安排"专门喊叫"的时间。教师要在可以吵闹和不可以吵闹的区域之间做出明确的区分。告诉所有儿童，当他们在户外活动时，他们有一个可以吵闹的时间。鼓励他们把吵闹"保存"到那个时候再发泄出来。把这个吵闹时间安排在你觉得适当时。例如，你可以给儿童几秒钟的时间，允许他们在这段时间里随心所欲地发出噪声。（你可能要提前警告在附近工作或生活的人）另一个办法是让儿童轮流发出不同的噪声。

安排"专门喊叫"时间的原因是要让儿童制造噪声的冲动得以通过正当的途径发泄出来，同时对喊叫的适当时间、地点做出规定。带着新鲜感，儿童们很可能会很喜欢这种活动。当他们的兴趣减退时，你可以停止安排此类活动。此时，过去发出不适宜噪声的儿童应该会显著地减少甚至是完全停止这种行为。

忽视这名儿童的喊叫行为。 当这名儿童喊叫时，教师不要以任何方式给予回应。要注意的是，教室里的所有教师必须能态度一致地做到这一点。这名儿童往常喊叫时，教师们的关注给了他很多的强化，因此当这些关注中止时，此种行为应当会减少。在采取忽视策略的前几天，教师将不得不忍受更多的噪声。但是当这名儿童意识到没有人会关注他的喊叫时，叫喊行为很快就会减少，直至停止。其他的幼儿可能会要求你关注这名儿童的喊叫声，此时教师可以简单地说："我知道了"，然后转而谈论其他的事情。利用一切机会表扬这名儿童的适宜行为。将你的要求尽可能清晰地传达给他——他的适宜行为会得到关注，而喊叫只可能被忽视。

保持取得的进展

当这名儿童的喊叫行为在好几天内都持续为零时，你就可以认为你的干预取得了成功。你要继续定期地表扬这名儿童的适宜行为，就像你表扬其他小朋友一样。如果这名儿童偶尔又出现喊叫行为，你要给予彻底的忽视。

第21章

乱扔东西来制造噪声

"砰!"教师和儿童把头转向噪声发出的地方。在"娃娃家",5岁的乔治正站在一个被翻倒的木头"冰箱"旁边。显然,是他翻倒了"冰箱",而他这么做就是为了制造噪声。在这天的早些时候,乔治堆积了一些积木,并把它们摆到架子上,然后爬上架子,把积木一个一个地往地毯上扔。两位教师奔向了乔治,一位教师把他抱下来,另一位教师则忙着把那些积木拿下来。教师们都露出了不愉快的表情。而乔治,在整个过程中则显得很快乐的样子。当教师要求他不要再这样时,他点头答应。在教师的要求下,乔治收拾好了积木、摆好了"冰箱"。教师们都觉得很沮丧,因为他们知道,根据乔治过去的表现,乔治一定会再次乱扔东西来制造噪声。

行为表述

这名儿童故意往地板上或其他地方的表面乱扔东西,以制造噪声。

行为观察

教师观察这名儿童几天时间,以对其乱扔东西的行为有进一步了解。
这种行为一般何时发生?
- 一天中的任何时候
- 在自由活动时间
- 在游戏活动时间
- 在结构化的活动时间
- 在要求儿童倾听的活动中,如讲故事或音乐活动
- 在安静的时间,例如休息或午睡时间
- 在整理打扫时间
- 在活动间的过渡环节

这名儿童扔东西之前发生了什么事?
- 他在和其他的小朋友一起玩游戏
- 他在独自游戏
- 他环顾四周,看有没有教师在场

- 他在收集物品
- 另一个小朋友或教师对他说了"不能……"
- 他无法完成某项任务
- 教师要求他保持安静

这名儿童在扔东西时有什么样的行为表现？
- 他试图让人们觉得这只是一个意外
- 他让人们觉得他是故意这么做的
- 他自觉地捡起被扔掉的东西并放回原处
- 当教师要求他捡起东西时，他照做了
- 他拒绝捡起东西
- 因为教师不回应，他变得很沮丧
- 教师回应与否，他漠不关心

这名儿童扔的是什么东西？
- 任何物品
- 通常是同一个物品或同一类物品
- 较大的物品
- 较小的物品
- 用木头、金属、塑料或纸板做的物品
- 易碎的物品
- 不易碎的物品
- 会发出很大声响的物品

这名儿童往哪里扔东西？
- 任何地方
- 往水泥地上
- 往木头上
- 往砖头上
- 往地垫上
- 往地毯上
- 往桌子或架子上

这些初步观察所得的信息能帮助教师加深对这名儿童这种行为的了解，以便实施干预策略以消除这名儿童扔东西的行为。

与家长合作

教师在仔细地观察了这名儿童的行为后，安排一次家长会议，和这名儿童的

第21章 乱扔东西来制造噪声

家长讨论你的担忧，告知他们此种行为会给这名儿童和其他儿童带来的潜在危险。询问家长这名儿童在家里是否也爱扔东西。如果他在家里也是这样，问一下家长他们是如何处理的，看看有没有什么策略对你有帮助。在你采取措施进行干预并看到这名儿童这种行为有所减少后，及时告诉其家长这名儿童所取得的进步。

行为影响

儿童出现捣乱行为是因为他们喜欢由此得到教师的关注。故意扔东西来制造噪声的行为和其他的捣乱行为基本相似。基于如下原因，教师们必须关注这种行为。

首先，扔东西所发出的噪声很让人心烦。其次，尽管幼儿园的器材都是十分坚固的，但是故意乱扔等粗暴的使用方式仍然会造成损坏。最后，这种行为因为可能会对他人造成意外的伤害而具有潜在的危险。基于上述原因，教师们通常会迅速地对这种行为做出反应，并有意地对扔东西的儿童给予大量的关注。教师们不仅会对做出这种行为的儿童进行说教和责备，而且会坚持让他捡起被扔掉的物品。此时，这名儿童可能会通过转化问题以延长教师的关注时间。他可能会拒绝清理物品，由此导致和教师之间发生争执——当教师说"你要捡起来这些东西"时，他通常会说："不，我不捡"。这些争执能保证他得到教师几分钟的额外关注。结果，这名儿童通过扔东西制造噪声得到了心理满足，教师们却因此很受挫。教师的反应强化而未抑制这名儿童的这种行为。

行为分析

教师要认真考虑如下建议，或许能够解决这一问题。

- 这名儿童可能有听力上的问题。听力有问题的儿童可能会通过故意制造噪声来使自己听到。在他身后发出各种声音，检查一下他的反应，以此来初步地测试他的听力。如果这个测试证实了你的担心，就和他的家长联系，建议他们带这名儿童去做进一步的听力测查。*
- 这名儿童可能会由于身体上的残疾而乱扔东西。视力不好的儿童会经常不小心撞到或者碰到东西，与此同时，手眼配合发展不协调的问题也会导致此类儿童比其他儿童更容易掉东西。如果你有此怀疑，建议此类儿童的家长带他们去医院做个检查。**
- 室内环境也可能会引发此类问题。因此，在活动区等通常很吵闹的地方，

---

* 通常儿童会由于反复的耳部感染而患有听力损失的问题。对这种可能性，教师要给予关注。

** 患有脑瘫的儿童，他们的肌肉控制力很弱，因此会经常从手里掉东西。类似地，经常撞到东西的儿童也可能有视觉敏锐度较低，或外围视力较差的问题。具有学习障碍的儿童可能在协调性，如手眼协调性上存在困难，从而不经意间撞到或丢弃物品。在干预儿童扔东西的行为前，教师要注意排除这些可能存在的生理原因。

应该铺上地毯。在积木区的地板铺上软质的材料。如果可能的话，给"娃娃家"铺上地毯也会有好的隔音效果。当坚硬的东西碰到硬质地板时，自然会发出噪声。这可能会让儿童第一次领悟到捣乱的好处——把硬东西扔到地上发出的噪声会引起教师的关注，从而导致这种行为反复出现。

- 如果这名儿童的行为集中表现为翻倒大型物品，如家具，那么对这些物品进行重新摆放。你可以把这些物品靠墙摆放，让儿童无法绕到其后面去推。你可以让这些物品倚在另一件家具上，例如倚在架子或储物柜旁边。
- 如果这名儿童只丢某一件或某一类物品，考虑暂时把这件或这类物品拿出教室。例如，如果这名儿童不断地在"娃娃家"往地上丢盘子，教师可以把盘子拿走一段时间。你可以把盘子换成餐盒、收银机、纸袋，从而把"娃娃家"改造成一个商店。两三周后，再将替换走的东西拿回来。
- 确保这名儿童明白各种材料和器材的用途。教师系统地帮助他学习如何使用这些材料和器材可能会让他停止乱扔东西的行为。如果一个儿童了解了各种器材，他就会更好地对待它们。

如果上述建议均不能奏效，你可以继续往下阅读具体的策略。

目标设定

目标是让这名儿童停止故意乱扔东西制造噪声的行为。

方法介绍

为了完成上述目标，其基本方法包括以下三个步骤：
- 在任何可能的情况下，防止这名儿童乱丢东西。
- 对这名儿童以适当的方式使用材料和器材的行为予以强化。
- 当乱扔东西的行为发生时，予以忽视。

概念界定

乱扔东西来制造噪声，是指儿童故意往地板上或其他地方丢东西，以制造噪声的行为。这种行为还包括将物品从高处往低处扔或者摔。

基准线

在进行干预之前，教师要花三天时间对这名儿童的这种行为进行观察，以获得初步的记录。每次他故意扔东西时，你都要记录在纸上。以此记录为基准线，与这名儿童将来取得的进步进行比较。

实施步骤

现在开始进行如下的步骤。班里的所有教师都必须步调一致地共同遵循这些步骤。

在任何可能的情况下，防止这名儿童乱丢东西。 通过非正式的观察，你应该对引发这种行为的因素有了了解。通过控制这些因素来预防这名儿童达到其目的。例如，如果这名儿童在扔东西之前通常会先收集一些物品，那么在他扔掉这些物品之前，引导他以适当的方式玩它们。你可以对他说："我看到你收集了几个拼版，让我们把这些拼版摆到拼图里面吧！"再比如，你可能会观察到这名儿童在环顾四周，寻找可以扔的东西。如果看到了这种情况，你应该走到这名儿童的身边，把他的注意力转移到别的地方。

也有这样的可能性：这名儿童只有在和某个同伴一起玩时，只有在玩某件玩具时，或是只在某个区域玩耍时才出现乱丢东西的行为。如果是这样，当你看到他处于这种情况时，走到他身边，引导他玩游戏，以预防他有丢东西的行为出现。

对这名儿童以适当的方式使用材料和器材的行为予以强化。* 乱丢东西是一种错误地使用材料和器材的方式，让这名儿童知道你喜欢正确的使用方式。通过你的强化，让儿童知道要正确地对待学习材料。例如，你可以对他说："你用这些颜料时很仔细哦！""我喜欢你这么翻书，这样就不会把它们弄坏了""谢谢你，你把这些罐子和锅摆放得很整齐"，"你玩积木玩得多棒啊！先铺设了一条公路，然后把小积木当做汽车让它在上面走。"

最初，在任何时候都对其适宜的行为给予强化。当这名儿童丢东西的频率下降后，你要逐渐地减少对他的表扬。最终，减少到和你表扬其他小朋友同样的频率。

当这名儿童乱扔东西的行为发生时，予以忽视。 当这名儿童丢东西时，他从教师的关注那里得到了强化。收回这些关注，能够使这种行为消失。在刚开始忽视时，此行为会增加。但是一旦这名儿童意识到这种行为得不到教师的任何关注，他就会停止。当他丢东西时，教室里的所有教师都不能以任何方式给予回应，就当做什么事都没有发生一样。如果有别的儿童要你注意噪声，简单地说："我知道了。"然后转移话题。不要强迫丢东西的儿童捡起物品。如果儿童丢的东西不会造成安全隐患，就不要管它们。如果担心其他小朋友可能会被它们绊倒，等一会儿，然后你悄悄地将它们移走。如果某件东西被损坏了，你就一言不发地把碎片清理掉。到了清理打扫的时间，你就把所丢的物品当做其他被需要清理的东西一样处理。

---

* 对于一名具有认知缺陷的儿童来说，教室里的某些材料可能不适合他的发展水平。教师要确保教室里有充足的材料供他使用，并帮助他学习以适当的方式使用这些材料。

坚持让这名儿童捡起被他丢掉的物品看起来更自然一些，以严肃的态度，对他提出要求。如果他照做了，你就给予表扬。如果他没有照做，你要走开。否则，这种情况很容易引起对抗，进而给这名儿童提供了他所想要的关注。教师可以利用其他机会来教育他清理的必要性。

继续记录这种行为。在实施干预策略的每一天，教师都要对这名儿童故意乱丢东西的行为加以记录。很可能，一旦这名儿童意识到了乱丢东西不会给他带来任何关注，这种行为就会迅速地减少直至最终消失。

保持取得的进展

为了保证这名儿童乱丢东西的行为不再出现，你要继续对其恰当地使用材料和器材的行为进行间歇性的强化。如果这种行为偶尔出现了，你就像往常一样予以忽视。

第四篇

破坏性行为

第22章

撕毁图书

一声"刺啦"的声音吸引了拉金老师的注意。她扭过头,看到杰米手中拿着一张撕下来的书页。3岁的杰米刚到早教中心来不久,她仍然处于探索什么能做、什么不能做的阶段。"啊,杰米!那是幼儿园图书馆的书!"拉金老师奔向杰米,从她手里拿过了书,沮丧地看着那张被撕下来的纸。她靠着杰米坐了下来,告诉她不要再撕书了,并且向她解释为什么不能撕。杰米听了教师的话,点了点头。

拉金老师并不抱什么希望,因为这已经是杰米撕的第三本书了。这两周以来,杰米已经撕毁了好几本书。教师们和她谈话,让她帮忙拿胶带把书粘好。上周,园长和杰米的家长谈过,要求他们承担幼儿园更换图书的费用。杰米的父亲告诉拉金老师,他们为此好好地惩罚了杰米一顿。但杰米撕书的行为并未停止。

行为表述

这名儿童经常故意撕掉书页。

行为观察

教师要花几天时间观察这名儿童,以便更好地了解她的这种行为。

这种行为一般何时发生?

- 在自由活动时间
- 在预设活动时间
- 在集体活动时间,如教师给孩子们读书时
- 在阅读活动时间
- 在整理打扫时间
- 在活动间的过渡环节
- 在午休时间

这名儿童在撕书之前发生了什么事?

- 她在阅读一本书
- 她在独自游戏
- 她在和另一个或几个小伙伴一起游戏

- 她被一群儿童排除在游戏之外
- 她由于完不成某项任务而产生挫败感
- 教师或同伴拒绝了她的某项请求
- 她漫无目的地在教室里随意走动

她在撕书时有怎样的行为表现?
- 在撕书前,她观察是否有教师在看着自己
- 在撕书后,她观察是否有教师注意到了
- 她不断地撕书
- 她把书放回书架
- 她把书扔在地板或桌子上
- 她扔掉被撕毁的书,走开
- 她让别人注意被他撕毁的书
- 她撕书之后感到很开心
- 她因为书被撕破了而感到不安
- 她为自己的行为道歉

通过这些观察,教师应当对这名儿童的撕书行为所发生的情境有所了解,以便消除这名儿童的这种行为。

与家长合作

在你观察了这名儿童的撕书行为后,和其家长进行一次面谈,表达你对这名儿童这种行为的担心。同时,你也要向家长了解一下,这名儿童在家里是否也有这种行为。如果是这样的话,和家长一起努力共同消除这种行为。如果她只在幼儿园里才撕书,寻求家长的帮助和建议,并让他们及时了解这名儿童撕书行为的改进过程。

行为影响

学会善待物品,是儿童在学前阶段需要学习的内容之一。幼儿园中的设备、游戏材料、玩具及其他物品需要小心地对待,以便让其他人也有机会享用。很多幼儿园用的材料都十分坚固,但是有些东西,如书籍等,则容易被损坏。经常接触书籍的儿童通常都了解他们需要小心地对待这些书,但是偶尔也会有儿童粗鲁地对待书籍,并在此过程中损坏它们。

撕书行为的出现可能有多种原因。例如,可能从未有人教这名儿童应当特别小心地对待书本。或者,她缺乏足够的身体协调性,不能做到翻动书页而不损坏它。还有可能是,这名儿童认识到撕书可以引来教师的关注,因而持续出现这种

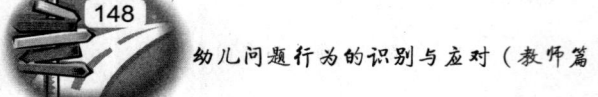

行为。

每当有儿童撕书时，教师们都会很生气，他们会和这名儿童谈话，还会让她帮忙修补书本。由此，这名儿童得到了大量的关注，这导致她出现更多的撕书行为以得到教师更多的关注。因此，当某个儿童重复不断地出现撕书行为时，她实际上是在告诉你，她发现了一种得到教师关注的好办法。

行为分析

可能改善一些环境因素能够帮助教师消除这名儿童的撕书行为。在继续阅读后面列出的具体策略之前，请教师认真考虑下面的建议。

- 各种物品被摆放的方式，体现着教师是否珍视这些物品。如果书本都杂乱无章地散落在教室各处，这实际上是在无声地告诉儿童这些书并不重要。教师要检查一下班级中书本存放的方式，书本应该以吸引人的方式被摆放在安静的区域内。如果可能，读书区应该是封闭起来的，以减少不必要的人来人往。即使有很多书，如果被胡乱摆放的话，也不如在书架上精心展示几本书更能吸引儿童。在书架上摆放5~10本书，让它们都能面向外面，而不是一下子堆上去40本书，仅让儿童能看见书脊。轮流更换被展示的图书，以便让儿童们能不断接触新书。

- 如果撕书的这名儿童所在的班级都是年龄很小的儿童，那么有可能是你提供给他的图书不适合他的年龄发展水平。很小的儿童刚刚开始学习如何小心地拿着图书。他们的精细运动控制能力还没有发展到能翻动书页而不损坏它们的水平。在一个主要由两岁幼儿组成的班级里，你可以提供一些撕不烂的书。这种书是专门为低幼儿童设计的。这些书是用卡片或布等更耐损的材料制成的，通常是采用简单图案、使用鲜艳的颜色来讲述简单的故事，描绘常见物品。当两岁的幼儿转入较高年级时，他们能更熟练地阅读图书。

- 这名儿童也有可能是因为喜欢撕书的感觉而撕书。如果是这样，教师就可以在美术区放置一些纸，也可以给这名儿童提供各种不同颜色的纸和旧杂志，让他进行撕纸游戏。撕过的纸可以用来做拼贴画。

如果上述建议都不能有效地解决问题，请继续阅读下面的策略。

目标设定

目标是让这名儿童停止撕书的行为，并学会以适当的方式对待图书。

方法介绍

消除这名儿童撕书行为的基本方法包括以下四个可同时进行的步骤：

- *防止这名儿童撕书。*
- *尽可能地对环境进行调整。*
- *强化这名儿童的适宜行为。*
- *忽视其问题行为。*

概念界定

撕书，是指儿童经常故意地从书上撕下书页的行为。

基准线

在开始实施干预策略之前，教师要收集一些原始信息。花三天的时间，记录这名儿童撕书的行为，将其发生的次数记录在纸上。对这名儿童连续发生的撕书行为，她每撕下来一页纸就记录为一次撕书行为。比如，如果儿童一下一下地连续撕下四页纸，就记录为四次。不过，如果儿童一下子撕下两三张，则只记录为一次。

实施步骤

在对撕书行为进行记录后，教师开始实施下面的具体步骤。班里的所有教师遵从统一的步骤是很重要的。

防止这名儿童撕书。 从非正式的观察中，你应该能够了解到这名儿童撕书的行为什么时候发生、是由什么引起的。这些线索可以帮助你预防此种行为。例如，如果你发现这名儿童只有在独自玩耍时才撕书，而当她和其他儿童一起玩时从来不这样，那么你要在她独处时多加小心：待在她附近，时刻关注着她是否朝图书区走去。或者，你发现这名儿童的撕书行为主要发生在整理清扫时间。如果是这样，那么在整理清扫时间留心关注这名儿童。使用这些从观察中得到的线索，帮助你确定什么时候、以什么样的方式采取预防措施。

尽可能地对环境进行调整。 教室的环境布置可以帮助你预防这名儿童撕书的行为。下面是一些这方面的建议。

（1）把图书区设计得更吸引人、更舒适，以鼓励幼儿的阅读行为，而非破坏行为。如果有必要的话，你要重新布置整个教室，以便找到合适的地方安排图书区。以吸引人的方式展示少数几本书，也可以设计一个或几个简单的小活动穿插其中。如果展示的书涉及贝壳和大海的内容，你可以在书架上放置一些贝壳；如果书架形状类似一个房屋，你可以设计一个小动物找房子的游戏。一张温暖的地毯、一个枕头，都可以让图书区更吸引儿童。

（2）确保在教室的其他地方也可以看到图书区。如果你想预防儿童撕书的行为，你就必须要能够一眼就看到图书区。图书区应该在保证舒适性、隐蔽性的同

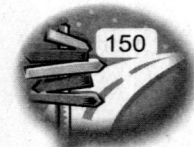

时,也要让教师在其他地方能够看到。

(3)另一个办法是将图书区的活动和课程与其他活动区的活动紧密地结合起来。例如,图书区和角色扮演区可以合并为一个图书馆。儿童可以分别扮演图书管理员和读者的角色。他们可以借出图书、整理图书、归还图书。通过这种方式,使读书区更有活力。教师可以监督这些活动,同时采取预防措施避免儿童撕书行为的发生。

强化这名儿童的适宜行为。这名儿童需要明白何种行为是好的、何种行为是不适当的。当你开始实施这个步骤时,要告诉这名儿童在使用活动材料方面,你欣赏什么样的做法、不喜欢什么样的做法。要在这名儿童没有撕书时,以友好、轻松的口吻告诉她。例如,你可以说:"当你小心地码好积木、小心地把鞋子放回鞋架时,我很欣赏你的做法。这是我们应该对待教室里每一样东西的正确方式。但是你撕书时我很生气。因为如果书被毁坏了,其他小朋友就不能看了。"留心观察这名儿童小心地对待活动材料的行为,经常性地对此行为给予表扬。关注并强化这名儿童的适宜行为。最终,这名儿童会意识到,小心地对待活动材料能带来更大的奖赏。当撕书的行为减少一半时,开始降低你表扬她的频率。当这名儿童完全停止撕书时,把表扬她的频率降低到和其他儿童一样的水平。

忽视这名儿童的问题行为。如果这名儿童无视你的预防措施而继续撕书,采取如下的步骤:

(1)快速走向她,把书拿走,告诉她:"不可以!你不能撕书。"

(2)从她身边走开,两分钟内不搭理她。

(3)如果你觉得她可能会再去撕另一本书(基于你的初步观察而进行的判断),将她带离图书区。拉着她的手把她带到教室的另一侧,如果她反抗可以把她抱起来。当你带离她时,不要说话,也不要看她。在接下来的两分钟里不要搭理她。

(4)两分钟后,走到这名儿童身边,让她参与另一项活动。不要再讨论刚才的事件。

撕书行为具有破坏性,因此忽视起来不那么容易。但是你要记住,你的任何回应,即使再消极的回应,也是在关注这名儿童,而忽视则转移了你的注意力。这些步骤应当能逐渐地消除这名儿童撕书的行为。

保持取得的进展

当这名儿童停止了故意撕书的行为后,你还要继续表扬她小心地对待活动材料的行为。评估教室里图书的摆放方式,确保它向儿童传达出你的期望——善待图书。如果这名儿童再次出现了撕书行为,予以忽视。让她知道你对她这样的行为感到很失望。

第23章

损坏玩具

  幼儿园里，4岁儿童路易所在的教室今天显得很忙碌。儿童们在进行着各种各样的活动。突然，一阵"嘎吱嘎吱"的声音传来，显得异常刺耳。三位教师都同时四下张望，然后注意到了路易，发现他的脚正踩在一辆塑料火车上。两位教师跑了过去。路易朝地上已经被损坏了的小火车踢了一脚，说："我讨厌它！"一位教师抓住路易的手，把他带到一边。另一位教师检查完小火车，皱着眉头说："恐怕得把它丢掉了"。随后，她四下寻找着小火车的碎片，打算把它们捡起来扔掉。这时，路易把手里一直拿着的配在小火车里的塑料小人扔在地上。然后，就想走开。

  "等一下，路易，你又弄坏了一件玩具。你为什么要这么干？"教师把路易叫住。路易叫喊道："这个小人装不进去。这个东西反正也没法用，我很高兴它坏掉了！"教师们不知道该怎么办。这已经是这个星期以来路易弄坏的第三个玩具了。在这个星期以前，路易也曾弄坏过其他玩具或材料。

行为表述

  这名儿童经常故意损坏班里的玩具和其他材料。

行为观察

  教师要花一段时间对这名儿童进行非正式的观察，以便能更多地了解这名儿童的这种行为。

  这名儿童一般什么时候会损坏玩具？
- 不好预测，在一天中的任何时候都有可能发生
- 在一天中的早些时候
- 在一天中的晚些时候
- 在预设活动时间
- 在自由活动时间
- 在户外活动时间
- 在室内活动时间

- 在活动间的过渡环节
- 在午睡时间

在他损坏玩具前发生了什么事?
- 他很生气
- 他在进行某项活动时受挫了
- 教师或其他小伙伴拒绝了他的某个请求
- 他被其他儿童排除在游戏之外
- 他没有积极地参与某项活动
- 某项活动结束了

他在损坏玩具时有怎样的行为表现?
- 他四下张望,看是否有教师在看着他
- 他故意让教师注意到被他损坏的玩具
- 他试图把损坏的玩具藏起来
- 他因为玩具被损坏而变得很不安
- 他看起来满不在乎
- 他丢掉已被损坏的玩具
- 他在旁边待着
- 他继续摆弄已经被损坏的玩具
- 当教师问他时,他不承认是自己损坏了玩具
- 他承认是自己损坏了玩具
- 他会解释自己为什么损坏玩具

通常被损坏的是什么样的玩具?
- 任何一类玩具
- 大的玩具
- 小的玩具
- 木制的玩具
- 塑料玩具
- 纸制玩具
- 金属玩具
- 布做的玩具
- 带有可移动部件的玩具
- 活动区,如美术区或娃娃家里的玩具

这名儿童通常是如何损坏玩具的?
- 把玩具使劲往地板上扔

- 撕破玩具
- 用力踩玩具
- 拉拽玩具或把玩具上的部件拽下来
- 使劲掰玩具
- 用其他物品敲打玩具
- 拧掉玩具上的螺丝或其他用于固定的零件

这些最初的观察应当可以帮助你了解这名儿童损坏玩具的行为何时以及在何种情况下发生。

与家长合作

故意损坏玩具和其他物品的行为，对儿童自己和他人都会造成危险。教师在结束了对这种行为的观察后，就要和这名儿童的家长见面，争取他们的支持，帮助你消除这名儿童的这种行为。与他们交流该儿童在家里是否也出现此行为，和家长一起集思广益，寻找这名儿童损坏玩具的原因，以及可以消除这种行为的策略。一旦你开始着手消除这种损坏行为，保持与其家长的联系，让他们及时了解你所取得的进展。

行为影响

故意损坏玩具的行为，会给教室的安全带来潜在的隐患。破损的，或有锯齿状边缘的玩具，如果没有立即被清理掉，会对其他儿童或损坏玩具的儿童本人造成严重的伤害。而且，当玩具被损坏后，为了替换／修理它，我们还需要花费时间和金钱。基于这些原因，这种行为需要尽快被消除。

让一个儿童停止此种行为并不总是很容易的。习惯损坏玩具的儿童已经发现，损坏玩具是从教师那里得到立即关注的有效方式。不管何时他损坏玩具，教师总会给予快速的、引人注目的反应。这些反应可能是通过语言（说话、责备）、情绪（表现出愤怒、沮丧、受挫），或动作（捡起破坏的部件、扔掉它们、修理它们）表达出来。如果最初过来处理的教师寻求了其他教师或幼儿园领导的帮助，就会有不止一位教师赶过来。因此，当这名儿童损坏玩具时，他得到了大量的关注。

损坏玩具，也可能是儿童表达愤怒的一种方式。教师们通常对此行为的处理方式能够提供关注度，但却无助于儿童应对自己的愤怒等不良情绪。教师们给予的关注非但消除不了这种行为，反而只能强化它。

行为分析

对习惯损坏玩具的儿童，可能有一些相对简单的解决办法。考虑如下的建议：

- 这名儿童损坏玩具的行为可能并不是故意的。检查一下教室里的所有材料，看看它们是否像所要求的那样耐用。可能有些物品很易坏，而儿童们往往以比较粗鲁的方式摆弄它们。如果是这样的话，这名儿童损坏玩具的行为可能不是故意的。
- 考察教室里的材料是否适合儿童的年龄发展水平。如果儿童觉得教室里的物品太难操作，或太没有挑战性，他们就会倾向于以不当的方式对待它们。玩具可能因此而遭到损坏。如果教室里的玩具不适合儿童，应尽快更换它们。教师可以跟其他班级交换，也可以从仓库中取出一些物品，或者购买或制作一些新玩具。
- 儿童可能出于好奇而损坏玩具。如果一个儿童经常性地拆卸玩具，那么他可能只是在试图探究玩具的构成。如果是这种情况，教师可以和这名儿童谈话，让他了解到这种行为是不适宜的。为他提供一些可以拆卸的物品，例如一些旧的手表、闹钟，和其他一些不再运行的机械设备。给他一些小工具，如螺丝起子、镊子等，并且监督他的游戏活动，以保证其安全。
- 儿童如果有视觉等知觉方面的问题，也有可能会不经意间损坏了玩具。一个看不清东西的儿童，或是一个看到的东西失真的儿童，会不小心损坏玩具，因为他不能正确地判断玩具的位置或方位，这种感知觉上问题也会通过其他方式表现出来。如果你怀疑这名儿童有此类问题，与他的家长沟通，并鼓励家长带孩子去医院做个检查。*

如果上述建议都不能帮助你解决这名儿童损坏玩具的问题，继续阅读接下来的方法。

目标设定

目标是让这名儿童停止故意损坏玩具的行为。

方法介绍

要想消除这名儿童损坏玩具的行为，其基本方法包括以下四个可同时进行的步骤：
- 在任何可能的情况下，防止这名儿童损坏玩具的行为发生。
- 对这名儿童小心地使用玩具或材料的行为进行表扬。
- 采用系统的方法帮助这名儿童控制他的损坏玩具的冲动。
- 如果这名儿童损坏了玩具，采用自我控制时间的策略。

---

* 视觉障碍往往会导致儿童出现不适宜行为。鼓励家长寻求医疗上的帮助十分重要，这可以帮助儿童的视力尽可能地得到改善，并让儿童在活动中感受到更多的成功。

第23章 损坏玩具

概念界定

损坏玩具，指儿童故意损坏教室里的材料或设备的行为，但不包括试图损坏玩具却未遂的情况。

基准线

教师要花三天时间，观察这名儿童损坏玩具的行为发生的频率，以便和将来这名儿童所取得的进步相对照。每当这名儿童有损坏玩具的行为发生时，教师都要在纸上做下标记。如果这种行为并非每天发生，教师可以记录过去一周内或三周内此种行为发生的次数，并以周为单位进行计数。

实施步骤

在了解了这些最基本的信息后，教师可以开始实施下面的方法。班里所有的教师必须态度一致地执行这些步骤。

在任何可能的情况下，防止这名儿童损坏玩具的行为发生。 通过观察，教师可以了解到这名儿童损坏玩具行为发生的时间和情境。以这些信息为依据，尽可能地预防此种行为出现。如果他总是在每天的某个特定时间损坏玩具，那么你就在这个时间给予特别的警惕。同样的，留意那些有可能引发这名儿童损坏玩具的情境。如果他通常在独自玩耍时损坏玩具，那么就在这种时候待在他身边，帮助他避免出现损坏行为。如果这名儿童常常在完不成某项任务而感到不高兴时损坏玩具，那么就在他感到受挫时多加小心，帮助他完成这项任务。你对这种行为发生的时间和方式了解得越多，你就能越有效地预防它。

对这名儿童小心地使用各种材料和玩具的行为进行表扬。 当教师努力消除某种消极行为时，要让儿童知道有哪些适当的行为可以代替这些不当行为。留心观察，当这名儿童小心地对待教室里的材料时，对他进行强化。对他正确使用物品的行为、玩完玩具后将其放回架子的行为，以及其他小心处理教室设备的行为，给予表扬。最初，每当你看到这些适当的行为时就进行表扬。当损坏玩具的行为逐步减少时，也减少你的表扬次数。当这种消极行为消失时，对这名儿童表扬的频率应当降到表扬其他儿童的水平。

采用系统的方法帮助这名儿童控制他的损坏玩具的冲动。* 这名儿童在损坏玩具之前，可能正感受着生气或受挫的情绪。此时他可能会有损害玩具的冲动以宣泄这些不良情绪。他需要学习用其他的方式来处理这些情绪，同时他也应该知道，

---

* 有情感/行为障碍的儿童可能会通过损坏班级中的物品来表达愤怒。采取系统的方法帮助他们寻找表达愤怒等不良情绪的其他方式，可以很有效地解决此类儿童的问题。

我们不能接受的并不是消极情绪本身，而是消极的处理方式。每天抽出 5～10 分钟或更多不会被打扰的时间，和这名儿童谈论有关情绪应对的适宜方式。建议采取如下的顺序：

（1）开始先讨论引发各种情绪的情境。例如，你可以用这样的话作为开始："昨天我得到了一只小狗，我特别兴奋，也特别高兴，高兴得都手舞足蹈了。啊！我心里真的感觉非常好！有什么事情能让你觉得特别高兴呢？"如果这名儿童回答了你的问题，就继续和他交谈，让他更详细地告诉你。如果他没有回答，就接着举例子告诉他那些让你感到高兴的事情。然后，和他继续讨论其他的情绪："有的时候我的感觉恰好相反。我会觉得很伤心。我的一个好朋友要搬家了，这让我感觉很不好。你是不是有时候也会感到伤心呢？"或者讨论愤怒的情绪："有时候我会感到特别生气。我知道你有时候也会生气。什么事情会让你感到生气？"你要和这名儿童分享一些让你生气的例子，并帮助他描述那些使他觉得生气的场景。要讨论引发各种情绪的场景，这可能要花几天的时间。

（2）当这名儿童认识到在不同的情境中他会有不同的感觉时，集中和他谈论这些不同的感觉。"当你（高兴、生气、伤心、孤单）时，你心里的感觉是怎样的？"帮助他使用恰当的语言来描述自己的内心感受。在此之前，你要先思考一下如何描述这些感受，因为用语言来表达感受并不容易。但是在谈话的过程中，你要注意是这名儿童在你的帮助下表达自己，而不是反过来。这一步骤可能要花几天时间。

（3）当这名儿童用语言表达出了自己的各种不同感受后，和他谈论应当如何应对这些情绪。不要对他所说的话抱持批判的态度。如果他告诉你当他感到不高兴时他就会损坏玩具，暂时接受他的说法。讨论各种不同情绪的表达方式。

（4）下一步是告诉这名儿童，你想寻找一些应对各种情绪的其他方式。如果他告诉你，当他高兴时他就会笑，问他有没有其他的方式来表达这种喜悦之情。你们可以想出拍手、跳起来、唱歌、蹦来蹦去、拥抱别人等方式。讨论应对愤怒和挫败感的方式时，你可以建议这名儿童，在需要应对愤怒情绪时寻求教师的帮助；在需要完成一项看起来不可能的任务时找别人帮忙，或者在生气时拍地板或拍桌子而不是拍玩具。

（5）你和这名儿童的谈话不必要都以言语的方式完成。你可以借助任何可能的东西来帮助你和儿童交流。小玩偶、泥人，或者积木都可以充当探索情绪情感的媒介。

（6）在逐步地进行上述谈话时，你要寻找当天幼儿园活动中那些可以反映谈话内容的例证。和上述步骤相对应，你最初寻找的例子要涵盖各种不同的情绪，然后是应对这些情绪的行为方式，最后鼓励这名儿童说出其他的应对方式。要注意多使用具体的例子来说明。

如果这名儿童损坏了玩具，使用自我控制时间策略。 由于损坏玩具的行为可能对儿童的健康和安全造成潜在的危害，你需要尽快地消除这种行为。因此，当这种行为发生时，使用自我控制时间策略。包括下面的几个步骤：

(1) 快速地确认这名儿童的损坏行为是否伤害到了其他儿童。如果需要清理，请班里的另一位教师负责。

(2) 平静地将实施损坏行为的儿童带到自我控制室。轻声但坚定地告诉他："我不能允许你毁坏玩具。你必须坐在这儿，直到你准备好重新参加游戏为止。"

(3) 在自我控制时间里，不要看这名儿童，也不要和他说话。语言或目光的接触，会起到强化不良行为的作用。

(4) 如果有另一个儿童靠近这个儿童，轻轻地把那个儿童拉开，告诉他："路易需要一个人待一会儿。你可以在他回到教室后再跟他说话。"

(5) 当这名儿童感觉自己准备好回到教室后，让他重新参加活动。不要说教，他明白自己被隔离的原因。为了引导他的积极行为，你可以建议他去参加一项正在进行中的活动。对他的适宜行为进行及时的强化非常重要。

(6) 如果这名儿童没准备好就回到教室，并且又损坏了玩具，对他说："我猜你还没有准备好回来。"然后把他重新带回到自我控制室。同样的，这次依然让他自己决定什么时候准备好回到教室里去。

保持取得的进展

当这名儿童不再损坏玩具后，继续告诉他你所欣赏的行为方式。对于他小心地对待教室材料的行为，你可以告诉他你对此感到高兴。继续帮助他说出他的感受。

第24章

把东西丢进马桶里冲走

康纳老师正站在秋千后面推着秋千上的小朋友,这时,3岁的贝琪走过来对她说:"老师,我要上卫生间。""好的,贝琪。"贝琪走进了教室,离开了教师的视线。几分钟后,贝琪还没有回来,康纳老师决定亲自去看一看。

她走进卫生间发现贝琪正在冲马桶,而马桶里的水已经溢出来了并开始往地上流,同时一个塑料小玩具正在马桶水里打转。贝琪对康纳老师说:"堵住了!""贝琪,你把什么放进去了?"贝琪无辜地瞪大了眼睛,摇着头说:"什么也没放。""我看到有东西在里面,贝琪。"康纳老师一边说着,一边从水里捞出塑料玩具,然后拿到贝琪面前,对贝琪说:"卫生间里没有其他人,肯定是你做的。现在,去水池边把这个玩具冲洗干净。"

贝琪认真地冲洗了塑料玩具,然后把它和自己的手都烘干。之后,她回到了卫生间,饶有兴趣地看着康纳老师把胳膊伸进马桶里捞阻塞物。过了一会儿,康纳老师生气地从马桶里搜出来三个塑料小动物。

贝琪很痛快地帮助教师洗干净了捞出来的玩具,并擦干净地板。让教师感到郁闷和烦恼的是,这已经不是贝琪第一次把东西冲进马桶了。

行为表述

这名儿童经常把一些小东西丢到马桶里冲走。

行为观察

教师要花一段时间观察这名儿童,以便对她的这种行为获得更多的了解。
这名儿童一般何时会把物品丢进马桶?
- 不好预测,在一天中的任何时候都有可能
- 在洗漱和如厕时间
- 在自由活动时间
- 在预设活动时间
- 在整理打扫时间
- 在活动之间的过渡环节

第24章 把东西丢进马桶里冲走

- 在户外活动时间

这名儿童出现这种行为之前一般在做什么?
- 在上厕所
- 在卫生间洗手
- 在玩带有细小部件的玩具
- 在"娃娃家"玩耍
- 独自玩耍
- 在与其他小朋友一起玩耍
- 未进行任何活动
- 未能成功地获取教师的关注

当这名儿童将物品冲进马桶里时,她有怎样的行为表现?
- 观察是否有教师在看着她
- 偷偷地把一件或几件物品带进卫生间
- 公开地把一件或几件物品带进卫生间
- 在冲进马桶之前,玩那个物品
- 冲进马桶后,她叫教师过来看
- 她不止一次地冲马桶
- 她不承认是自己把东西冲下去了
- 当教师问她是不是把东西冲下了马桶时,她感到很不安
- 若无其事地走开
- 告诉别人她刚才做了什么

这名儿童通常往马桶里冲什么东西?
- 任何小东西
- 拼插玩具
- 手工材料
- 纸或纸制的物品
- 画笔
- 牙刷
- 肥皂
- 布娃娃的衣服
- 积木

这些观察可以帮助教师了解这名儿童何时、以何种方式往马桶里冲哪些东西。

与家长合作

在和其家长的日常交流中,询问家长这名儿童是否特别喜欢玩水。如果是这样,继续问他们这名儿童在家里是否有时也会把东西冲下马桶。当你发现这个问题无论是在家里还是在幼儿园里都存在时,和这名儿童的家长交流你的想法,探讨这种行为出现的原因和解决办法。如果家长和教师们能采取一致的方法,那么将有助于强化干预的效果。在你实施解决策略的过程中,继续保持与家长的沟通。如果这名儿童的家长说她在家里从不把东西冲进马桶,告诉他们你正在着手处理这名儿童在幼儿园里的这种行为,并让他们了解你未来将会取得的进展。

行为影响

很可能的情况是,把东西冲进马桶里的这名儿童非常喜欢玩水或是喜欢摆弄马桶上的机械装置。这种喜好实际上在年幼的儿童中是比较常见的。他们喜欢感受流水的声音、动态,从中得到享受并能使自己平静下来。有些富有想象力的儿童还会把水纳入到自己的小实验当中,进行很多科学式的探究,例如探寻什么物品会浮着而什么物品会沉下去、什么东西会堵塞住马桶、什么会消失不见或消失了又会重新出现等。

当有儿童把东西冲进马桶里时,教师们通常都会做出激烈的反应。他们会对儿童进行说教、责备,并捞起被丢进马桶里的物品,疏通马桶。甚至有时会叫管道工来帮忙。这些活动都强化了而不是减少了这名儿童的这种行为。这名儿童通过把物品冲进马桶获得了乐趣,然后又由此获得了巨大关注。

行为分析

可能有一些相对简单的解决办法。教师可以考虑如下建议:

- 年龄很小的儿童喜欢并且需要很多活动来提供各种各样的感觉体验。如果教室里的活动不能提供这种感觉刺激,儿童可能会自己去创造。玩水,是一种很重要的感觉游戏,教师应当经常安排儿童们进行这种活动。如果你不经常让儿童玩水,而他们通过自己的方式创造了这种活动(如冲马桶),那么你就需要增加一些玩水的活动了。提供一张玩水的桌子,或一只塑料水箱,装上清水、肥皂水或彩色的水。在水箱里添加各种设施,例如漏斗、塑料瓶、水管、筛子、吸管等。你可能会发现,当你设置的课程满足了儿童的心理需求时,类似冲马桶这样的行为就会消失了。*

---

* 有些具有认知障碍的儿童,可能处于经常需要寻求感官刺激的发展阶段。同样的,具有感觉障碍的儿童也可能需要额外的感官刺激。提供可以满足这些需求的活动,包括玩水游戏在内。

第24章 把东西丢进马桶里冲走

- 考察你为儿童安排的活动。可能有的儿童觉得活动和游戏材料不够有趣，所以他们才会通过创设自己的活动如冲马桶来转移自己的注意力。教师要确保安排的活动适合儿童的年龄发展水平，且这些活动应当对儿童具有一定的挑战性。当儿童面临的活动足够刺激和有趣时，他们就会停止冲马桶这样的行为。
- 对于两岁儿童把东西冲下马桶的行为，教师们不必感到惊奇。这种行为实际上很正常。如果这种情况发生在年龄很小的班级里，最好的办法是采取一些预防性的措施。当有儿童走近卫生间时，教师应当跟着过去。以平静的态度，阻止他将物品冲进马桶。不要对此小题大做。教师要确保为儿童们提供了包括玩水游戏在内的很多感官刺激活动，这样他们就会自动停止这种行为。到那时，你只要多一点警惕、多一点耐心就可以了。

如果上述方法都不能解决问题，请继续阅读下面的具体策略。

目标设定

目标是让这名儿童停止将物品丢进马桶冲走的行为。

方法介绍

要想阻止这种行为，其基本方法包括如下三个同时进行的步骤：
- 预防这种行为发生。
- 提供可替代的活动以满足这名儿童对玩水游戏的需要。
- 当这种行为发生时，减少对其的关注。

概念界定

把东西丢进马桶里冲走，是指儿童将某件（些）物品（不包括使用过的卫生纸）丢进马桶里并将其冲下去的行为。

基准线

了解此种行为发生的频率十分重要。教师要花三天的时间，对这种行为进行计录。每当这名儿童把东西冲进马桶时，就在纸上进行记录。因为这种行为并不是每次都能很容易地就被发觉到，所以教师尤其要仔细地进行观察和记录。

实施步骤

教师在花三天时间对这种行为进行追踪记录后，开始实施如下步骤。班里的所有教师遵从一致的步骤很重要。

预防这种行为发生。 要预防儿童把东西冲进马桶的行为发生，只需特别关注卫生间即可，所以预防起来并不难。教师可以在从事其他事情时留意一下卫生间。也可以请一位教师待在卫生间附近或入口处。如果有必要的话，可以重新布置教室，以便教师可以在卫生间的入口附近为儿童安排游戏活动。当这名喜欢把东西丢进马桶冲走的儿童靠近卫生间时，在附近负责指导游戏活动的教师就可以及时跟过去。

（1）在这名儿童走进卫生间前，及时跟过去，把她拦住。

（2）快速地扫视一下这名儿童，看看她身上有没有带可以被冲下马桶的小物品。

（3）如果这名儿童没有带任何东西，对她笑一笑然后让她进卫生间。

（4）如果你不能确认她有没有带东西进去，对她笑一笑并跟她一起进卫生间。待在那里直到这名儿童上完厕所。如果她试图把东西放进马桶，你只需要将这件东西拿走，并对她说："不可以，你不能往马桶里丢东西。"然后带她走出卫生间即可。

（5）如果这名儿童身上带了小东西，就将其拿走并对她说："我来拿着这件东西，等你从卫生间出来后再还给你。"这名儿童或许会改变主意不去卫生间了。如果是这种情况，你要确定她去了另一个地方以后再把东西还给她。

无论你采取什么方式，切记：不要小题大做。你的目的是不关注这名儿童的这种行为。

提供可替代的活动来满足这名儿童对玩水游戏的需要。 设想这名喜欢把东西冲下马桶的儿童喜欢玩水。为她提供更多玩水的游戏活动。如果天气不错，可以把玩水游戏安排在户外进行，也可以把玩水游戏安排在一块塑料垫子或旧报纸上进行，以保护附近的地面。如果教师发现这名儿童带着一件小物品进卫生间想把它冲进马桶，就引导她去参加玩水游戏。建议她在游戏中使用刚才手里拿着的那个物品。如果这个物品不适合用来玩水，就用另一个物品代替它。

当这种行为发生时，减少对其的关注。 你所采取的预防性措施应当可以消除这种行为。如果该行为仍然偶尔出现，不要做出过度的反应。要记住如下几点：

（1）如果你注意到有东西被投进了马桶，不要说话，将它拿出来。冲洗这件物品，然后从这名儿童身边走开。不要给她任何关注。

（2）如果这名儿童走过来告诉你她把一件东西冲下了马桶，对她说："哦，真的吗？"然后继续做你手头的事情。过了一会儿，当这名儿童不在旁边时，检查马桶看它是否被堵住了。如果被堵住了，暂时把它封起来，并安排儿童到别的地方上厕所，直到马桶修好为止。此时尤其要预防这名儿童再次出现这种行为。

（3）如果另一名儿童告诉你有东西被冲进了马桶，对他说："谢谢你告诉我。"

第24章　把东西丢进马桶里冲走

然后尽可能不引人注意地检查马桶。仍然要注意尽量减少你对此行为的关注。

继续记录这种行为。上面所建议的步骤应当能够消除这种行为。预防性的措施应当能够使该行为的发生频率降到最低；替代的活动会满足儿童玩水的需要；忽视该行为，则会消除它通常得到的强化。此时，继续观察该行为的发生次数，以及这名儿童带东西进卫生间的次数，分别予以记录。

保持取得的进展

当这名儿童不再带东西进卫生间时，你就可以不用再对她进行特别的关注了。继续提供玩水游戏。这名喜欢往马桶里冲东西的儿童可能年龄很小，当你完成了上述的措施后，她可能已经长大了，已经能够自己控制这种行为了。

第 25 章

浪费纸张

3岁的托尼洗完了手,抽出一张纸巾来擦手。他拿纸巾往手背上一抹,就把它丢进了垃圾篓。然后,他又抽出了一张纸巾,仍然只是敷了一下手背就把纸巾丢掉了。托尼重复了这个动作好几次。"托尼!"一位教师喊道:"你用不了那么多纸巾!"托尼说:"我的手还没干呢。"他边说边又迅速地抽出了两张纸。教师说:"好了,现在够了。"但托尼又用力抽出了一张。教师把托尼从纸巾盒边拉开,并告诉他为什么不能浪费纸。托尼很不耐烦地听着,他已经听老师说过好多次了。

过了一小会儿,托尼来到画架前开始画画。他拿起一支蘸满颜料的笔,往画架上的画纸上轻轻一抹,说:"我画完了,能再给我一张画纸吗?"一位教师取下了托尼刚完成的作品,换上了一张新的画纸。托尼又快速地抹了一下,然后再次要求教师换新的画纸。就这样,不一会儿他就用掉了五张画纸。教师说:"就这样吧,够了,托尼。"

托尼来到放着剪纸的桌子旁边,拿起了一叠剪纸,往上面滴了几滴颜料。教师这时才注意到:"托尼,你把剪纸都用完了的话,别人就不能涂了。这样是不是对其他小朋友不公平呢?"托尼辩称说自己想多做几张图片。教师只好过来哄着他到积木区去玩。但是,教师们知道托尼过不了多久又会有浪费纸张的行为出现。他的这一行为已经持续很长时间了。

行为表述

这名儿童经常故意浪费纸张。

行为观察

教师花一段时间对这名儿童进行非正式的观察,以便对这名儿童的这种行为有更多的了解。

这名儿童一般何时会浪费纸张?
- 在美术活动时间
- 在自由活动时间
- 在如厕时间

- 在吃饭时间
- 在活动间的过渡环节
- 无论何时，只要身边有纸

这名儿童如何浪费纸张？
- 将纸冲进马桶
- 将纸丢进垃圾桶
- 撕纸
- 画画时，在纸上画出一条线或乱涂一气就宣告作品完成
- 故意弄洒液体，然后用很多纸巾去擦拭

这名儿童浪费纸张之前在做什么？
- 在参与美术活动
- 在美术活动区待着但并未参与活动
- 上厕所
- 洗手
- 玩水
- 吃午饭或吃点心

当他浪费纸张时，他一般会做什么？
- 告诉别人他在用很多纸
- 从可能正在看着他的教师身边走开
- 看是否有教师在看着他
- 当教师要求他少用些纸时，他会很不高兴
- 对教师少用些纸的要求置若罔闻
- 如果有教师在一旁看着，他用纸会用得少些

利用这些观察所得的信息，帮助你更好地了解这名儿童的行为，进而有效地处理这种行为。

与家长合作

浪费纸张的行为可能在儿童家里并不常发生，所以作为教师，你只需要在幼儿园应对这个问题。在日常的家长见面会上，你可以告诉这名儿童的家长这个问题，并让他们了解到你正在处理这个问题以及你所取得的进展。

行为影响

幼儿园里活动材料的供应常常是很充足的，以便让儿童们可以去探究、发挥创造力。用于画画、裁剪、粘贴、折叠的纸张，儿童通常很容易得到。为了锻炼儿童的生活自理能力，教师们还会为他们提供厕纸、纸巾、餐巾。但是出于环保

的考虑，教师经常会提醒儿童要节约用纸。这名儿童可能已经注意到，如果他用掉三张而不是一张纸巾，或是草草地画十张画而不是认真地画两三张画，教师就会给予他特别的关注：会和他谈话、花时间向他解释、提醒或者责备他。如果浪费纸张的行为很频繁地出现，这名儿童就会从教师那里得到相当多的关注。因此，教师试图通过谈话来减少这名儿童这种行为的措施，其结果反而是强化了它。

行为分析

如下建议或许会为你提供一些相对简单的解决办法。

- 如果这名儿童在美术活动区用掉很多纸张，那么你要注意：不要轻易下结论说他喜欢浪费纸张。很多年幼的儿童都会经历这样的阶段，即他们发现自己原来可以创造出这么多的美术作品，所以会画了一张又一张。此外，儿童绘画的发展阶段也能给这种行为提供一个合理的解释。儿童的绘画发展包括这样几个阶段：从乱涂一气到画出各种形状，到最终能画出可以辨认的物品。在某一阶段，儿童有可能真的认为他的画已经完成了，尽管此时他才用去了一张画纸的一小部分。理解图画和背景的关系对儿童来说很重要。他们可能只把画画在画纸的中央、一边或一个角落。你可以建议他们使用画纸的其他部分。但是如果儿童确实觉得自己已经完成了，你就不要再坚持。
- 这名儿童可能是由于喜欢纸张带来的感官体验而大量地使用纸。如果你有此怀疑，为他提供各种各样的感官活动，比如给他一盒剪碎了的报纸，让他用手指尖去体验。设计一些纸艺活动，让他有机会通过撕扯、浸泡、折叠等各种方式玩纸。

如果上述建议都不能解决问题，你可以继续阅读下面的具体方法。

目标设定

目标是使这名儿童停止故意浪费纸张的行为。

方法概述

要想消除这名儿童浪费纸张的行为，其基本方法包括如下四个同时进行的步骤：

- 安排可以玩纸、用纸的游戏活动。
- 采取预防性的措施防止此类行为发生。
- 对合理使用纸张的行为进行表扬。
- 当浪费行为出现时，予以忽视。

概念界定

浪费纸张，是指儿童乱丢纸张或者为了阻止其他儿童使用纸张而出现的过度使用纸张的行为。班里的所有教师应该一同讨论判断过度使用的标准。例如，可以确定这样的标准：擦手时使用两张以上的纸巾。

基准线

确定这名儿童浪费纸张的行为发生的频率。花三天的时间，在你对该行为定义的基础上，计录浪费的纸张数量以及浪费纸张的行为次数。为此，你需要对这名儿童进行细致的观察。

实施步骤

教师在花三天时间对这名儿童浪费纸张的行为进行记录后，开始实施如下的步骤。班里所有的教师态度一致地遵从统一的步骤很重要。

安排可以玩纸、用纸的游戏活动。 这名儿童之所以出现浪费纸张的行为可能是出于纸张给他带来的快感。在正常进行的美术活动之外，为儿童安排一些以各种方式使用纸张的活动：提供一些纸张和剪刀，让儿童做剪纸或撕纸游戏；提供一个箱子，装上不同重量、软硬度和材质的碎纸，让儿童可以把手伸进纸里玩耍；也可以让儿童使用各种各样的纸，进行拼贴画活动。鼓励浪费纸张的这名儿童参加这些活动，当他参与进来时对其进行表扬。*

采取预防性的措施防止此类行为发生。 班里所有的教师都对浪费纸张的行为保持警惕，有助于预防这种行为的出现。教室里有纸张的区域并不多，所以看管好这些区域并不难。采取什么样的预防措施，取决于这名儿童浪费纸张的地点以及纸张的类型。

（1）盥洗室里的纸巾。当这名儿童洗完手后，引导他去纸巾架上取纸巾。等他抽出一张纸巾后，你站在纸巾架的前面，告诉他："很好！看，你把手擦得多干净啊！"在他离开卫生间之后你再离开。

（2）卫生间里的厕纸。当这名儿童要上厕所时，允许他从厕纸卷中抽出合理数量的厕纸。（你先前所做的定义，有助于你判断多大的数量是合理的）当你觉得他拿的纸已经够多了时，把你的手放在纸卷上阻止他继续拿纸，告诉他："这么多正好！"如果他想往马桶里冲更多的纸，阻止他，对他说："你不能浪费纸。"将这名儿童引导到一个正在进行中的活动中去，最好是那些需要使用纸张的游戏活动中。

（3）美术活动用纸。如果这名儿童正在参与美术活动，那么只有在你确认他是在故意浪费纸张时才予以干预。如果这种情况发生了，限制他画画的数量。在他刚进入美术区时，告诉他你很高兴他过来参加美术活动，但是对于他画的画，会有一个数量限制。以正面的语言告诉他："你今天可以画五张画！这是你的第一

---

* 具有认知/感觉障碍的儿童可能需要参加一些感官活动并能从中得到快乐体验。为他们以及所有儿童提供机会进行各种感觉体验很重要。

张纸。你可以帮我数一数你画了几幅画。"如果这名儿童画完五张后继续向你要纸,告诉他今天的纸已经用完了。让他再数一遍自己画的画。然后把纸上的空白区域指给他看,建议他在这些空白区域上继续作画。

(4) **擦拭用纸**。如果你怀疑这名儿童故意把液体溅出来,好用纸去擦拭,那么让他用其他的东西来擦拭,例如海绵或毛巾等。

对合理使用纸张的行为进行表扬。不管何时这名儿童以你期待的方式对待纸张,你都要对他进行表扬。你可以对他说:"你的画画在了这张纸的各个角落,我很喜欢。"(即使他的画没有占满每个角落,也不要批评他。你的目标不是塑造他的绘画风格,而是防止他浪费纸张)"谢谢你擦手只用了一张纸巾。我们要保证别人也有得用。""嗨,你抽的卫生纸数量刚刚好,有进步!"当这名儿童参与你所提供的使用纸张的活动时,给他以关注。最初,对其合理地使用纸张的行为进行强化。当他不再浪费纸张时,你可以开始逐步减少表扬的次数。但要继续对他的适宜行为进行关注,就像你关注其他小朋友那样。

当浪费行为出现时,予以忽视。这些预防性的措施,应当能够减少这名儿童浪费纸张的行为。但是如果这名儿童仍然出现这种行为,尽可能地予以忽视。按照下面的步骤进行:

(1) 走到他跟前,拿走他的画笔或其他绘画材料。

(2) 对他说:"不可以!你不能浪费纸张。"不要解释,也不要对他进行长篇大论地说教。

(3) 把他带离所在的区域。

(4) 从他身边走开,不要给予他关注。去关注其他的儿童或活动。

(5) 两分钟后,回到这名儿童身边,如果他在积极地参与活动或和别的小朋友在进行交流,给予强化。如果他还没有参与到活动当中去,帮他找一项活动参加。

继续记录这种行为。继续计数这名儿童浪费的纸张的数量以及浪费纸张行为的次数。因为你采取了预防性措施,浪费纸张的数量应当会很快有所下降。如果这名儿童表现出了浪费纸张的迹象(如伸手去拿纸巾或画纸)但被人阻止了,也把它作为一次浪费纸张的行为。浪费的纸张的数量可以显示出你的预防措施是否有效,而浪费纸张行为的次数则可以告诉你,你所采取的整个干预方法是否有效地消除了这种行为。

保持取得的进展

继续对这名儿童的适宜行为进行间歇性强化。同时,在课程中为儿童安排使用纸张的感官刺激活动。如果这名儿童偶尔又出现了浪费纸张的行为,予以忽视。

第26章

破坏他人的作品

阿琳正在桌上很小心地摆放游戏卡。5岁的帕姆从她身边走过，用手在桌面上一扫，把卡片都扫到了地上。阿琳叫起来，班里的一位教师走了过来，说："帕姆，你为什么把卡片扫到地上？阿琳摆得那么整齐，你却把它破坏了。马上把卡片捡起来！"帕姆站在一旁，没有动。"帕姆，我要你把地上的卡片捡起来。"帕姆还是没有动，但随后弯腰把卡片捡了起来。"嗯，这样才对。"教师一边说着一边转过身去安慰阿琳。帕姆看了她们一眼，然后转身走掉了。

过来一小会儿，帕姆来到了美术活动区，在那里，查德正在给他的画添上最后几笔。班里的另一位教师看了查德的画，说："你画得很好，查德。我很喜欢你画的花和树。"帕姆拿着一张纸和蜡笔也来到画架前面，在查德的身边坐下来。他开始画画，但突然把蜡笔伸到查德的画上，在查德的画纸中间胡乱地涂了几笔。查德喊叫起来，然后打了帕姆几下。教师冲了过来，告诉查德不应该打人，然后开始安慰正在大哭的帕姆。

这天的晚些时候，帕姆又故意碰倒了其他小朋友搭好的积木，撕坏了两张画，把苏珊摆好的鞋子从鞋架上拽了下来。教师们都感到很沮丧，因为他们找不到什么办法来阻止帕姆的这种破坏其他小朋友作品的行为。

行为表述

这名儿童故意破坏其他儿童的作品。

行为观察

教师要花一段时间观察这名儿童的这种行为，以便更多地了解其行为发生的时间和场景。

这名儿童一般何时会破坏其他儿童的作品？
- 不好预测，一天中的任何时候都有可能
- 在自由活动时间
- 在预设活动时间
- 在整理打扫时间

- 在活动间的过渡环节
- 在儿童们准备回家时

这名儿童在破坏其他儿童的作品之前，一般在做什么？
- 待在别的儿童旁边
- 在教室里的其他地方待着
- 没有参与任何活动
- 与某个或某几个特定的小伙伴在一起玩
- 在完成某项任务时遇到了困难
- 对正在进行的活动表现出不喜欢的样子
- 遭到了某些儿童的冷落（这些儿童的作品随后被他破坏）

这名儿童在破坏其他儿童的作品时，有怎样的行为表现？
- 环顾四周，看有没有教师在看着他
- 等到那个儿童往别的地方看时，再对他的作品进行破坏
- 破坏后，若无其事地走开
- 破坏后，变得很不安
- 面对教师时，承认是自己破坏了他人的作品
- 否认是自己破坏了他人的作品
- 主动道歉
- 当教师要求他道歉时，他会照做
- 承诺会改正自己的行为

通常谁是受害者？
- 任何人都可能是
- 他的好朋友
- 男孩
- 女孩
- 年龄小、个子矮的儿童
- 年龄大、个子高的儿童
- 与他有冲突的儿童
- 他所不喜欢的儿童

这名儿童通常会以何种方式破坏他人的作品？
- 推倒积木作品
- 推倒用各种材料搭建起来的东西
- 撕毁或丢弃美术作品
- 弄皱美术作品或把水洒到上面

第26章 破坏他人的作品

- 用画笔、蜡笔或其他东西在美术作品上乱涂
- 在"娃娃家",把桌子上或其他东西上的道具推倒
- 把布娃娃的衣服脱掉
- 弄乱别人摆放好的物品
- 把拼块从拼好的拼图里拿出来
- 把黏土做的泥塑压碎

通过上述非正式观察获取的信息可以帮助教师消除这名儿童的这种不适宜行为。

与家长合作

对于这名儿童破坏他人作品的行为,教师应该尽快地予以制止。在你认真地观察了这种行为发生的时间、方式以及"受害"对象后,约这名儿童的家长面谈,和他们讨论这名儿童出现这种行为的原因,并征求他们的建议,寻求他们的帮助。在你开始采取干预措施后,时常和家长保持联系,让他们了解你所取得的进展。

行为影响

幼儿园的活动是鼓励儿童发挥创造性的。在几乎所有的活动区域中,儿童都有机会以独特的方式表达自己。很多材料的设计,都允许他们以自己喜欢的方式去玩,没有对与错之分。除了鼓励创造性之外,幼儿园的材料还允许儿童发展独立性,促使他们形成良好的自我概念,让他们为自己的作品感到骄傲。所以,如果他们的作品遭到了破坏,这对他们来说是一件很不幸的事。故意破坏他人作品的儿童,可能是出于生气、不喜欢、受挫或恶作剧心理才这么做。不管原因如何,这种破坏行为都是不可以容忍的。

教师们通常会立即阻止这种行为,他们可能会对这名儿童进行说教,批评他,向他表达自己对他的失望之情,或坚持让他向其他儿童道歉。尤其是当那些被破坏了作品的儿童反应强烈比如哭闹时,教师们的这种心情更迫切。因此,当这名儿童破坏了他人的作品时,他得到了双重的强化。一方面,被他伤害的儿童可能以语言和行为做出激烈的反应。另一方面,教师也会做出激烈的反应,告诉他这样做是不对的。这名儿童由此而得到相当多的关注。尽管这些关注的初衷是要阻止这名儿童的这种行为,但是实际上它却只起到了强化的效果。

行为分析

考虑如下几条建议,看它们是否能为你提供一些相对简单的方法帮你解决问题。
- 考察教室里是否有足够多的操作材料,让所有儿童都有机会使用它们。当某一个儿童由于材料短缺而不能参与活动时,他可能就会做出消极的回应。

在这种情况下，你要提供更多的材料，以便让每个想玩的儿童都有机会参与到活动当中。

- 教室环境的布置不当也可能引发很多破坏性行为。如果积木总是被碰倒，检查积木活动区是否与其他区域隔离开了，也有可能是因为积木区处在了过道的位置上。绘画作品被破坏，可能是因为画架之间的间隔太小了，儿童会不小心相互碰到。你要考察问题行为发生的区域，考虑是否需要重新布置教室环境。
- 检查你存放儿童作品（如美术作品）的方式。教室里应当有一个相对独立的地方放置这些作品，好让未干的绘画作品或用胶水黏制的物品尽快干燥。在将其带回家之前，每个儿童都应该有一个特定的地方放置自己的作品。存放作品的地方不能是乱糟糟的，因为这样的地方会让儿童觉得他们的作品是不受重视的，不用在乎是否有人要破坏它们。你对待和存放他们作品的方式，实际上传达了你对它们的重视程度。
- 如果这名儿童只是破坏了某个特定小朋友的作品，考虑是否要将他们二人分开。因为，很可能是这个"受害者"激起了这名儿童的破坏欲。因此，如果可能，把其中的一个小朋友调到另外一个班级去，或者在破坏行为发生前就将他们两个分开。

如果上述建议都不能帮助你消除这名儿童的破坏行为，继续阅读下面的方法。

目标设定

目标是让这名儿童停止故意破坏其他儿童的作品的行为。

方法介绍

要想消除这名儿童的这种行为，其基本方法包括以下四个同时进行的步骤：
- 鼓励这名儿童参与创造性的活动，并对其进行强化。
- 强化适宜的社会互动行为。
- 尽可能地防止破坏行为发生。
- 如果这名儿童破坏了他人的作品，使用自我控制时间策略。

概念界定

破坏他人作品，是指儿童通过各种方式故意破坏其他儿童的作品的行为，包括撕、剪、溅、乱涂、碰倒、弄乱等，或者在其他儿童创造作品时给予破坏的行为。

基准线

花三天时间，计数这种行为出现的次数，以便与将来这名儿童取得的进步做比较，同时考察你的干预是否取得了成效。每次这名儿童的破坏行为发生时，你都要在纸上做一个标记。

实施步骤

连续三天追踪记录此种行为后，你可以开始实施如下的具体步骤。班里所有的教师遵从一致的步骤很重要。

鼓励这名儿童参与创造性的活动，并对其进行强化。要想让这名儿童了解和尊重他人作品的价值，首先要让他尊重自己的作品。提供各种各样的创造性活动，鼓励这名儿童参与其中。当他积极地参与这些活动时，给予及时的关注，以感兴趣和欣赏的态度描述他的作品。你可以描述他使用的色彩和图案设计，也可以描述他工作的过程和付出的努力。和刻意的表扬相比，这些中立的描述虽然没有做出价值判断，但是却承认了这名儿童付出的努力，因此效果更好。例如，"你画得真棒！"这句话往往扼杀了儿童的创造性，因为它强加了一种价值判断在儿童作品身上。并且，因为它适用于任何一个儿童，所以不会引起儿童的共鸣。

最初，尽可能多地关注这名儿童。之后，随着这名儿童破坏行为的减少，逐渐地减少对他的关注，最终达到和其他儿童一样的水平。

同时也要注意，创造性的活动并不仅限于美术活动。创造性可以通过积木搭建活动、"娃娃家"活动、玩沙、玩水、唱歌、跳舞、语言活动等多种形式来体现。

强化适宜的社会互动行为。当你向这名儿童表达你对他破坏行为的不满时，也要让他知道何种行为是你所赞赏的。当他参与到适宜的社会活动中时，给予强化。让他知道，当他在游戏中能与他人一起合作、分享、感受快乐时，你和其他小朋友都会很高兴。这样你就告诉了他你所欣赏的行为方式，而不只是你所不期望的行为。*

尽可能地防止破坏行为发生。从非正式的观察中，你应该已经了解到这名儿童破坏行为出现的时机。利用这些信息，尽可能地防止这类行为发生。例如，如果你发现只要这名儿童站在画架前时，他就会破坏别人的绘画作品，那么就把他的画架转向另一个角度，并密切地关注他。再如，如果你发现这名儿童喜欢撕掉别人已经完成的绘画作品，那么就为这些绘画作品找一个安全的存放场所。**

---

* 对于具有情感/行为障碍的儿童，如果他们因为生气而破坏他人的作品，那么对他们适宜行为的强化会起到好的效果。

** 对于在胎儿期就接触过酒精或毒品的儿童来说，破坏他人的作品可能源自于一种生理上的冲动。针对这些儿童，采取一些预防性的措施是最好的办法。

如果这名儿童破坏了他人的作品，使用自我控制时间策略。如果这名儿童破坏了他人的作品，你可以采取下面的步骤：

（1）让另一位教师来照顾作品被破坏的儿童。这位教师应当尽可能地修复被破坏的作品，或帮助"受害者"重新完成作品。

（2）平静地带着这名破坏他人作品的儿童到自我控制室，坚定而平静地对他说："我不能允许你破坏别人完成的作品。你要先在这里坐一会，直到你准备好以后才能重新回到活动中去。"

（3）然后走开，在自我控制时间里，不要和这名儿童说话，也不要看他。言语或目光的接触会对他的行为起到强化作用。

（4）如果有另一个儿童靠近自我控制室，轻轻地把他带走，并向他解释："帕姆需要自己待几分钟。你可以等他回来以后再和他说话。"

（5）当这名儿童感觉自己准备好了，他可以重新加入到教室里的活动当中。不要说教，他知道自己被隔离的原因。为了引导他积极地参加活动，你可以建议他去参加一项正在进行中的游戏，且在他一出现适宜的行为时，就进行及时的强化。

（6）如果这名儿童在重新回到活动中后又出现了破坏他人作品的行为，对他说："我看你还没有准备好回来。"然后把他带回到自我控制室。这次仍然让他自己决定什么时候准备好回到活动中去。

继续记录这种行为。继续记录这名儿童破坏行为发生的次数。这些记录可以帮助你确定何时应开始减少对其适宜行为的强化。

保持取得的进展

当这名儿童不再破坏他人的作品时，你就达到了预定的目标。但是，你还要继续不定期地对他的创造性行为进行强化，鼓励他积极地进行社会互动。如果他偶尔又出现了破坏行为，你就采取自我控制时间策略进行处理。

第五篇

情绪及依赖行为

第27章

爱 哭

"老师！"4岁的斯蒂文叫道。考特尼老师转过身来走向斯蒂文，但中途却被两个要推倒积木塔的小朋友吸引了过去。没一会儿，斯蒂文开始哭起来。拯救了积木塔之后，考特尼老师走向了斯蒂文。她把胳膊搭到他身上，问他为什么哭。斯蒂文不说话只是哭，在老师哄劝了半天后才终于抑制住哭声，说："我还要一些画纸。""没问题啊。"考特尼老师说完，放开了斯蒂文，从画架上撕下一张纸递给他。斯蒂文又哭了一会儿，才开始接着画画。在这几分钟时间里，考特尼老师仍然不停地安慰着他。

那天早上的晚些时候，斯蒂文又哭了几次：当他不能和朗达坐在一起听教师讲故事时，当吉米叫他"爱哭鬼"时，当他没有积木玩时，当他右手边的小朋友没有把点心递给他时，他哭了。在他入园来的这四个月时间里，教师们已经帮他擦了无数次眼泪了。

行为表述

这名儿童经常哭泣，尽管可能并没有什么不顺心的事，或者只是因为一些微不足道的小事。

行为观察

花一段时间观察这名儿童，以便对他爱哭的行为有更多的了解。

他一般什么时候会哭？
- 不好预测，在一天中的任何时间都有可能
- 早上刚到幼儿园后不久
- 下午快要回家时
- 在午休时间
- 在午餐时间
- 在结构化的或教师主导的活动期间
- 在自由活动时间
- 在户外活动时间

- 在整理时间
- 在游戏活动结束时
- 在活动间的过渡环节
- 在如厕时间

这名儿童在哭之前发生了什么事情?
- 另一个小朋友手里有他想要的东西
- 别的小朋友拿走了他的一件东西
- 某一个或几个小朋友不让他参与他们的游戏
- 他和另一个小朋友有言语或身体上的冲突
- 他向教师发出请求或提问,但没有得到教师的回应
- 教师拒绝了他的请求
- 他的父母刚刚离开
- 他不能完成某项活动
- 教师或其他小朋友不允许他参加某项活动
- 他说自己身上很疼
- 他跌倒了或者绊倒了,弄疼了自己
- 没有明显的刺激事件

这名儿童在哭时会有怎样的行为表现?
- 当问题得到解决后(如得到了想要的玩具),他就停止了哭泣
- 即使得到了想要的东西,他仍然会接着哭
- 当有教师关注和安慰他时,他就会停止哭泣
- 只有在教师抱了他一会儿后,他才会停止哭泣
- 拒绝教师的拥抱和安慰
- 告诉他人自己为什么会哭(如"想找妈妈")
- 不说话,只是哭
- 当教师跟他讲道理时,他会做出回应
- 不理会教师的说教
- 当有人跟他说话时,他会哭得更凶

使用上述观察所得到的信息,来寻找消除这名儿童这种问题行为的最好办法。

与家长合作

在认真观察了这名儿童的行为后,教师要约其家长进行一次面谈,和家长讨论一下这个问题。看看这名儿童家里最近是否发生了什么变故从而引起了他的焦虑情绪或恐惧感。了解一下这名儿童在遇到困难时是否总是哭着寻求成人的帮

助。询问他的家长是否试过一些减少哭泣的方法,这些方法是否奏效。如果哭泣的行为主要发生在幼儿园,在家里并不多,那么就和家长一起探讨是什么引起了这名儿童的这种行为。在你开始采取措施来减少这名儿童的哭泣行为后,保持和其家长的联系,让他们了解你所取得的进展。

行为影响

哭泣,对年幼的儿童来说是一种交流的方式。随着年龄的增长,儿童会学会更好地控制自我,并掌握其他表达需求的方式。语言是儿童需要学习的重要交流手段,可以用来代替哭泣以表达自己的需要。然而,对于很多儿童来说,哭泣仍然作为交流手段而保留。在幼儿时期,哭泣经常被儿童用来表达疼痛、愤怒、恐惧、受挫、悲伤等各种不良情绪。

然而,有时候儿童会过度使用哭泣这种手段。如果他在以适宜的方式进行交流时并未得到足够的回应,那么就会导致这种情况出现。他发现哭泣会引起家长和其他人的关注。这种情况很容易塑造这样一种行为模式,即这名儿童想要得到别人的关注,但语言的方式却不能使他如愿以偿。而通过哭泣,他能够得到关注,因此哭泣受到了强化。如果这种情况经常发生,哭泣就会成为他的主要沟通方式。

在幼儿园,儿童经常哭泣。有些儿童哭是出于正当的理由,但有些儿童哭则是因为他们发现哭泣可以引来关注。区分这两种情况是很重要的。如果儿童是因为受到了惊吓、感到孤独或受到了伤害而哭泣,那么你就需要帮助他解决问题。但是,如果儿童是为了获取成人的关注而哭泣,那么就需要采取其他的办法了。在这种情况下,如果教师继续以关注来强化,哭泣的行为就会持续出现。

行为分析

因为儿童哭泣并不都是为了得到成人的关注,所以教师必须弄清儿童哭泣的原因。如果某个儿童并不是经常哭,那么当他哭时就可能出于正当的原因。即使某个儿童经常哭,你也不能认定他哭就是为了获得他人的关注。考虑如下情况:

- 入园,对儿童来说可能是一次创伤性的体验。有些儿童刚入园后会哭一段时间。此时,帮助他们克服焦虑情绪很重要,这样才能让他们在幼儿园生活得快乐,并可以从中学习到更多的东西。在刚入园时,可以让一个家长陪着他们,直到他们熟悉了新环境和教师之后,再让家长离开。教师要反复地告诉让新入园的儿童,他们不是被遗弃了,放学后他们就可以回家。*
- 刚入园的儿童如果经常哭泣,说明他确实感到了焦虑。对这样的哭泣行为,

---

* 具有情感/行为障碍的儿童,可能因为过于害羞,不能适应新的环境。他们非常需要教师温柔的和富有支持性的回应。

第 27 章 爱哭

不要忽视。通过和他说话、关注他、抱着他等方式来抚慰他，让他感到放松。帮助他理解自己不是被遗弃了。幼儿在战胜这种焦虑的过程中会对你建立一种替代性的依恋情感。这种依恋在短时期内是必要的，但当儿童能放松地在幼儿园生活时，就不应再加以鼓励。慢慢地，黏着教师的情况会随着幼儿园活动带来的快乐和同伴交往的增加而减少。

- 如果这名儿童经常哭泣的行为是最近才出现的，那么你就要去看看是不是他的家庭生活出现了变故。小弟弟（妹妹）的出生、亲人的亡故、父母离异或其他压力源都可能使他感到不安。这些事件都容易使这名儿童产生情绪波动。和他的家长沟通，看看你是否能和他们一起帮助这名儿童应对这样的事情。在这种时候，儿童需要你的支持和关注。
- 有些儿童也可能因为发生意外而哭泣。当然，也有可能是他们为了得到关注而故意制造意外。仔细观察这名儿童，区分真正的和人为的意外事件。注意观察这名儿童是否有运动或感知觉方面的问题，这些问题可能会导致过多的意外事件发生。*
- 如果某个儿童由于在社交方面受到了伤害而经常哭泣，那么你就需要努力提高他的社会交往技能，而不是着力于减少他的哭泣行为。如果是攻击性行为造成了他的不受欢迎，请参考本书第 38 章关于攻击性行为的解决办法。在你消除了引起这名儿童哭泣的原因后，这种行为自然就会减少了。**
- 在言语交流方面有困难的儿童可能会采用哭泣来作为替代的表达方式。***

目标设定

目标是让这名儿童减少哭泣行为，让他只有在正当的原因下才哭泣，而不是将其作为获得关注的手段。

方法介绍

为了消除这名儿童这种为了获得关注而哭泣的行为，教师可以执行如下步骤：
- 当这名儿童哭泣时，予以忽视。
- 当他不哭时，给予关注和强化。

---

* 关注经常发生意外的儿童，看他们是否具有运动或感知觉方面的障碍。
** 具有情感／行为障碍的儿童，会出现一些问题行为，这些问题行为和他们的障碍交织在一起，加剧了他们的障碍严重程度。教师帮助这类儿童学习那些适宜的行为方式十分重要
*** 具有语言障碍的儿童可能会发现哭泣比正常的语言交流更容易引起教师的关注。对于教师来说，留意并弄懂这类儿童想要表达的意思很重要。

概念界定

哭泣，是指儿童抽泣、呜咽等类似的行为。儿童的这种行为之所以受到关注，是因为它更多的是为了获得教师的关注，而不是由于疼痛、愤怒、受挫、悲伤或其他不良情绪才出现的。

基准线

花三天时间收集一些起始信息。每当这名儿童哭泣时就在纸上进行记录。这些记录可以用来对照、评估你将来所取得的进展。

实施步骤

在花三天时间收集了信息之后，教师就可以开始采取措施了。为了使干预措施取得成效，班里所有的教师必须执行一致的步骤。

当这名儿童哭泣时，予以忽视。 当你确定哭泣只是这名儿童获得关注的一种手段后，就可以通过减少关注来改变这种行为。哭泣行为由于受到了教师的关注而得到强化。反过来，如果关注没有了，哭泣行为也就会消失了。当他哭泣时，进行如下的步骤：

（1）迅速地检查一下这名儿童，确定他没有受到伤害。如果你对他哭泣的原因不是很确定，走到他的身边更近距离地观察一下。

（2）如果你认定他哭是因为正当的理由，安慰这名儿童，并帮助他解决问题。

（3）如果你发现这名儿童是为了得到关注才哭的，告诉他："我不知道你为什么哭。"如果他继续哭，就走开。不要看他，也不要通过你的表情或姿势来告诉他你在关注着他。只要他还在哭泣，就继续予以忽视。

（4）哭泣可能会打扰教室里的活动。如果这名儿童在自由活动时间哭泣，就不用管他。如果这引起了其他小朋友的关切，提醒你这名儿童哭了，告诉他们你留意到了，哭的儿童并没有受伤。

如果哭泣行为发生在讲故事时间、音乐时间或其他活动期间，你可能需要把这名儿童带离教室。如果此时他抗拒并影响了其他小朋友的活动，就要预先安排一个区域，在他哭时好把他带到这个区域去。当你把他带离教室时，对他说："你这么哭，我们都没法听故事了。等你不哭了再回来。"

（5）要知道当你对他采取忽视策略时，最初他哭的时间会更长、声音会更大。这种情况是正常的，因为他在试图通过哭泣引起你的关注。坚持住。在被完全忽视几次之后，这名儿童就会迅速地减少这种行为。但要注意，对他的忽视一定要彻底。如果在他哭时，有人给予了关注，那么就会强化他的信念——哭可以获得他人的关注。

(6) 注意听这名儿童的动静，但不要看他，以便及时知道他何时停止哭泣。当他停下来时，马上走到他身边，这次给他充分的关注。你可以说："嗨！现在我们看看你能参加哪个活动了。我会过来和你在一起坐一会儿。"把他引导到某一项活动中去，并陪他玩一会儿。

(7) 当你靠近他时，这名儿童可能又会哭起来，告诉他："你哭的时候，我没办法和你说话。"如果他再次停止了哭泣，就让他参与游戏活动。如果他继续哭，就走开，继续忽视他直到他停止哭泣。（在你的日常记录中，将上述整个过程记录为一次事件）

当他不哭时，给予关注和强化。 传达给这名儿童这样的信息：当他哭时你不会给予关注。让他知道你期望和欣赏的是什么样的行为表现。当他积极参与日常活动时，你就要给他经常性的关注，经常告诉他当他参与活动、积极地游戏、遵从指令、帮助清理打扫、参与同伴间的互动时，你很高兴。给予他表扬、关注、拥抱等各种适当形式的强化。对适宜行为的强化、对哭泣行为的忽视，两者加在一起会很迅速地改变这名儿童的行为。

继续记录这种行为。 继续记录这名儿童每天哭泣的次数。记住，在最初的几天，你可能会发现数字有所增长，因为这名儿童正在试图通过更多的哭泣行为来获得你的关注。一旦他意识到哭泣以外的方式也会带来关注，这一行为就会迅速减少。

保持取得的进展

当这名儿童不必要的哭泣行为停止后，你还要继续对其适宜的行为给予间歇性的强化。你的目标是让这名儿童知道他应该继续表现出适宜的行为，而你会对此予以强化。如果这名儿童是为了获取关注而哭泣，仍然予以忽视，这将帮助你再次消除他的这种行为。

第28章

爱发脾气

"凯若琳，站起来！真是胡闹。现在请你站起来！"听到老师的话，3岁的凯若琳仍然躺在地板上，踢着腿、甩着胳膊、哭闹着，不肯站起来。萨利老师试着把凯若琳从地板上抱起来，直到胫骨被踢了一下之后才成功。不过，虽然被抱着，但是凯若琳却挺着身体，一边哭叫一边挥舞着胳膊和腿，想挣脱教师的束缚。萨利老师没有办法，只得放开了凯若琳。凯若琳站了起来，跑到一边，再一次躺在地上，继续发脾气。

几个小朋友一直在一旁看着他们。这时，班里的另一位教师走过来严厉地对凯若琳说："凯若琳，马上站起来，别胡闹了！"凯若琳置若罔闻，继续大哭大闹地踢来踢去。最后，和两位教师僵持了好一会儿后，凯若琳才坐了起来，接受了教师的抚慰。

教师们如释重负地叹了口气，但她们知道平静只是暂时的。毫无疑问，凯若琳很快又会发脾气的。

行为表述

这名儿童经常在不如意时大发脾气。

行为观察

花一些时间观察这名儿童，了解引起她发脾气的原因以及发脾气之后的情况。这名儿童发脾气的行为一般何时发生？
- 不好预测，一天中的任何时候都有可能
- 在结构化的活动时间，此时要求儿童遵从特定的指导
- 在自由活动时间
- 在户外活动时间
- 在整理打扫时间
- 在活动间的过渡环节
- 下午快离园回家时
- 早上刚入园时

- 在午休时间
- 在吃饭时间

这名儿童通常会对谁发脾气？
- 某位特定的教师
- 任何一位成人
- 她的父母
- 其他小朋友

在她发脾气之前发生了什么事情？
- 她没有得到她想要的东西
- 她被另一个小朋友打了
- 有人把她的东西拿走了
- 她想要一件别人正在玩的玩具
- 别的小朋友不和她一起玩
- 小朋友或教师拒绝了她的请求
- 她不想参加某项活动
- 她不想结束某项活动

她发脾气时通常会有怎样的行为表现？
- 环顾四周，看是否有教师在看着她
- 当教师在旁边时，她哭闹得更厉害
- 当教师试图和她说话时，她的脾气变得更暴躁
- 当教师试图和她说话时，她的脾气变得和缓一些
- 当别的小朋友和她说话时，她会有所回应
- 如果教师把她抱起来，她就会停止发脾气
- 如果教师把她抱起来，她的脾气会变得更暴躁
- 她在发脾气时常常会弄伤自己
- 她试图伤害别人，例如踢、咬等

上述非正式的观察所获得的信息可以帮助教师找到消除这种不适宜行为的方法。

与家长合作

对于年幼的孩子来说，发脾气并不是很罕见的行为。如果他们在幼儿园里发脾气，在家里很可能也会这样。经过观察，如果你发现某个儿童发脾气的次数过多，那么就应该和他的家长面谈讨论一下这个问题，和他们交流一下孩子发脾气的时间、诱发因素等，一同思考消除孩子这种问题行为的办法。在你开始实施干

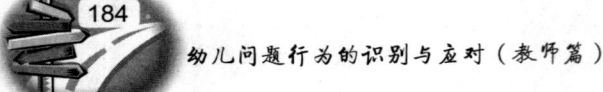

预措施后,时常和其家长保持联系,让他们及时了解你所取得的进展。

行为影响

发脾气的儿童会发现这种行为是获取关注的很有效的手段。有些儿童,从婴儿早期开始就显现出易于激动、易于对环境做出激烈反应的倾向。这样的儿童,比那些婴儿时期温和、安静的儿童更爱发脾气。在一两岁和上幼儿园的早期,儿童正处于自主性发展的时期,爱发脾气的倾向会表现得尤其明显。这段时期,儿童新鲜的自由感与成人试图对此加以控制的两种倾向相互发生了碰撞。

年幼的儿童仍然是不成熟的,他们不理解对自己不喜欢的事物应当以何种方式做出反应才是被社会所接受的。他们可能决定以发脾气的形式来表达自己的感受。他们会躺在地板上、踢腿、捶地、摇头、喊叫、哭闹。这种发脾气的行为一定是出于获得关注的目的。

成人对此通常采取的处理办法是试图阻止这种行为,但会发现和她说理、哄劝她起不到效果。他们可能会满足这名儿童最初的要求。这名儿童达到了目的,并且在此过程中获得了大量的关注。

一旦这名儿童认识到发脾气是有效的,她就会经常地重复这种行为。成人可能会继续试图劝导她,也可能会失去耐心、生气打他的屁股。无论采用上述哪种方式,都增加了对这名儿童额外的关注。入园之前就学会了用发脾气来表达要求的儿童,在入园后也可能继续使用这个方法。教师们应当对此倾向加以警惕,不要因为给予她关注而强化了这种行为。

行为分析

发脾气的儿童需要教师特别的引导来克服这种行为。如下的建议可能会帮助你理解和预防儿童的这种行为。

- 学前儿童的独立性在增长,他们需要有机会练习这种独立性。当儿童有机会按照自己的意愿和要求做事时,他们发脾气的可能性就没那么大。教室的布置和课程的设计应当尽可能地鼓励儿童的独立性。例如,教室的布置应当使儿童能够很容易地拿到各种材料、挂起衣服、使用马桶和水池。课程的设计应当允许儿童做出选择,以便让儿童可以做出自己的决定。这是一种让儿童表达独立性的方式。

- 低幼儿童最有可能发脾气。因为他们还没能熟练地掌握用社会所接受的方式来表达愿望的能力,所以才会以躯体的方式进行表达,发脾气就是这样的方式。你要了解两岁儿童的社会性、情绪、语言能力的发展水平及局限。当你处理儿童发脾气的行为时,要将这些因素考虑在内。当儿童发脾气时,最好暂时忽视他们，同时强化更为适宜的行为。针对那些两岁的儿童，教师最大的担忧是不要让发脾气的行为成为他们的一种习惯。你应该在一开始就对此行为予以忽视，以减少这种行为的发生次数。*

如果上述情况符合你对这名儿童的观察，你发现她发脾气确实是为了获取他人的关注，继续阅读下面的具体方法。

目标设定

目标是让这名儿童停止发脾气的行为，并学习以适宜的方式来表达意愿。

方法介绍

要想消除这名儿童发脾气的行为，其基本的解决方法包括如下三个同时进行的步骤：

- 当这名儿童发脾气时，予以忽视。
- 对其适宜的行为，经常予以强化。
- 帮助这名儿童学会以适宜的方式应对不良情绪反应。

概念界定

发脾气，是指儿童在面对某件让他不高兴的事情时出现的一系列的激烈的行为反应，包括躺在地上、踢腿、摇拳头、哭闹、喊叫等。

基准线

花三天时间观察记录这名儿童发脾气的频率，以收集初始的信息。每当她发脾气时，教师就在纸上记录下来，同时记录下每次发脾气行为持续的时间。最初，这名儿童可能会减少发脾气的次数，但会延长持续的时间。准备好一块手表，当她发脾气时，记录下持续时间。把每天的持续时间相加，除以发生的次数，计算出平均的持续时间：

$$\frac{\text{所有发脾气行为持续的总时间（分钟）}}{\text{发脾气行为的总次数}} = \text{每次发脾气行为持续的平均时间}$$

实施步骤

在你花三天时间对这名儿童发脾气的次数、持续时间进行记录后，就开始执

---

* 那些发展水平稍低的儿童，如具有认知障碍的儿童，可能会像一两岁的幼儿那样把发脾气作为表达自己的一种手段。有语言障碍的儿童也可能会发现发脾气是一种有效的沟通方法。在忽视这些儿童发脾气的行为的同时锻炼他们的自主性，应当会对这些儿童有所帮助。

行如下的步骤。班里的所有教师遵从一致的步骤很重要。

当这名儿童发脾气时，予以忽视。 当这名儿童发脾气时，予以彻底的忽视。过去，她由于这种行为而得到大量的关注，现在她仍然会期待自己能继续得到这些关注。当你最初采取忽视策略时，发脾气的次数、持续时间、强度可能都会增加。一旦这名儿童意识到无论自己的脾气多么大、时间多么长、多么频繁，自己都不会得到任何关注，她应当会很快地减少和停止这种行为。当这名儿童发脾气时，执行如下的步骤：

（1）不要给予任何形式的强化。忽视和发脾气相关的所有行为。不要靠近这名儿童，不要和她说话、劝说她，甚至不要去看她，就好像她不在这个教室里面一样。也不要让你的表情和姿态表达出你对她的关注。即使正在发脾气，儿童也能够发现你所表达出的关切、沮丧或愤怒之情。你的感受、行动，都必须和儿童的行为相脱钩。

（2）如果可能的话，让这名儿童待在她发脾气的地方。在她旁边，继续日常的活动。如果她的行为对活动造成了太大的干扰，你可以有两种选择：你可以把她带离教室，让她在外面继续发脾气，或者你可以改变活动计划。如果你选择前一种办法，应当让另一位教师照看着发脾气的儿童但不给予任何关注。无论发脾气的行为发生在何地，都要给予忽视。如果你决定改变活动计划，要确保改变了的计划不会再次受到发脾气的儿童的干扰。例如，如果你原先的计划是先读故事再到户外活动，可以简单地调整一下次序。当儿童们在户外活动时，发脾气的儿童可以待在教室里继续发脾气。

（3）如果有别的小朋友提醒你注意这名儿童发脾气了，告诉他你知道了，你想让那个儿童自己停下来。表达出这样的意思：你会在她停止发脾气后给予关注，而不是在她停止之前。

（4）留意这名儿童的动静。如果你发现她停止发脾气了，走到她身边。如果她需要一点时间让自己平静下来，坐到她身边，但不要跟她谈有关刚才发脾气的事情。当她平静下来后，帮助她选择并加入一项活动。如果这名儿童是在教室外面，告诉她可以回来了。

（5）如果当你走近时，这名儿童继续发脾气，就再次走开。继续忽视，直到她停止发脾气。不要在她发脾气时关注她。

对其适宜的行为，经常予以强化。 在忽视发脾气行为的同时，要让这名儿童知道你所欣赏的是哪些行为。留意她那些表现出来的适宜行为，并经常性地给予强化，例如她参与班级活动、与其他小朋友进行互动、帮助清理打扫，或以其他任何你所期待的方式参与幼儿园活动。基于你的非正式观察，如果你发现这名儿童以人们可接受的方式处理了一件容易引起她发脾气的事情，慷慨地给予她表扬

和关注。

帮助这名儿童学会以适宜的方式应对不良情绪反应。当这名儿童感觉到愤怒、受挫或其他消极情绪时，她可能会一贯地以发脾气的方式应对。她必须学会以人们可接受的方式来应对。仔细观察引发她发脾气的情境，如果你发现了潜在的诱发因素，采取如下的步骤*：

（1）迅速来到这名儿童身边，立即采取必要的措施（如阻止别人对她发动攻击性行为，防止别人拿走她的玩具）。

（2）蹲下来平视儿童，抱住她，告诉她你知道刚才的事情引发了的她的负面情绪。例如，你可以说："我知道。你得不到想要的玩具时很生气。""特里和阿诺德说他们不想和你一起玩时你肯定很伤心。""啊！你想接着做木头雕像，但是到了整理的时间了，你肯定很不高兴。"

（3）鼓励这名儿童通过赞同你、细化你的描述等方式来表达她的感受。

（4）现在，你可以问她："我们应该怎么做呢？"和这名儿童一起寻找可以应对当时情境的其他方式。

（5）如果适当的话，帮助这名儿童处理当时的情况。

（6）在她处理了当时的情况后，给予表扬。如果她又开始发脾气，走开。以前文所述的方式予以忽视。

继续记录这种行为。在你采取的干预措施收到效果后，继续记录这名儿童每天发脾气的次数和持续时间。在最初的几天里，你可能会看到发脾气行为的持续时间和次数都有所增加，但很快就会呈现平稳的态势，并随着这名儿童意识到自己不会得到关注而迅速下降。

保持取得的进展

你要继续对这名儿童的适宜行为进行表扬，尤其是当她能够以人们可接受的方式应对困难情况时。以你表扬其他小朋友的频率来表扬她。如果她又一次发了脾气，予以忽视。

---

* 对于具有情感/行为障碍的儿童来说，发脾气可能是他们的一种有效的表达方式。当教师帮助这些儿童以适宜的方式沟通情感时，告诉他们能够解决问题的不仅是发脾气这一种方式。

第29章

动不动就撅嘴生气

"好啦,孩子们,该把东西都放好了。你们的爸爸妈妈就要来接你们了。"在这之前,教师已经提前几分钟告诉儿童要收拾玩具了。听到教师的话,孩子们纷纷开始收拾玩具和活动材料。

但是3岁的泰萨仍然在玩拼图配对游戏。教师走到她身边,对她说:"好了,泰萨,你现在必须把东西放回去了。该回家了。"泰萨没有理会教师,径自又拿出几张卡片摆弄。"泰萨,够了!"教师说完,开始捡起卡片。泰萨把手里的卡片往桌子上一摔,双手抱在胸前,撅起了嘴巴。"来吧,泰萨,帮我把卡片放回盒子里面去。"泰萨嘟囔着:"我不想放回去。""你应该整理自己使用的东西,泰萨。"泰萨仍然拒绝帮忙,整个过程中都撅着嘴巴。

教师最终自己整理好了卡片。当妈妈来接泰萨时,泰萨的心情很不好。教师们为此感到忧虑,因为泰萨经常拒绝做她应该做的事,还撅着嘴来表达自己的不高兴。

行为表述

这名儿童经常通过撅嘴巴来表达自己的不满。

行为观察

花一些时间近距离地观察这名儿童的行为。这些观察可以提供一些信息,包括这名儿童何时、在何种情况下会撅嘴生气。

她一般何时最常撅嘴生气?
- 一天中的任何时候
- 早上刚入园后
- 下午快离园回家时
- 在午休时间
- 在吃饭时间
- 在自由活动时间
- 在结构化的活动时间

- 在整理时间
- 在活动间的过渡环节
- 在户外活动时间
- 当有教师在一旁时
- 当有其他小朋友在一旁时

什么引发了她的撅嘴行为？
- 教师或其他小伙伴拒绝了她的请求
- 别人阻止她做某件事情
- 她不想做其他人要求她做的事情
- 其他小朋友不想和她一起玩

当她撅嘴生气时发生了什么事？
- 教师让她不要撅嘴生气了
- 她通过撅嘴生气得到了想要的东西
- 撅着撅着嘴就哭起来了
- 她说出是什么让她不高兴
- 她不说是什么让她不高兴

这些观察所得的信息，可以帮助教师决定采取什么办法来预防甚至是消除这名儿童的撅嘴行为。

与家长合作

孩子在幼儿园里的撅嘴行为，很可能是一种持续了很长时间的习惯在幼儿园里的延续。撅嘴可能是儿童长期以来形成的一种习惯，其家长可能像教师一样为此感到沮丧。当你观察了儿童撅嘴行为发生的情境后，和其家长进行一次面谈，告诉他们你的担忧。请家长告诉你，这名儿童是从何时起用撅嘴的方式来表达不满，他们曾试过什么样的办法来纠正孩子的这种行为。把你的观察结果和想法与他们分享。在你开始采取干预措施后，经常和他们沟通，让他们知道你所取得的进展。

行为影响

当这名儿童撅起嘴巴时，她实际上是在用一种非言语的方式来表达自己的不满之情。她把头扭到一边，皱起眉头并撅起嘴巴，还可能会挺直身体，把胳膊抱在胸前。撅嘴通常表示这名儿童会坚定地要求自己想要的东西。她在传达出这样的意思："我不想做别人要我做的事，或是有人要我做我不想做的事，我很不高兴。"通常在这种情况下，成人会继续坚持，而儿童则会继续拒绝。

在某个时刻，这名儿童可能会了解到她可以通过坚持立场和撅嘴来达到目的。后来，撅嘴和执拗就会成为她的标准行为。当她进入幼儿园后，她希望能继续用这种方式来满足自己的要求。她通过撅嘴来表达自己要做、想做的事而不是别人要求她做的事，如果不能做自己想做的事她会感到不高兴。如果在她撅嘴时教师们给予关注，那么就强化了其撅嘴行为。

行为分析

考虑如下两条建议，可能会帮助你解决这名儿童撅嘴的问题：

- 这名儿童可能注意到另外的儿童在撅嘴，进而去模仿。儿童是通过猜想各种规则来学习事物。有的儿童撅嘴可能只是在模仿别的小朋友甚至成人。除非撅嘴的儿童同时在固执地坚持自己的立场，否则对此不用过于在乎。
- 要避免和这名儿童发生正面的冲突。在活动中提供多种选择，儿童应该有机会选择自己想做的事情。对儿童提要求时注意用词，避免导致儿童出现固执的反应。例如，你可以说"我们把这些珠子放回盒子里吧。我想捡红色的珠子。你想捡什么颜色的珠子？"而不要说"你要把倒出来的珠子都捡回去。"提供选择的机会、使用委婉的词语，会帮助教师避免儿童的固执和撅嘴的行为。

如果上述建议都无法帮助你解决问题，继续阅读接下来的具体办法。

目标设定

目标是让这名儿童不再固执地对抗教师，停止撅嘴行为。

方法介绍

基本的方法包括如下三个同时进行的步骤：

- 避免可能导致这名儿童撅嘴的情况出现。
- 强化这名儿童的顺从行为。
- 当这名儿童撅嘴时，予以忽视。

概念界定

撅嘴，是指儿童为了表达自己不愿意遵从教师的安排而出现的一些身体反应，如撅嘴巴、皱眉头等。

基准线

在采取干预措施之前，花三天的时间收集初始的信息。每次这名儿童撅嘴时，

教师都要在纸上记录下来。三天观察和记录所提供的信息,可以用于对照这名儿童以后的发展从而了解你在改进这名儿童的问题行为方面取得的进展。

实施步骤

在实施了三天的观察记录之后,教师就可以开始采取下面的方法。班里所有的教师遵从一致的步骤很重要。

避免可能导致这名儿童撅嘴的情况出现。通过非正式的观察,你应该已经了解到是什么引起了这名儿童撅嘴,以及这种行为最常发生在何时。撅嘴会导致儿童对自己产生消极的情感,因此应当尽可能地予以避免。即使这名儿童的要求得到了满足,她仍然会感受到教师对自己的不满和愤怒。如果没有达到目的,她既得不到满足,也得不到教师的赞赏。因此,避免这种行为,可以保护儿童的自我价值感。如下的一些建议可以作为预防性的措施:

(1) 避免对这名儿童直接下指令。以能够显示尊重的方式表达你的要求。例如,如果你说"如果你可以……我会很高兴"而不是说"你必须……",儿童会更倾向于配合。儿童应当得到和成人同样的尊重和礼貌对待。

(2) 给儿童以选择的机会。如果你问一个儿童:"你是想摆放餐巾纸,还是想倒果汁?"而不是说"你必须摆放餐巾纸",发生冲突的可能性会小很多。如果有选择的机会,儿童不会觉得自己陷于"这样做,让我高兴""不这样做,试试让我不高兴的后果"这样的非黑即白的二选一情境之中。

(3) 如果她可以自主做出决定,给她说"不"的机会。如果你问她"你想在木工桌上玩吗?"而这名儿童说"不",你不应给予消极的回应。此时简单地说一句:"好吧。你一定是想去画架那儿画画,或是去建筑区玩。"如果你问了一个可以回答"行"也可以回答"不行"的问题,那就要准备好接受"不行"的回答。

(4) 如果某项任务不允许儿童拒绝,就要仔细考虑你的用词。你可以将这种情境变为一种游戏。不要说"你必须坐在地毯上听故事",而是试试"我们假装成兔子,跳到地毯上去听故事吧!"

(5) 如果这名儿童想做一件你不能允许的事情,以其可以理解的方式阻止她。让她知道你理解她想做某件事,但同时向她解释你不能让她做这件事。提供一个另外的选择。例如,你可以说:"我知道你现在很想画画,但是我们必须准备吃午饭了。等午睡后我再带你到绘画区来,如果到时你还想画画的话就可以画。你想要我给你准备什么特别的颜料吗?"

强化这名儿童的顺从行为。当你要求这名儿童做某事,而她配合了你时,要给予表扬。让她知道你对这样的行为感到高兴和很赞赏。你可以说:"谢谢你!我请你帮忙打扫时你做到了,我很高兴。"或是"好可爱的微笑啊!我喜欢看我的小

帮手这个样子！"这样的回应会让儿童感觉很好，并且她会感受到你也很高兴。这样，经过一段时间，儿童就会意识到拒绝和撅嘴不会带来好的结果，而积极的反应则能获得奖赏。

如果你阻止她做某件她想做的事情时，她给予了配合，表扬她。帮她找其他的活动去参与。

当这名儿童撅嘴时，予以忽视。撅嘴是一种长时间形成的习惯。当这名儿童以撅嘴的方式回应你的要求时，采取下面的步骤：

（1）立即停止你说的话，停顿几秒钟，看着她。

（2）对她说："你撅嘴时我没办法跟你说话。"

（3）等一会儿，如果这名儿童继续撅嘴，离开她，并对她说："你不撅嘴时我再和你说话。"

（4）如果这名儿童在你的要求下不再撅嘴了，表扬她，并接着跟她讲话。

（5）如果你要她做某事而她没有做，不要生气。这时，如果你坚持自己的要求，只能强化她的撅嘴习惯。暂时离开她，不要与她有任何冲突。

（6）如果这名儿童想做某件你不允许她做的事情，不要管她，让她自己待着。如果她坚持要做，而这件事会造成其他孩子的安全隐患或干扰其他活动时，把她带走，可以带她到教室里一个安静的角落，或是带到教室外面，让她在那儿待三分钟。大约三分钟后，告诉她可以回来了。因为我们的目标是减少对其撅嘴行为的关注，因此这个办法只能在最后不得已时才采用。

随着年龄的增长，上述步骤会帮助这名儿童认识到有很多办法能够比撅嘴更好地回应教师的要求。

继续记录这种行为。在实施上述措施的每一天，你都要继续计数这名儿童撅嘴的次数。因为这是一种习惯性的行为，所以进展可能会比较缓慢。随着时间的流逝，你应当会看到这种行为在稳定地减少。在达到目标前，你要一以贯之地坚持你的策略。

保持取得的进展

当这名儿童不再动不动就撅嘴生气后，要记住，是你的行为改变对此起到了部分的效果。因此，你要继续以照顾她的兴趣、表达你的理解和尊重的方式与她交流。尽可能多地为她提供选择机会。同时，你要继续对期望的行为加以强化。如果这名儿童偶尔又撅嘴了，你就采取之前那样的措施，对其予以忽视。

第 30 章

儿　语

"宝宝要干干儿！""你要什么？""干干儿。"4 岁的阿诺德回答道。"阿诺德，别像个小宝宝一样说话。你要什么？"雅顿老师开始生气了，从她的声音中就能听出来。"我要干干儿。"阿诺德回答说。"哦！你要饼干啊。好，我们过一会儿就开始吃点心。"阿诺德笑了，朝着走开的雅顿老师说："扑扑（拜拜）……"

这天的晚些时候，当阿诺德想玩秋千时，他又和班里的另一位教师——罗彻斯特老师进行了类似的谈话。"宝宝要荡秋千。"罗彻斯特老师向他解释了秋千上都有人（其实阿诺德知道这一点）。过了一会儿，有一个秋千空了，阿诺德坐了上去，但是他只管把手指放在嘴里吸吮，却并不荡秋千。罗彻斯特老师问他："你怎么还不开始荡秋千啊？""宝宝不会荡秋千。"罗彻斯特老师叹了口气，开始推阿诺德荡秋千。其实，她知道阿诺德很会荡秋千。

这一天中接下来的的时间里，阿诺德继续用儿语说话，并且表现得像个婴儿。教师们都很忧虑，因为他越来越不用适合自己年龄的语言说话了。

行为表述

这名儿童用儿语的方式说话，语言不符合其年龄发展水平。

行为观察

花一些时间对这名儿童进行非正式的观察，以便更多地了解他的这种问题行为。

这名儿童一般何时最可能出现儿语？
- 早上刚到幼儿园不久
- 一天中的任何时候都会出现
- 一天中的晚些时候
- 在午睡或休息时间
- 在吃饭时间
- 在教师主导的活动时间
- 在集体活动时间

- 在自由活动时间
- 在如厕时间
- 在活动间的过渡环节
- 在整理打扫时间

这名儿童在使用儿语说话时正在做什么？

- 与一位教师交谈
- 问问题
- 要求一件玩具或材料
- 寻求教师的注意
- 独自一个人玩耍
- 和其他小朋友一起玩
- 感到很不安
- 被别人阻止做某事
- 不小心弄伤了了自己
- 被别的小朋友弄伤了
- 没有参与任何活动
- 有人请他帮忙完成一项活动
- 在"娃娃家"玩
- 在"娃娃家"，假装自己是婴儿
- 正在地上爬或吸吮自己的手指

当他使用儿语时，发生了什么事？

- 教师给予他关注
- 教师没有理睬他
- 教师要求他不要像个婴儿那样说话
- 其他小朋友注意到了他的行为
- 小朋友们笑话他
- 小朋友们没有注意到他
- 其他小朋友会和他一起玩，继续让他扮演婴儿的角色

当他使用儿语时，他通常会说些什么？

利用这些观察所得的信息，消除这名儿童使用儿语的行为。

与家长合作

和这名儿童的家长沟通，看看他的生活中是否发生了什么变故，从而引发了他的这种行为，尤其是这种行为只是最近才出现的话。与他的家长分享你的观察

结果，向他们了解这名儿童在家里是否也这样说话，询问家长他们在什么情况下注意到了这种行为。如果这名儿童在家里和在幼儿园里一样使用儿语，那么与他的家长一起合作寻找共同的解决办法。教师要时常与其家长保持联系，交流取得的进展。

行为影响

故意使用儿语的儿童，往往不是出于语言表达能力上的不足而为之，而是因为这种行为可以为他带来成人的关注。可能的情况是，在他成长的过程中，他发现，当他以恰当的方式说话并不能给他带来他想要的和需要的关注，但是当他使用儿语时，就会有人关注他。比如，当他用远远低于自己能力和年龄水平的方式说话时，成人就会倾听他，冲他笑，或者批评他。当某一个儿童在家庭中的地位发生变化，比如由家里唯一的孩子变为哥哥或姐姐时，他（她）就有可能使用儿语。他（她）想通过这种方式重新赢得自己家庭"唯一"的地位，得到父母更多的照顾和关注。当他（她）发现使用儿语能够为他带来关注时，无论这种关注是积极的还是消极的，他（她）都会决定继续采用这种方式。

当儿童大量地使用儿语时，教师们可能会不经意间强化了这种行为。"好可爱的小宝宝啊！""快停下来，你过了那样说话的年龄了！"等类似的回应，都只是强化了这种行为。为了消除儿语，你需要采取更系统化的措施。

行为分析

考虑如下建议是否能帮助你解决问题：
- 儿童不成熟的说话方式可能是因为其存在的某种语言缺陷所致。听力问题或发育迟缓会导致儿童使用与其年龄不相符的语言。如果某个儿童持续地使用儿语，而你又观察到了其存在发育不成熟或听力障碍的迹象，建议他的家长带他去做个医学检查。
- 小弟弟（妹妹）的出生也可能会导致这名儿童在短时期内使用儿语，这种反应是比较常见的。以尊重的态度看待儿童对生活中的这一重大变化所采取的回应，可以帮助你解决问题。使用儿语的儿童实际上是在表达自己对新处境的困惑和焦虑。作为教师，你要理解他、向他描述他的感受、回答他的问题，通过这些方式去帮助他。同时，花一些时间和这名儿童谈谈他刚出生的弟弟（妹妹），以及新生儿给这名儿童的生活带来的影响。
- 儿童喜欢角色扮演类的游戏，会经常玩这种游戏。很多儿童喜欢扮演成人的角色，但有些儿童，或者是自愿选择，或者是被同伴指派，扮演了婴儿的角色，并且全身心地投入到这个角色当中。不要将这种情况和本章所探

讨的问题行为相混淆。只有在不适当时（在错误的时间、错误的地点、错误的场合），儿童使用儿语的行为才值得你担忧。
- 确保你对这名儿童的期望水平是适宜的。对于年幼的儿童来说，其发展水平存在较大的个体差异。有些两岁的儿童有巨大的词汇量，使用语言的能力较强。但有些两岁儿童可能才刚刚开始说话，只能用单个的词或简单的词组来沟通。这两种情况对两岁的幼儿来说都是正常现象，无需过多地担心。但是，到三岁时，儿童应该能较好地使用语言了。如果此时还有儿童不能用完整的句子讲话，词汇量很小，就需要进行发育、言语或听力测查，来确定语言发展迟缓的原因了。*
- 这名儿童使用儿语也可能反应出他不够自信。例如，他可能曾被成人轻视，或忽视了他所取得的进步。让这名儿童在教室中担负一定的责任，并经常对他进行表扬，应该能够帮助他。

如果上述建议都不能解决问题，继续阅读接下来的具体方法。

目标设定

目标是让这名儿童停止不适当的儿语行为，用与其年龄相符合的方式说话。

方法介绍

要想消除这名儿童不适当的儿语行为，其基本办法包括如下两个同时进行的步骤：
- 当这名儿童使用儿语时，予以忽视。
- 强化这名儿童恰当地使用语言的行为。

概念界定

儿语，是指儿童用低于他们实际语言能力的方式说话，包括使用不完整的句子、使用单个词语、发出"咯咯"或"咕咕"的声音、错误地发音，或遗漏某个音节。

基准线

花三天时间收集起始信息。仔细地听这名儿童的语言，并在纸上记录下他儿语的次数。每次这名儿童出现儿语行为，可能只包括用一两个儿语式的词，也可能包括持续几分钟的儿语式对话，就在纸上记录为一次。如果他的儿语中间穿插了正常的语言，将其记录为两次。

---

* 教师要一直留意各种问题行为背后可能存在的生理原因。如果某个问题行为背后可能存在言语缺陷、听力问题、认知缺陷或发育迟缓，你采取的办法应当是医疗干预，而非行为干预。

实施步骤

在收集了一些最基本的信息后,教师就可以开始实施具体步骤了。班里所有的教师执行一致的步骤很重要

当这名儿童使用儿语时,予以忽视。如果你给予关注,这名儿童的儿语行为很容易受到强化。无论你的关注是纵容他、被他逗笑,还是表达出你的不认同,这都将强化这种行为。因此,无论何时这名儿童出现儿语行为,你都要予以忽视。采用如下的步骤:

(1)如果你听到这名儿童使用儿语,不要转向他、看他、对他说话,或采取其他任何表示你正在关注他的行动。你的行为应当告诉他,你根本没有留意到他的儿语。

(2)当你和这名儿童交谈时他出现了儿语,停止你所要说的话,告诉他:"你像个婴儿一样,我没法和你说话。"等几秒钟,如果他恢复了正常的讲话方式,继续你们的谈话。如果他继续使用儿语,转身走开。当他恢复正常的说话方式后,要尽快地给予关注,这一点很重要。

(3)这名儿童可能想要一些身体上的关注(比如拥抱、坐在你的腿上、被你抱起来),并通过使用儿语来表达这类需求。他可能想通过表现得像婴儿那样得到你的关心。你要让他知道不是只有婴儿才能得到你的关心,告诉他:"如果你用你自己的声音提出要求,我很愿意把你抱起来。"如果这名儿童放弃了儿语,你就给予他想要的回应。如果他继续使用儿语,你就走开。但是当他恢复正常的说话方式时,要尽快地给他一个拥抱。

(4)如果这名儿童在集体活动期间使用儿语,同样予以忽视。当你叫他回答问题或发表看法时,如果他以儿语的方式进行回答,首先你把目光从他身上移开,然后说:"有没有别人能告诉我……?"然后叫另一个儿童回答问题。不要对这名儿童使用儿语的行为加以评论,也不要以任何方式予以关注。不要让你的表情显露出你的不满和烦恼。这种反应只会告诉他,他的儿语行为的确骚扰到了你。

(5)如果有别的某个儿童提醒你这名儿童使用儿语了,只需要说:"我知道了。"然后,试着将那名儿童的兴趣转向某项活动。在减少你的关注的同时,尽可能地减少其他小朋友的关注,会帮助你消除这名儿童使用儿语的行为。

(6)在"娃娃家"或角色表演区提供角色扮演游戏。如果这名儿童扮演婴儿,以适当的方式回应他,但是要向他说明:只有在大家一同参与的游戏场景当中假扮婴儿,才是被允许的。

强化这名儿童恰当地使用语言的行为。在你忽视这名儿童儿语行为的同时,要通过强化的方式让他知道你期望和欣赏的是何种行为。仔细留意他恰当使用

语言的行为，并及时给予表扬和关注以进行强化。比如，你可以告诉他："我很喜欢你说话的方式"或"听到你说话这么清晰真是太好了！"当他的儿语行为显著地减少时，你可以减少强化次数。确保给予持续的强化，否则他的儿语就可能重新出现。

继续记录这种行为。每天，你都要记录这名儿童使用儿语的次数。该行为的变化会告诉你何时应当降低对其适宜语言的强化频率。

保持取得的进展

在这名儿童的儿语行为被消除之后，你要继续留意他的适宜语言。如果他以正常的方式跟你说话，你要给他以关注和他应得到的尊重。如果他偶尔又出现了儿语，予以忽视。

第31章

吮吸手指

科里从两岁起就入园了,到现在在幼儿园里已经有两年的时间了。在他两岁时,他吮吸拇指,教师们是允许的,因为在那时这个行为是正常的。现在他已经4岁了,可还在吮吸手指,教师们就开始担心了,因为科里只知道吮吸拇指而不参加班里的任何活动。他们曾试图把拇指从科里的嘴里拿出来,哄劝他不要吸手指,告诉他,他已经长大了,不能再吸手指了,可科里就是不听。教师们感到很困扰,他们希望能够让科里更积极地参与到班级活动中去,他们觉得科里因为吮吸手指而错过了太多的东西。

行为表述

这名儿童经常把一只拇指(或其他手指)放进嘴里吮吸。

行为观察

花一些时间观察这名儿童,以便更好地了解他的这种问题行为。
他最常在什么时候吮吸手指?
- 贯穿一天的所有时间
- 早上刚入园后不久
- 下午快离园时
- 在午休时间
- 在吃饭时间
- 在集体活动时间
- 在听故事的时候
- 在自由活动时间
- 在活动间的过渡环节

在把手指放进嘴里之前,他在做什么?
- 没有参与任何活动
- 在参加活动的过程中,停下来吸手指
- 在独自一个人游戏

- 在和其他小朋友一起玩
- 正在参与无需用到两只手的活动
- 正坐在一位教师的身边
- 在和教师或其他小朋友说话
- 看起来累了
- 无法完成某项任务
- 看起来很不安
- 手里正拿着喜欢的毯子或其他可以给他安全感的东西

这名儿童吮吸手指时还参与其他活动吗？
他什么情况下会停止吸手指？
通常他吮吸手指会吮吸多长时间？

这些初步的观察所得到的信息能让你加深对这种行为的了解。利用这些信息，实施干预策略以消除这名儿童吸手指的行为。

与家长合作

在幼儿园花很多时间吸手指的儿童，很可能在其他场所也会吸手指，包括在家里。咨询他的家长，看他们是否对这种行为感到困扰。告诉他们，这名儿童在幼儿园里花了太多时间吸手指而影响了他参与其他活动，你为此感到担心。与他的家长一起思考能够减少这种行为的办法。告诉他们，这种行为的改变可能需要一个比较长的过程，但是如果你们通力合作，就能够收到不错的效果。你要时常和其家长保持联系，沟通取得的进展，尽管最初的进展可能并不明显，但是你对该行为的记录会帮助你更直观地了解进展情况。

行为影响

吮吸手指通常是儿童从婴儿早期就开始形成的习惯。实际上，在出生之前，甚至还待在母亲的子宫里时，婴儿可能就已经开始吸手指了。所有的婴儿都有吮吸的需要，对有的儿童来说，吮吸手指能够满足这种需要。当儿童长大时，吮吸手指可以起到提供安全感的功能。

如果一个已经上幼儿园的儿童经常吮吸手指，那么他的这个行为就不仅是一个长期的习惯问题，它演变成了这名儿童应对未知事件甚至常规事件的方式。当儿童到了上幼儿园的年龄时，消除他们吮吸手指的行为可能就不是那么容易了。通常这种行为的消退是基于某种社会压力，有时甚至是以降低儿童的自我价值感为代价的。因为经常会有人对这些儿童说，吮吸手指是"小宝宝才干的事"。这些儿童可能会被嘲笑、戏弄，甚至被惩罚。

第31章 吮吸手指

家长通常也很担心儿童吮吸手指的行为，因为这种行为会影响牙齿的发育。另外，这种行为对于过了婴儿期的儿童来说也显得不适宜。家长和教师能够帮助儿童停止吮吸手指，但必须以不损害儿童的自尊和自信为前提。这是一个长期的目标。

行为分析

如果这名儿童习惯性地吮吸手指，这种行为可以很容易地就被观察到。通常儿童在有压力的情况下会更多地吮吸手指。下面的内容探讨了一些引起儿童吮吸手指的原因和可能的解决办法。

- 考察你所安排的活动和课程，它们必须适合于儿童的发展水平，既不能超过儿童的发展水平而使他感到挫败，也不能低于他们的能力而让他们感觉无聊。儿童在面对那些不能很好地满足他们需求的活动时，可能会通过一些问题行为来做出回应，例如吮吸手指。如果你认为活动没有满足儿童的需要，在必要时进行调整。当儿童们参与到活动中，并能从中体验到乐趣时，他们就不会有吮吸手指的需要了。

- 吮吸手指可能给儿童提供了一种感官上的刺激。想想儿童是否间接地表达出他们需要一些活动来提供这种刺激的意愿？如果是这样，将这些活动融入到你的计划中。更多地安排玩水、玩沙、玩泥巴游戏，烹饪活动，嗅觉和味觉辨别活动；给儿童们提供一个装有各种材料的桶，供他们去感受。通过提供各种各样的活动，来满足他们享受不同感官刺激的需求。

- 考察这名儿童与教师之间的互动行为。如果他感到教师对他施加了过多的指导、过多地显示权威、过多地主导他的行为，他就会以吮吸手指的方式加以应对。儿童一般会对温和而平静的指导持开放的态度。观察教师—幼儿的互动，如果一位或多位教师让这名儿童感到不高兴，就要考虑做出调整了。与班里的其他教师一起开会讨论你的担忧。寻找办法减少师幼互动给儿童带来的压力。

- 双手忙着从事活动的儿童，不太可能把手指放进嘴巴里去。安排好你的活动，给儿童提供选择，让他们有很多机会进行活动，而不是找不到事做。

- 吮吸手指对于幼儿园中的年幼儿童来说并不罕见。两岁或三岁的幼儿在需要他人安慰时会吮吸手指。大多数吮吸手指的儿童会自己逐渐地停止这种行为。如果你所担心的儿童的年龄很小，不要过于忧虑。可能当他长大后这种行为就自动消失了。创造一个具有发展适宜性的环境，提供包括各种感官活动在内的丰富多彩的活动，帮助这名儿童以多种方式使用自己的双手。

考虑以上建议，将其中有用的部分整合进下面的具体方法中去。

目标设定

目标是让这名儿童在幼儿园里减少吮吸手指的行为。期望他彻底地停止这种行为可能是不现实的。最终的行为消除,可以通过行为发生次数的逐步减少来实现。

方法介绍

要想消除这名儿童吮吸手指的行为,其基本方法包括如下三个可同时进行的步骤:
- 制作一张表格来追踪记录取得的进展。
- 提供可以替代吮吸手指的活动。
- 当这名儿童不再吮吸手指时,你要经常进行强化。

概念界定

吮吸手指,是指儿童经常把拇指或其他手指放进嘴里吮吸,且在吮吸手指时不参与其他活动的行为。

基准线

花三天时间收集一些基本信息。每隔15分钟,观察一次这名儿童,不包括午休时间。如果看到他在吮吸手指,就在纸上做下标记。每天记录的最大次数取决于这名儿童在园的时间。如果他每天来幼儿园三个小时,那么最大的数字为12。(每15分钟1次,相当于每小时4次,乘以3个小时,等于12次)如果这名儿童每天在幼儿园待10个小时,那么最大的数字为32或34(除去1.5~2个小时的午休时间)。设计如下表格来收集信息:

日 期	9:00	9:15	9:30	9:45	10:00	10:15	10:30	10:45

这种记录方式,不仅可以告诉你这名儿童吮吸手指的次数,还可以告诉你该行为最常在何时出现,从而可以帮助你将注意力集中于该行为最常出现的时间段。

实施步骤

在收集了初始信息后,开始进行如下的操作步骤。最好是由一位教师先完成第一步(制作图表),其余两步需要班里所有教师共同参与。

制作一张表格来追踪记录取得的进展。 吮吸手指的行为并不会因为受到教师的关注而得到强化。儿童从中得到的是内在的满足,所以忽视这种行为无助于消除它。告诉这名儿童你的目标,以及你为什么要帮助他消除吮吸手指的行为。积极地将这名儿童纳入到你的干预计划当中来。

(1) 在你开始实施干预计划之前,和这名儿童就其吮吸手指的问题进行一次谈话。告诉他你注意到他很喜欢吮吸自己的手指,不要否认他从中所得到的乐趣和安全感,也不要表达出你对他这种行为的担心。告诉他你很希望他参与并享受班级中的活动,但你看到他因为总是吸手指而不能参与其中。如果你觉得这名儿童能够理解,告诉他吮吸手指会对他的牙齿造成不良后果。

(2) 告诉这名儿童你要和他一起,帮助他减少吮吸手指的行为。对他说:"看看我们两个一起能不能让你少吸手指。我们把它变成一个游戏。我来做一张表(见下表),每次你能坚持10分钟(或更短的时间,如果儿童吸手指行为出现得很频繁的话)不吸手指就在上面贴一个小星星。"谈话时要富有热情,让儿童知道你真的很期望他能赢。

(3) 买一盒带有黏性的小星星,做一张可以给儿童追踪做标记的表格。这张表格和你用来做记录的表格不一样。每天抽出一个小时的时间使用这张表,这一个小时内应当有很多个儿童可以选择的游戏活动。你可以装饰一下这张表格,让它看起来更吸引人,但它至少要有如下的基本样式。每一行代表一天。

儿童的姓名						
日期	10:00	10:10	10:20	10:30	10:40	10:50

(4) 在你所抽取的那一个小时开始时,告诉这名儿童要开始玩这个游戏了。告诉他:"记住,如果你10分钟内不吸手指,就能得到一个小星星。我会看着你,你自己也会看着你自己。准备好了吗?开始!"

(5) 频繁地鼓励这名儿童,告诉他他做得很棒,你很为他感到骄傲。不要等到10分钟结束后才去表扬他。

(6) 如果这名儿童10分钟之内没有吮吸手指,以充满热情的语言表扬他。给他一个星星贴纸,让他自己贴到表格中相应的位置上去。告诉其他教师这名儿童赢得了一枚小星星,好让他们也表扬他。

(7) 如果这名儿童没有坚持10分钟,不要小题大做。简单地说:"我们再试试吧。"如果他总是无法坚持10分钟,将时间间隔缩短到5分钟甚至更短的时间。做出调整,以便让儿童能够体验到成功。

(8) 在这1小时结束时,告诉这名儿童今天的"游戏"结束了,但是明天还可以玩。提醒他在当天剩余的时间里也不要吮吸手指。

(9) 在放学时，把表格拿给他的家长看。要在儿童在场时给他们看。

提供可以替代吮吸手指的活动。 就像前面提到的，当儿童的双手很忙时，他们就不会去吸手指了。在你设计课程活动时，记住如下的建议：

（1）确保大多数活动要能让儿童动起来。在讲故事时间，你可以让儿童配合着故事情节用手和胳膊打手势。不应有仅仅要求儿童看着教师的活动。年幼的儿童是通过动手而不是被动的观察来学习的。

（2）提供选择活动的机会。在一天当中，应当有一些时候让儿童自己选择想做的事情。如果你提供的活动不能引起他们的兴趣，就应该有其他的活动让他们去选择。这样做的目的不仅可以照顾到群体中多样化的兴趣，而且可以促进儿童有意识地做出自己的决定。

（3）课程当中应当包括多种感官刺激活动。对于提供各种不同类型的触觉和其他感觉刺激的媒介，儿童会做出很好的反应。水、沙子、泥巴、黏土、手指画、胶水、米、豆子、塑料泡沫、淀粉、肥皂水等，都是有着独特特性的材料。每一种材料都能满足儿童不同的感官刺激体验。

（4）如果某项活动进行的时间过长，开始变得没有新鲜感了，就要进行一些变化以重新点燃儿童们的兴趣。如果一名儿童感到没意思，他就可能会吮吸手指。通过设计新的活动、新的活动区域、改变活动日程等来进行调整。从市场上很多关于幼儿园活动的书籍上，你可以得到灵感。增加一些兴趣区域，如音乐区、科学区，或是美容店。重新布置教室，以适应新的区域安排。改变活动日程，添加新的活动形式，减少陈旧的活动，重新安排每日常规，或调整时间段。定期地调整能够带来新鲜感，从而会恢复儿童的兴趣，也会恢复你的兴趣。

当这名儿童不再吮吸手指时，你要经常进行强化。 在一天中的所有时间，留意这名儿童不吮吸手指的时间。走到他身边，表扬他、拍一拍他，拥抱一下他，通过这些方式来进行强化。不时地告诉这名儿童，因为他吸手指的行为越来越少，你为他感到骄傲。让他知道你看到了并欣赏他做出的努力。

继续记录这种行为。 在你实施干预的每一天，每隔15分钟记录一次他吮吸手指的行为。因为该行为是一个长期的习惯，所以进展可能是缓慢的。给他一些时间，你就会逐渐地看到该行为的减少。

保持取得的进展

当这名儿童失去了吮吸手指的兴趣或达到了不吮吸手指的目标时，停止使用图表。继续为儿童们提供丰富多彩的活动。对于这名儿童积极的参与行为给予间歇性的强化，就像你强化其他小朋友一样。当他感到不高兴、疲倦、有压力时，他可能又会出现吸手指的行为。这种现象是意料之中的，是可以被成人所接受的。

第32章

尿 裤 子

现在，谢丽尔开始了她在"开端计划"幼儿中心的第二年生活。自从她入园以来，教师们看着她由一个羞涩、抗拒的小姑娘成长为一个热切地参与幼儿园活动、享受与同伴友谊的孩子。在谢丽尔来的第一年，教师们花了很多的时间和精力帮助她融入集体生活。现在谢丽尔已经很熟悉幼儿园的生活了。

第二学年开始的一个月后的一天，谢丽尔来到洛佩兹老师跟前，小声说道："洛佩兹老师，我尿在裤子里面了。"洛佩兹老师把谢丽尔带到了卫生间，脱下了她的湿裤子，找到干爽的裤子给她穿。大约一周以后，她又发生了一次尿裤子的事件。那一周剩下的几天里，又发生了两次。而在过去三周里，谢丽尔每天都把裤子尿湿两三次。教师们很担心，因为去年她从未发生过这种情况。她们对谢丽尔说："哪有像你这么大的孩子还尿裤子的。"教师们想这样通过让她感到羞耻从此不再尿裤子。

行为表述

这名儿童经常尿湿裤子。

行为观察

通过非正式的观察尽可能多地了解这名儿童尿裤子的行为。
她通常什么时候会尿湿裤子？
- 不好预测，看起来没什么规律
- 在吃饭或吃点心后的1个小时内
- 在午睡时间
- 在户外活动时间
- 在室内活动时间
- 早上刚到幼儿园后不久

尿裤子前她正在做什么？
- 她正待在卫生间里
- 她看到有另一个小朋友在上厕所

- 脱下衣服去卫生间
- 站起来要去卫生间
- 洗手
- 正在玩水
- 在喝水或果汁
- 坐在教师的腿上
- 不能完成某项任务
- 教师或其他小朋友拒绝了她的某项请求
- 感到累了
- 正在全神贯注地参与某项活动

尿裤子之后她会做什么？
- 告诉身边的人她尿裤子了
- 悄悄地告诉一位教师
- 不告诉任何人
- 她一直穿着湿裤子
- 想自己脱下湿裤子换上干爽的裤子
- 请教师帮她换裤子

这些初步的观察告诉教师这名儿童尿裤子的行为由何引起、何时发生、孩子的感受等。这些信息对于消除该行为很有帮助。

与家长合作

当一个已经知道怎么上厕所的儿童尿裤子时，教师和家长都会感到很沮丧。在你收集了初步的信息后尽快和家长沟通，告诉他们你的担忧。看看这名儿童在家睡觉时或者在其他时候是否也尿裤子。询问她的家长，了解一下这是否是由于儿童的生活出现了什么变故导致的。如果你发现她尿裤子可能是因为某些身体上的原因如膀胱感染，建议她的家长带她去看医生；如果是因为她穿的裤子很难解开而导致了尿裤子，则建议她的家长给她穿有松紧带的裤子；如果你认为这名儿童尿裤子是为了得到成人的关注，那么和其家长一起商量解决的措施，并保证这些措施在家庭和幼儿园一起得到实施。教师应该时常和她的家长保持联系，沟通取得的进展。

行为影响

幼儿教师应当记住学前儿童是刚学会独自上厕所的。很多年幼的儿童尿裤子可能是因为他们还没有完全掌握上厕所的技能。当他们为某件事感到兴奋时可能

第32章 尿裤子

就会忘记上厕所,等他们突然感觉自己憋不住时,就会尿到裤子上。要他们学会掌握上厕所的时间,以及熟悉憋尿时的身体感觉,需要一些时间和练习。3岁或更小的幼儿,偶尔尿湿裤子是正常的。

如果这名尿裤子的儿童已经掌握了上厕所的技能,但是仍然经常会发生意外,那么她可能是在通过尿裤子来获取关注。如果教师通过说教、训斥,或惩罚等形式给予她关注,她就会觉得尿裤子是一种获得关注的好办法,从而受到强化。同时,她也会认识到自己的行为是与自己的年龄不相符的,由此感到羞耻,并危害到她的自我价值感。

行为分析

通常有以下几种原因会导致儿童尿裤子:

- 年幼儿童的尿道或肾脏容易受到感染。医学因素也会导致儿童尿裤子。要留意这名儿童是否说过自己有疼痛、灼烧感、痒痒等感觉,以及其他显示这些感觉的迹象。即使你没有观察到这些迹象,也要和她的家长讨论这些可能。你可以建议他们带这名儿童去找医生做个检查。*

- 儿童的发育程度,也是处理尿裤子问题时要考虑的重要因素。对于年幼的儿童来说,尿裤子的事情是意料之中的。当他们尿裤子时,要以平常心去对待。刚掌握了上厕所技能的儿童,如果正确地使用了马桶,应当受到表扬。同时,教师为两岁和三岁的儿童设定日常常规时,应当安排较多的上厕所的时间,并且要留意看是否有小朋友在憋尿。对年幼的儿童来说,上厕所仍然是一项正在发展中的而不是已经完全掌握的技能。在处理他们尿裤子的问题时,你要记住这一点。

- 有时,儿童可能由于不能很快地解开裤子而尿湿裤子。背带裤或者裤子上有小扣子、复杂的皮带扣、很紧的四合扣等小配件会给他们制造障碍。观察一下这名儿童的衣服,看看她上厕所时是怎么对付这些配件的。如果复杂的裤子给她造成了困难,请她的家长更换其他的裤子或修改一下裤子。

- 儿童生活中的意外或压力也会使他们尿裤子。如果有这方面的原因,和这名儿童交谈,尽量地减轻她的压力。如果她在为一件从未有人向她解释过的事而担忧,对未知的理解会增加她的焦虑。

- 精心安排生活常规也可以避免意外。教师们应该提醒并且给儿童时间在午睡前、户外活动前、出去郊游前让他们有机会上厕所。如果儿童们将在一个没有厕所的地方待一段时间,这一点尤其重要。

如果上述建议都不能解决儿童尿裤子的问题,试试接下来的具体方法。

---

* 要充分地了解各种慢性疾病的表现。大小便控制困难,可能是受某种疾病影响的结果。

目标设定

目标是让这名儿童停止尿裤子。

方法介绍

这里所说的方法,是针对那些自己能够上厕所达半年以上,年龄较大,但是却突然开始经常尿裤子的儿童。在方法实施之前,教师必须排除导致儿童尿裤子的医学因素。基本的方法包括如下三个步骤:

- 经常提醒这名儿童去上厕所。
- 对她自己上厕所的行为加以表扬。
- 当她尿裤子时,予以忽视。

概念界定

尿裤子,是指儿童不去厕所小便,而是尿到自己裤子里的行为。如果这种行为频繁而有规律地出现,就构成了问题行为。

基准线

在开始实施干预之前,花三天时间追踪这名儿童尿裤子发生的频率,并在纸上记录下次数。当你开始实施下面的步骤后,就可以以这些信息为参照,检查你所取得的进展情况。

实施步骤

在收集了初始的信息后,教师可以开始实施下面的步骤。班里所有的教师应当实施一致的操作步骤。

经常提醒这名儿童去上厕所。你的观察记录应当能够告诉你这名儿童多长时间尿一次裤子。计算出平均时间,据此来决定何时提醒她该上厕所了。例如,如果她平均每一个小时尿湿一次裤子,你就每隔半小时提醒她一次。

(1) 告诉这名儿童该去上厕所了。拉着她的手把她带到卫生间。
(2) 让她脱下裤子去小便。如果她不去,告诉她必须要去。态度要坚定。
(3) 如果她尿在了马桶里,给予表扬。
(4) 如果她两分钟后还尿不出来,可以让她离开卫生间。

如果三五天之后,她开始有规律地去厕所小便,并且尿裤子的次数减少了,开始延长提醒她的时间间隔。当她尿裤子的行为显著地减少时,你可以逐渐地停止对她的提醒。

对她自己上厕所的行为加以表扬。 如果这名儿童在不需要提醒的情况下自己去上厕所，或者是她告诉你之后去上厕所，给予表扬。让她知道你对这样的行为是多么赞赏。如果她不对自己尿裤子的事情感到尴尬，那么就当她在场时告诉其他教师和小朋友，她没有经任何人的提醒就自己去了厕所，你为她感到骄傲。但是如果她以尿裤子为耻，就不要这样做了。

当她尿裤子时，予以忽视。 如果这名儿童来到你身边告诉你她尿裤子了，进行下面的步骤：

（1）不要加以评论，以淡定的口气对她说："我想你该换裤子了。"

（2）提前准备好干净的裤子和塑料袋，在发生意外后拿给这名儿童。不要花时间带她去找裤子，这会给她以关注从而强化她的尿裤子的行为。

（3）把干净裤子给了她后，就离开。不要待在旁边，在她换裤子时一直待在别的地方，收回往常意外发生时给她的关注。

（4）当她换好裤子后，让她把湿裤子放好，并回来参加活动。不要对这件事情加以评论，如果她想谈论，不要理会。

继续记录这种行为。 你在执行上述步骤时的每一天，都要记录下这名儿童尿裤子行为出现的次数。这些记录可以告诉你进展情况，帮助你决定何时应当减少对她的提醒。

保持取得的进展

如果这名儿童连续几天都不再尿裤子了，你就可以认为她的这种问题行为得到了改善。不再提醒她上厕所，逐渐地减少对她的表扬。但是要记住，她开始尿裤子是为了得到关注。以你表扬其他小朋友的频率，继续对她的适宜行为进行表扬和强化。

第33章

黏 人

休息了一会儿后,埃斯蒂斯老师回到了教室。鲁斯蒂一看见她就立刻冲向她,抱住了她的胳膊和腿。自从10分钟前埃斯蒂斯老师离开教室后,3岁的鲁斯蒂就站在门口,不参加活动也不和别人说话。埃斯蒂斯老师对鲁斯蒂笑笑,摸了摸他的头,打算走到教室的另一边。鲁斯蒂放开了她的腿,但仍旧拉着她的裙子跟着她。

"鲁斯蒂,我要去拿一些红色的颜料。"埃斯蒂斯老师对他说。她试图让鲁斯蒂放开她的裙子,但是鲁斯蒂仍然抓得紧紧地。"好吧,你来帮忙吧。"鲁斯蒂高兴地跟着埃斯蒂斯老师走了。一个小时之后,鲁斯蒂依然黏着埃斯蒂斯老师。埃斯蒂斯老师很无奈,因为她的行动受到了鲁斯蒂的牵绊,以至于不能好好照看其他小朋友。鲁斯蒂自从三个月前入园后就这样黏着埃斯蒂斯老师,而最近这种情况愈加严重了,老师们都非常担心。

行为表述

这名儿童只知道黏着教师,走动跟着教师,而自己不参与班级任何活动。

行为观察

通过一段时间的非正式观察更多地了解这名儿童的这种行为。

他通常什么时候会黏着教师?
- 全天
- 在刚到幼儿园后不久
- 快离园时
- 在休息或午睡时间
- 在吃饭时间
- 在户外活动时间
- 在自由活动时间
- 在集体活动时间
- 在教师预设的活动时间

- 在结构化的活动时间
- 在活动间的过渡环节
- 在整理打扫时间
- 当他需要自己打理日常生活时（如穿衣服或独自上厕所）

他是怎么黏着教师的？
- 他抱着教师或拉着教师的衣服
- 他总是要教师把他抱起来
- 只要教师坐着，他就爬到教师的腿上
- 他待在教师身边，但并不一定要接触教师

他爱黏着谁？
- 教师中的任何一位
- 某位特定的教师
- 早上第一位跟他打招呼的教师

当他黏着的教师不在时（走出教室、当天没有来幼儿园，或在别的地方忙活），他会怎么做？
- 会哭闹
- 会去黏另外一位教师
- 不参加班级里的任何活动
- 比那位教师在时更多地参与班级活动

这名儿童和其他人的关系怎么样？
- 也爱黏他的父母
- 他每天到幼儿园时都不愿和父母分离
- 放学时，他不愿离开幼儿园
- 除了他依赖的教师，他也和其他教师进行互动（如果他只黏一位教师的话）
- 在幼儿园会和其他小朋友进行互动

这些非正式的观察可以为你提供一些关于此行为的信息，帮助你采取一些适宜的干预措施。

与家长合作

在你对这名儿童的黏人行为进行观察时，留意观察他在其家长身边的表现如何。如果发现他黏着送他来幼儿园的家长，在家长离开后又会黏班里的某一位教师，那么他的家长很可能也正在为此问题感到困扰。和他的家长进行充分的讨论，看看在这名儿童的生活中是否有什么重大的事情让他感到没有安全感，总是需要别人的安慰，然后和家长一起想办法，尽可能消除这些压力源。你还应该与家长

一起商量寻找解决孩子黏人问题的策略。在你开始实施干预措施后，时常与其家长保持联系，以便让他们及时了解你所取得的进展。

行为影响

通常总是黏着教师的儿童是出于对安全感的需求才这样做。当一名儿童刚进幼儿园时、当他的日常常规发生改变时、当他的生活中发生创伤性的事件时，他就会有这样的需求。此时，这名儿童需要寻求任何他能找到的宽慰，以此来应对给他造成不安全感的处境。当他感到没有压力时，黏人的现象就会减少或消失。儿童自己主动减少黏人的次数，或者教师小心谨慎地采取措施，或是二者的结合，会消除黏人现象。但有时，即使儿童并不需要特别的宽慰，黏人的现象也会出现。他学会了用黏人来从教师那里获得大量的关注。

也有可能黏人现象已经持续了很长一段时间，教师已经开始给予了消极的回应。教师会关注这名儿童，但却是以一种讨厌、烦恼甚至愤怒的形式。儿童所传达的信息是："无论如何我也要得到你的关注。"教师所做出的信息回应是："如果你强迫我关注你，我就会间接地让你知道你的行为让我有多烦。"结果，这名儿童会感到自己不值得教师给予良性的关注。因为他和教师的互动导致了消极的回应，他会有不安全感。因此他会更加地黏人，因为他想确认自己是值得关心的。这样，黏人会导致一个恶性的循环，无论是儿童还是教师都会不高兴，但却没有办法打破这个循环。

行为分析

考虑如下的建议，看是否能解决这名儿童黏教师的问题：

- 仔细考察可能会导致这名儿童出现此问题的原因。可能他真的需要安全感。如果黏人现象是最近出现的，询问他的家长是否有些不寻常的事情正困扰着这名儿童。与这名儿童交谈，询问他是什么在困扰着他。如果你找到了他这种问题行为的原因，就可以帮助这名儿童更好地理解所发生的事情，并找到应对它的恰当办法。*

- 如果这名儿童只黏着某一位教师，但当这位教师不在教室时就表现得很正常，那么你可能要从儿童之外寻找原因。这位教师对待儿童的方式可能吸引着他来黏自己。如果是这种情况，这位教师就需要反思自己的举动，思

---

* 小时候被忽视或虐待的儿童会有特别的需求，包括对积极关注的巨大需求。如果你了解到这名儿童在其成长过程中曾有被忽视或虐待的经历，你作为一个成人对他的关注和爱护就十分重要。同样的，具有严重的视力问题的儿童也可能由于不敢自己在教室里行走而黏着教师。如果是这样的情况，就需要有教师带着他系统地"游览"一下教室，并通过给他描述、让他亲身体验等方式告诉他教室里的主要布置，以便让他更好地熟悉环境。有时，教室里要避免有意外的东西绊倒儿童。

考自己是如何影响了儿童的行为。你应当以帮助、不会让他感到压力的态度与这位教师谈论这个问题。如果在谈话前由另一位教师或幼儿园领导进行了客观的观察会更好。

- 为了记录观察的结果，应当由一位教师尽可能清楚地记录这名儿童黏着教师时的情况（既包括言语的如直接的交谈，也包括非言语的如身体姿态、面部表情等）。只需记录眼睛所看到的事情，而不添加任何记录者的解释。客观的观察可以以 10 ～ 15 分钟为单位进行。无需记录太长时间，你就可以找到导致儿童黏人行为的真正原因。找到原因后，你就可以更容易地改变它了。

- 这名儿童可能由于在教室里感觉不舒服才黏着教师。可能他所在的班级里的儿童都比他年龄大或者个头大，或是超过了他的发展水平导致他没有安全感，从而黏着教师。如果是这种情况，在可能时把他调到另一个更适合的班级去。

如果上述建议均不能帮助你解决问题，继续阅读接下来的实施步骤。

目标设定

目标是让这名儿童不再黏着教师，能够积极地参与班级中正在进行的活动。

方法介绍

消除这名儿童黏人行为的基本方法包括以下四个步骤：
- 告诉这名儿童你所期待的行为表现。
- 当他开始黏人时，离开他。
- 当他如你所期待的那样参与班级活动时，表扬他。
- 根据其表现，预留出一段专门的时间给予他特别的关注。

概念界定

黏人，是指儿童靠近教师的所有行为，包括走动跟着教师、拥抱教师、抓住教师的胳膊，或拉着教师的衣服。同一个班里的几位教师应当列出他们一致认为的属于黏人行为的举动。

基准线

在继续下面的步骤前，你需要确定这名儿童黏人行为出现的频率。花三天时间了解他黏着教师的时间比例。找出他黏人行为最多的一个小时，记录在这个小时里他黏着教师的时间。

$$\frac{\text{黏着教师的时间（分钟）}}{60 \text{ 分钟}} \times 100 = \text{黏人行为的百分比 (\%)}$$

例如，如果他在一个小时里，他有45分钟的时间都在黏着教师，计算结果为：

$$\frac{45}{60} = 0.75 \text{ 或 } 75\%$$

这些初始的信息可以用于对照、评估你将来所取得的进展。

实施步骤

在确立了基准线之后，开始实施下面的具体步骤。同一班里被这名儿童黏着的教师执行同样的步骤很重要，同时也需要其他教师的支持和协助。

告诉这名儿童你所期待的行为表现。 告诉他你想让他用什么样的表现来取代黏人行为。告诉他你并不喜欢他黏着自己，因为这妨碍了他参与班级活动，妨碍了你做事情，也妨碍了你去关注其他小朋友。要诚实地表达你的感受。要确保让这名儿童了解到，是他的行为，而不是他这个人，让你觉得不高兴。

向他强调你所欣赏、会给予强化的行为表现。告诉他，从现在起，当他黏着你时你不会再理会他，但是当他的表现适宜时你会关注他。让他知道他可以通过不黏人来得到你特别的关注。

当他开始黏人时，离开他。 不管何时这名儿童黏住了你，你都要走开。如果你正坐着，站起来。如果你正站着，到别的地方去。如果你不忙，可以找件事情做。你可以温和地摆脱掉他抓着你的手。离开这名儿童的主要用意，在于给他尽可能少的关注。不要说话，不要以表情、肢体语言等方式表现出关切、恼怒、好笑或其他任何相关的情绪。记住这些反应都是一种强化，因为你向这名儿童表达出了他正在影响到你。执行这一步可能是有困难的，但是你应该坚持。你要通过忽视来告诉这名儿童黏人不能得到关注，越快地让他知道这一点，他的行为就能越快地停止。

当他如你所期待的那样参与班级活动时，表扬他。 在你予以忽视的过程中，利用每一个机会对他的适宜行为加以表扬。这名儿童表现出来的任何参与班级活动、和同伴互动的行为，都应该得到很好的强化。

即使这名儿童并不能完全参与班级活动，即使他的表现只是接近而没有符合你的期待，也要强化他。随着时间的流逝，你会看到他的进步。

最初，时刻留意你可以表扬的行为。一旦黏人的行为减少了，你就可以逐渐地减少你对他的强化次数。当黏人行为彻底消除时，以表扬其他儿童的频率表扬他。

考虑何种强化方式对这名儿童最有意义。如果他是想通过黏人来获得身体上的接触，那么可以把拥抱、拍打等方式和口头表扬结合起来。

根据其表现，预留出一段专门的时间给予他特别的关注。每天留出 5～10 分钟的时间和这名儿童单独相处。这段时间可以为他提供良性的、不受打扰的关注。在开始干预的第一天后，如果儿童减少了黏人行为，就继续提供这样的时间。

在这一专门时间里，确保你能给他不受打扰的关注。为此，你需要其他教师的配合。让这名儿童自己决定怎么度过这段时间，告诉他："我有 5 分钟来单独陪你一个人。"用一个钟表或手表来告诉他这段时间何时结束。告诉他你们可以做他想做的任何事情。如果他不知道要做什么，可以为他提供一些建议，例如散步、读书、玩游戏等。

不要延长这段专门时间。在结束时，告诉他明天还会为他安排专门时间。

（1）在第一天，当这名儿童到达幼儿园后立即开始专门时间，尽可能地安排好其他的一切事情以保证这 5～10 分钟的时间顺利进行。在结束时，告诉这名儿童第二天的专门时间会开始得稍微晚一些。

（2）在第二天，当他到幼儿园后马上告诉他，如果他不黏着自己而是去参与活动，专门时间会很快开始。观察不到 10 分钟，如果他没有黏人，就开始专门时间。首先表扬他的良好表现，不要等 10 分钟结束时才给予强化。

如果他不能坚持不黏人，就不要进行专门时间。告诉他第二天还会有机会，并解释为什么今天不能安排了。第二天缩短专门时间开始之前的观察时间。

（3）当连续三天为这名儿童安排专门时间后，延长观察时间至 15 分钟。每隔几天就推迟专门时间开始的时刻。这名儿童应当能够越来越久地参与到活动中而不去黏人。如果他并未表现出这样的进步，就降低你延长观察时间的速度。通过控制这些节奏确保儿童可以体验到成功。

（4）当黏人行为的总数有明显的下降时，开始每隔一天安排一次专门时间。告诉这名儿童你的新安排，并解释为什么会这么做。随着他行为的变化，进一步地减少专门时间。继续对他的适宜行为和积极的互动给予关注。

继续记录这种行为。继续观察这名儿童的黏人行为，以便考察进展情况。此时选择的记录时段，要和进行初步观察时选择的那个时段相一致。用同样的方法计算黏人行为发生的百分比，并予以记录。

保持取得的进展

当这名儿童不再黏着教师时，继续对他的适宜行为进行间歇性的强化。通过表扬来让他知道你赞赏何种行为表现。如果他又试图黏着你，予以忽视。留意他对安全感的需求，但是不要通过允许他黏人来满足这种需求。

第34章

寻求关注

对丽萨而言，幼儿园一天的生活通常开始于早晨7点钟。一到幼儿园，她就会立刻向梅森老师走去。3岁半的丽萨是一个相对早熟、爱说的儿童。她喜欢和班里的3位教师说话，也喜欢和任何到他们班级里的成人交谈。通常，一整天丽萨都会跟着教师走来走去，问教师问题，不断地和教师说话。她希望得到成人的关注和回应。

起初，教师很喜欢和丽萨说话。他们发现她很聪明而且很有趣。然而最近，班里的教师都意识到他们因为在丽萨身上花了大量的时间，而忽略了其他儿童。丽萨很少和同伴在一起，她明显地喜欢和成人在一起。然而，当她和其他儿童在一起时，她似乎也能够与他们进行互动。

于是，班里的教师都开始告诉丽萨，他们没有时间和她讲话，但这样的话并没有让她却步。通常情况下，片刻之后，她又会因另外一个问题或者一句话回到教师的身边。梅森老师注意到没有一位教师主动接近丽萨，都是丽萨主动地接近教师。此外，在集体讨论活动中，这些教师也很少叫丽萨回答问题。

行为表述

这名儿童需要教师过度的关注，然而她所需要的关注通常是不必要的，并没有和她某一特定的心理需要相关联，仅仅是为了得到教师的关注。所有的教师都发现，与其他儿童相比，他们在这名儿童身上花的时间更多。

行为观察

花一些时间对这名儿童进行观察，以便获得相关信息，这些信息将会为教师了解这一行为提供一定的线索。

这名儿童通常在什么时候会寻求教师的关注？
- 一天中的任何时候
- 某一特定的活动时间
- 在结构化的活动时间
- 在自由活动时间

- 进餐时间
- 午睡时间
- 如厕时间
- 在室内活动时
- 在户外活动时
- 下午快离园回家时
- 当其他儿童需要教师帮助时

这名儿童通常需要哪些人的关注？

- 任何一位成人
- 某一位她所熟悉的教师
- 某一位特定的教师

这名儿童如何寻求关注？

- 向教师提问题
- 和教师谈论有关她自己的事情
- 重复性地谈论同一个话题
- 暗示出某种担心或某个问题
- 让教师帮忙获得一些活动材料
- 当教师和其他人谈话时，会向教师寻求帮助
- 当教师和其他人谈话时，会打断谈话
- 需求一种身体上的照料，例如拥抱、帮助她穿衣服或脱衣服
- 牢牢地黏在教师旁边
- 教室里其他事情也会引起这名儿童的关注

与此相关的还有什么？

- 与其他儿童的互动情况——通常这名儿童并没有十分令人满意的与同伴进行互动的技能
- 参与活动的情况——这名儿童可能不会参与任何活动，因为她的精力主要指向了教师

这些非正式的观察将会帮助教师系统地了解这种行为。此外，它还能帮助教师了解，在方法实施后，哪位教师能更好地完成。

与家长合作

教师在认真地观察了这名儿童对关注的渴求之后，就可以和其家长进行一次面谈，和他们讨论一下你所担心的问题，即这名儿童没有像其他儿童那样尽可能多地参与各种活动和社会性互动。教师应该弄清楚这名儿童是否一直都试图从成

人那里获得更多的关注。教师还要了解家长是否都太忙了,导致他们与孩子在一起的时间比较有限。此外,教师要询问一下家长,最近在儿童的生活中是否发生了一些事情使她变得比较紧张,因而需要成人频繁地对她进行安慰。和家长分享一下你计划使用的来改变这名儿童对关注过度渴求的策略。这名儿童的家长也可能对这些策略比较感兴趣,并通过在家庭中制定一个"专门时间"的方式,给予这名儿童无条件的和完全的关注。教师要和家长保持密切的联系,以便让他们了解你所取得的进展。

行为影响

了解这名儿童的行为在多大程度上对教师的行为产生了影响是非常重要的。几乎所有的儿童都需要关注。当一名儿童寻求过度的关注时,教师很容易被激怒,然后以消极的方式做出回应,导致这名儿童在要求关注的过程中得到了消极的强化。

最初,教师可能会因为她占据了自己大部分的时间而回避这名儿童。除了这名儿童主动寻求关注之外,教师可能很少关注这名儿童。那么,这名儿童在她没有寻求关注的这段时间里表现出的适宜行为也会因此没有得到教师任何的强化。这名儿童了解到获得教师关注的唯一方式就是纠缠教师,因此她经常会这样做。同时,因为来自教师的关注既不是教师自发的也不是积极的,而使得这名儿童对自己作为一个独立个体的评价非常消极。

行为分析

如果改变环境就能对这一行为加以纠正的话,那么可能会有相对比较简单的办法来解决教师所担心的问题。教师可以考虑一下如下可能性:

- 在这名儿童的生活中可能发生了不同寻常的事件,如家里有了新生儿或者有人去世。可能这名儿童正在寻求安慰。教师要花一些时间帮助这名儿童理解在她的生活中正在发生的事情。*
- 可能是因为教室中没有足够多的材料和活动能够吸引这名儿童导致她因为无聊而向教师寻求关注。如果是这种情况,教师要确保提供与其年龄段相适宜的资源来保证这名儿童能够从事积极有意义的活动。
- 对这名儿童而言,教室里的材料应该是容易得到的。对帮助的寻求可能是基于一种真正的对帮助的需要。教师可以重新安排一下教室并储存一些材

---

* 长期受到忽略或者虐待的儿童可能有一些特殊需要,包括获得积极关注。如果教师了解到儿童在其成长过程中有遭遇过虐待或者被忽略的经历时,作为儿童生活中的教育者,教师的重要作用之一就是要给予他们关注。

料以便儿童在幼儿园中能够尽可能地独立。
- 通过非正式的观察，教师可能发现这名儿童和同伴的互动较少。她之所以寻求过度的关注可能是因为她缺乏与同伴互动的技能。教师可以帮助这名儿童学习如何与同伴进行适宜的互动。随着她与同伴在一起的时间越来越长，她从成人那里获得的关注就会逐渐减少。

如果这些建议都不能帮助你解决问题，那么你可以采用更为具体的方法和策略。

目标设定

目标是让这名儿童以一种积极的的方式并且是与班里其他儿童相同的频率向教师寻求关注。

方法介绍

对适宜的行为给予关注、对过度要求关注的行为予以拒绝的基本方法包括如下步骤：
- 忽略这名儿童的所有不必要的对关注的寻求。
- 在其他时间给这名儿童以关注。
- 每天计划安排一个"专门时间"。

概念界定

寻求关注，是指儿童任何过度频繁的和不必要的、以语言的或者非语言的方式向某位教师寻求注意的行为。

基准线

在实施上述方法之前，你应该对这名儿童寻求关注的行为进行记录。每天选择一个小时的时间来做记录，并在纸上对这名儿童每一次寻求关注的行为做标记。应该选择这名儿童寻求关注的频率最高，且教师能自由观察的时间段进行观察。一天结束后，对标记的数量进行统计，并且在频率记录图上进行记录，连续记录3天。这将作为今后教师回顾、对照这名儿童行为改进程度的依据。

实施步骤

教师在连续三天对这名儿童寻求关注的数量进行记录后，就可以开始实施如下方法。为了保证实施的效果，班里的所有教师都要使用同样的方法，这一点非常重要。

忽略这名儿童的所有不必要的对关注的寻求。当这名儿童接近你时，你首先要确定一下她的要求是否是合理的和适宜的。如果要求是合理的，你可以满足她。然而，如果她所要求的是不必要的关注，你要告诉这名儿童"对不起，我现在必须要做……"，然后转过身去或者走到教室里的其他区域。

在其他时间给这名儿童以关注。当这名儿童参与到你期望她参与的活动中时，让她知道你对她的这种行为感到非常高兴。如果这名儿童喜欢接受口头上的表扬，那么，你可以微笑着对她说："我喜欢你现在正在做的事情！""谢谢你来接我们。""哇！你做的……非常好！"如果这名儿童喜欢身体上的接触，那么你可以给她一个拥抱或者是在她的肩上轻拍一下。

每天计划安排一个"专门时间"。每天安排一个5分钟的专门时间与这名儿童进行一对一的相处。这段时间应该是连续的、不被打扰的。在这段时间内，你要给这名儿童以积极的关注，让她了解到自己是独特的，而且来自你的关注对你和这名儿童都是一种积极的体验。第一天结束后，是否要继续提供这一专门时间取决于这名儿童的行为表现。在专门时间还没有到来时，你和这名儿童都必须有自己的事情可做。

在这个专门时间内，你要确保这名儿童能够拥有你持续、不间断的关注。这需要其他教师与其你合作来完成。让这名儿童来决定这5分钟的时间应该如何度过。你可以说："我有5分钟的时间和你待在一起。在这段时间内，我们可以做你喜欢做的事情。"当时间快要结束时，你通过钟表或者手表告诉她时间。如果这名儿童不能确定她喜欢做什么事情，那么你可以建议你们谈话、玩游戏、一边走一边聊天、读书或者是做其他这名儿童喜欢做的活动。

教师要注意时间不能超过5分钟。结束时，告诉这名儿童明天你还会和她一起做这件事情。

专门时间的时机选择非常重要。

（1）第一天，专门时间应该在这名儿童一到幼儿园后就开始。第一天时间结束后，你要告诉这名儿童明天上午这个专门时间将会稍稍往后推迟一些才开始。

（2）第二天，你要立刻告诉这名儿童如果她能够让你做你自己的事情并且她也能做她自己的事情的话，那么专门时间将会在几分钟后开始。你一定要明确地告诉这名儿童你对这一时间的期待。

专门时间开始的时机取决于你最初收集到的信息。你要查明这三天中，这名儿童寻求关注的时间间隔。例如，如果这名儿童一个小时内有3次寻求关注，那么平均就是20分钟一次。如果这种行为一小时内有12次，那么平均就是5分钟一次。

在这名儿童来到幼儿园之后，你要让这名儿童等候一段时间，这段时间就是你之前计算出的时间间隔，然后再开始这个专门时间。以后的三天内，都在这一时刻开始这个专门时间。

在等待时间内,如果这名儿童不能够控制自己来寻求不必要的关注的话,你就不要保留这个专门时间。你要和这名儿童说明不再保留这个专门时间的原因,并且向她保证明天还会有一次机会。第二天,教师要将等待的时间缩短。

(3)当这名儿童连续三天都有这个专门时间后,你可以将等候的时间延长几分钟。随着这名儿童行为的变化,你可以讲等候的时间延长为几天。这名儿童应该能够适应越来越长的等候时间因为她能够积极地参与到各项活动之中而不再要求教师过度的关注。如果她不能够做到这一点,你不要那么快地延长等待时间。时机的安排一定要确保这名儿童能够取得成功。

(4)当你发现这名儿童寻求关注的平均频率有了明显的降低后,就可以每隔一天有一次专门时间。你要告诉这名儿童你正在做的事情。随着这名儿童这种行为的减少,专门时间也应该随之减少。当然,对她适宜行为的关注还是应该要继续的。

继续记录这种行为。 在这段时间内,你要继续在记录图上记录这一行为。继续记录一天中某一个特定的小时内这名儿童努力寻求关注的数量。这一时间段的选择应该与最初计数时选择的时间段保持一致。

保持取得的进展

为了保证你所期待的行为发生,你要像对待其他儿童那样对这名儿童的适宜行为给予关注。如果这名儿童的这种问题行为偶尔又出现,忽略它。你要让这名儿童了解她是独特的个体而且你对她的适宜行为非常欣赏。同时,你也要记住,随着这名儿童从成人那里寻求关注行为的减少,她也在慢慢地从其他方面,包括同伴那里获得强化。

第35章

哼哼唧唧的"小事儿妈"

5岁的埃里克经常成为教师会议谈论的话题。教师们对于埃里克在幼儿园里表现出来的哼哼唧唧行为都感到非常烦恼。埃里克只要和别人说话就哼哼唧唧而且经常抱怨。这些哼哼唧唧包括:"老师,他们不让我玩儿。""老师,这里的颜料不够我用了。""老师,我的手指受伤了。""老师,我现在不想出去。""老师,我的腰带解不开了。""老师,我找不到我的夹克了。"仔细地检查一下,教师通常会发现颜料是充足的、他的手指也没有任何受伤的迹象、他的夹克也放在通常放置的地方。

慢慢地,面对埃里克的问题,教师们是越来越不耐烦了。现在,当教师们看到埃里克向他们走过来时,都会走开,他们也很少主动接近埃里克和他说话。

行为表述

当和成人说话时,这名儿童总是哼哼唧唧。

行为观察

教师可以花一些时间对这名儿童进行非正式的观察,以便能够深入地了解其行为。

他通常会在什么时候哼哼唧唧?
- 一天中的任何时候
- 某个特定的时间,例如早晨或者是晚上
- 在进餐时间
- 在午睡时间
- 在集体活动时间
- 在自由活动时间
- 在活动间的过渡环节

他的哼哼唧唧传达了一种怎样的信息?
- 向教师寻求帮助
- 抱怨其他的儿童

- 想要获得教师的关注
- 要求成人抱着他或者来接他
- 不想做任何事情
- 希望其他人关注到自己受伤了，尽管这种受伤有可能是他自己想象出来的
- 想得到其他儿童正在玩的一个玩具
- 任何信息都有可能

这名儿童通常会向谁哼哼唧唧？
- 任何一个成人
- 某位特定的教师
- 其他小朋友
- 父母或者其他家人

通过非正式的观察，教师应该对这名儿童什么时候以及在什么情况下会哼哼唧唧有了一定的了解，从而知道采取哪种措施可以更加有效地应对这一问题。这些信息也能够表明哪些成人或者教师可以实施这些措施。如果这名儿童主要向某一位教师哼哼唧唧，那么这位教师必须来应对儿童的这种行为。如果这名儿童对所有的成人都哼哼唧唧，那么班里的教师和家长都需要参与到措施的实施过程中来。

与家长合作

大多数情况下，儿童的哼哼唧唧是一种习惯行为，儿童在通过这种方式与成人进行互动。如果哼哼唧唧只出现在幼儿园环境中，那么教师需要特别检查一下是什么原因使得这种行为得以维持。如果哼哼唧唧是家长和教师共同担心的问题，那么教师和家长可以通过集思广益，一起找出一些减少以致最终消除这种行为的方法。

与家长分享一下你所认为的能够有效地消除这名儿童的哼哼唧唧，同时又能够鼓励这名儿童以一种比较正常的语调说话的策略。教师要向家长强调一下目的并不是为了减少这名儿童获得关注的数量，而是将成人给予他关注的时机做一下调整，即从他哼哼唧唧时给予他关注转到他不发出这一声音时给予关注。一旦开始采取方法来改变这种行为，教师就要密切与家长的联系，使其了解这名儿童在行为改进方面取得的进步。

行为影响

哼哼唧唧是一个习得的行为。在儿童早期的某个阶段，他们可能已经了解到，通过哼哼唧唧可以获得成人的关注。可能在儿童的生活中，当他们用一种正常的语调说话时，成人并没有一直关注他们，所以他们试着用其他的方式来获得关注。

他们发现，当他们哼哼唧唧时就会有人来关注他们。随着时间的推移，这种模式就建立了起来，即儿童只要想要成人的关注就会发出哼哼唧唧的声音。成人之所以在儿童哼哼唧唧时关注他们，是因为成人觉得儿童哼哼唧唧的语调非常烦人，他们需要消除这一烦人的声音。但是成人的反应通常是不积极的和不友好的，他们通常会非常生气或愤怒地给予回应。

当这名儿童哼哼唧唧时，教师可能短暂地予以他关注，目的是为了消除这种声音，因为教师担心如果忽略了这名儿童的这种行为，他可能会再一次哼哼唧唧。这一模式随着这名儿童通过哼哼唧唧的方式来得到想要的关注而渐渐地得到了强化。然而，这名儿童获得这一关注的代价是基于否定自我的基础上的。随着哼哼唧唧越来越成为儿童和教师每天交流的一部分，而基于教师的反应，这名儿童对自我也会越来越缺乏安全感。

行为分析

通过非正式的观察，教师可能会发现一些线索帮助自己应对这名儿童的哼哼唧唧行为。教师可以考虑如下建议：

- 如果这名儿童主要对某一位教师哼哼唧唧，那么这位教师的某些行为可能鼓励了这名儿童的哼哼唧唧。例如，当这名儿童与这位教师用正常的语调说话时，这位教师可能忽略了他。此时，这位教师需要做一个认真的反思，或者在其他教师的帮助下，发现一些深层次的原因。教师可以根据需要改变这名儿童的这种行为并且在这种行为成为他的一种习惯之前，帮助这名儿童停止哼哼唧唧。此外，所有教师都应该认真地考虑本章中所讨论的策略并且使用它们来应对儿童的哼哼唧唧。在适宜的情况下，班里的一位教师或者几位教师可以同时使用这一策略。
- 如果这名儿童不在家里哼哼唧唧，只有在幼儿园里才这个样子，那么有可能是幼儿园环境中的一些因素引发了这名儿童的这种行为。教师要仔细地对这名儿童在幼儿园里的行为进行检查，可能就会发现问题的根源所在。
- 当这名儿童比较疲惫时，他也会哼哼唧唧。如果真的是这样，教师就需要制定一个让这名儿童早一点休息和午睡的时间表，或者当这名儿童哼哼唧唧开始时，将他转移到安静的活动中去。

大多数情况下，哼哼唧唧是儿童长期建立起来的一个习惯，并且在幼儿园和家庭中都会有所表现。针对习惯性的哼哼唧唧，教师应该采取如下方法。

目标设定

目标是让这名儿童在与成人交流时不再哼哼唧唧。

第35章 哼哼唧唧的"小事儿妈"

方法介绍

一般来讲，这一方法包括如下两个同时进行的步骤：
- 拒绝听这名儿童的哼哼唧唧。
- 通过系统的方法让这名儿童不再哼哼唧唧。

概念界定

哼哼唧唧，是指儿童不用正常的语调，而是使用一种抱怨式的，通常是鼻音音调来说话的一种语言交流方式。

基准线

在实施上述方法之前，教师要用三天的时间来记录这名儿童每天哼哼唧唧的次数。教师不仅要了解这名儿童哼哼唧唧的频率，而且还要知道这名儿童的语言交流中有多少是用哼哼唧唧的语调来进行的，即它在语言交流中所占的比例。选择一天中这名儿童会有大量的哼哼唧唧的时间段。教师统计哼哼唧唧的时间也要选择这一时间段。每位教师的身边都要有铅笔和纸，而且在纸的中间画一条线，将纸一分为两栏。每当这名儿童没有用哼哼唧唧的语调跟教师说话时，教师就将这一情况记录在一栏。每当这名儿童哼哼唧唧时，教师就在另一栏中记录下来。每次结束时，统计所有的记录。计算一下在这一时段中，这名儿童的哼哼唧唧行为所占的百分比。

$$\frac{哼哼唧唧}{哼哼唧唧 + 没有哼哼唧唧} \times 100 = 哼哼唧唧行为所占的百分比（\%）$$

如果没有不哼哼唧唧的行为，那么这名儿童哼哼唧唧行为所占的百分比就是100%。如果这名儿童在这段时间里有20次哼哼唧唧，有10次没有哼哼唧唧，那么哼哼唧唧所占的比例为67%（公式如下）。

$$\frac{20}{20+10} = \frac{20}{30} = 0.67 \times 100 = 67\%$$

一个百分比能够精确地表现出在与交谈有关的行为中，这名儿童的哼哼唧唧行为占了多少。连续三天在频率分布图上记录下这个百分比，这将作为教师纠正这一行为的基准线。

实施步骤

掌握了基准线之后，教师就可以开始实施如下步骤。为了保证实施的效果，班里所有的教师都要遵循同样的步骤，这一点非常重要。

第一周，只要这名儿童哼哼唧唧，教师就要告诉他你所期望的行为是什么。实施步骤如下：

（1）蹲下身子，视线与这名儿童持平，然后告诉他："当你哼哼唧唧时，我不明白你在说什么。请不要哼哼唧唧，再告诉我一遍。"

（2）如果这名儿童重复了一遍他的话语而没有哼哼唧唧，就对他说："非常好！现在我明白你在说什么了！"之后，回答他的问题，或者对他的陈述给予适宜的评价。这样的关注是非常重要的。

（3）如果这名儿童仍然哼哼唧唧来重复他之前说的话，你也要继续告诉他你不明白他在说什么。在你第二次尝试之后，如果这名儿童能够不哼哼唧唧地说话，对其行为进行表扬。

（4）如果他仍然哼哼唧唧，那么对他说："只有在你和我讲话不哼哼唧唧时，我才愿意听你讲话。"这时，教师可以为这名儿童做一个示范，即用清楚的、没有怨言的方式陈述这名儿童之前想要说的话。

（5）教师示范之后，如果这名儿童仍然哼哼唧唧，那么教师起身将其带到其他地方。任何用哼哼唧唧来重复的行为都要忽略，没有哼哼唧唧的行为应该得到很好的表扬。

（6）教师可以用这个方式来应对每个哼哼唧唧的行为。

（7）同时，教师要利用每个可能的机会对这名儿童的适宜行为进行表扬和强化。

第二周，教师可以慢慢地减少对这名儿童的提示。经过一周的时间后，如果你直接告诉这名儿童，当他哼哼唧唧时你不明白他所说的话，那么这名儿童应该明白你希望他说话时不要哼哼唧唧。

（1）如果这名儿童在说话时能够自发地不使用哼哼唧唧的语调，那么你就告诉他你喜欢他这种说话的方式。

（2）如果这名儿童仍然哼哼唧唧地和你说一些事情，那么你不要做出任何反应，只需看着他的眼睛。你的沉默和期望的目光就是你希望他不要哼哼唧唧说话的一种暗示。

（3）如果这次这名儿童能够用正常的语调重复他的话，那么你要让他知道你对此感到很高兴。

（4）如果这名儿童又一次哼哼唧唧，那么告诉他："对不起，我不明白你在说什么。"然后走到一边去。如果在此之后，这名儿童慢慢地靠近你，而且没有哼哼唧唧，那么你就应该回应他之前的问题或者要求，并且对他的这种行为给予表扬。

第三周，教师可以撤消所有的提示。如果两周后，这名儿童基本上停止了哼哼唧唧的行为，这表明他明白了你的期望。

（1）对他不哼哼唧唧的行为逐渐减少表扬的次数，渐渐地降低强化频率。最开始可以每隔几天进行一次强化，然后慢慢地降低频率。

（2）关注这名儿童的其他行为，就像你关注班里其他儿童那样。当他用正常的语调和你说话时，你要继续予以回应。记住，这名儿童哼哼唧唧的习惯很可能是因为当他以正常的语调和成人说话时，却没有从成人那里得到足够的关注造成的。

（3）如果这名儿童偶尔有哼哼唧唧的行为，教师要忽略它，不做出任何回应。这时，他很可能会用正常的语调将自己所说的话再重复一遍。此时，教师就要做出积极的回应，要让他知道你对他的行为非常满意。

继续记录这种行为。 在方法实施的整个过程中，教师要持续地在记录图上记录下这名儿童哼哼唧唧行为所占语言交流的百分比。教师只需要计数那些最初的交流。如果这名儿童第一次说话时哼哼唧唧，但是在教师做出回应之后就不再哼哼唧唧了，那么这个纠正过的不哼哼唧唧的行为就不要记录了。一般到第二周快要结束时，哼哼唧唧行为所占的百分比应该要低于25%。如果没有低于25%，那么你还要在接下来的一周内继续实施这一方法直到实现这一目标。

保持取得的进展

如果这名儿童只在家里哼哼唧唧，教师就需要找一个时间和家长分享一下你的成功经验，鼓励并且帮助家长在家里尝试使用这一方法。在幼儿园里，当这名儿童用正常的语调和你交流时，教师仍要继续对这名儿童予以充分的关注。如果他用哼哼唧唧的语调和你说话，教师要忽略他，不做出任何回应。

第 36 章

自　慰

集体活动时间，4岁的阿丽萨正在听教师讲故事。几分钟过后，她的目光从书本上游离开，扫视了一下整个教室。然后，她用左手摩擦右侧的膝盖，接着向上挠她的大腿。同时，她用另一只手撩起裙子，挠大腿根。然后，她将手指伸到她的短裤内，开始摩擦自己。在接下来的12分钟的听故事和唱歌活动中，她一边用眼睛盯着教师，一边持续地摩擦自己。集体活动结束后，阿丽萨站起来和其他小朋友一起去参加下一项活动。

不久，午睡时间到了，阿丽萨在入睡前再一次进行了自慰。尽管阿丽萨的行为让教师们感到非常不舒服，但是他们什么也没有对她说。后来，班里一个小朋友的家长向主任表达了对这件事的不满。

行为表述

这名儿童会时不时地进行自慰。

行为观察

花一些时间认真地观察这名儿童，以便对她的这种行为有更深入的了解。
这名儿童通常在什么时候最有可能自慰？
- 不可预测，一天中的任何时候都有可能
- 整天都在自慰
- 在午睡时间
- 一天中的早些时候
- 一天快要结束的时候
- 在自由活动时间
- 当她安静地坐着倾听时
- 在活动间的过渡环节

自慰之前她在做什么？
- 什么活动也没有参加
- 独自一个人玩耍

第36章 自慰

- 看起来很不安
- 看起来很累
- 对正在进行的各种活动表现出没有兴趣的样子

她在什么地方自慰？

- 在室内
- 在户外
- 在午睡的床上或者毯子上
- 在盥洗室
- 在"娃娃家"或者角色表演区

当她自慰时，通常会发生什么事情？

- 教师会告诉她停下来
- 教师会告诉她，她正在做的事情是"错误的"，或者"不好的"，或者是"好孩子不会做的事情"
- 她会向四周张望，看一看是否有人在注意她

她自慰的时间大概有多长？

- 非常短
- 每次几分钟的时间
- 很长的一段时间
- 直到她睡着
- 即使她睡着了也会自慰

她是怎样谈论她的自慰行为的？

- 以负面的词汇
- 以充满罪恶感的词汇
- 以引起他人关注自己自慰的方式
- 以陈述事实的方式

这些观察能够为教师深入了解在什么样的情境下这名儿童会自慰提供一些信息。

与家长合作

与他人讨论有关性的话题对每个人来讲，都不轻松。如果教师感觉到谈论自慰这一话题有些不舒服的话，那么你可以请班里另外一位教师和这名儿童的家长讨论这一话题。如果这名儿童不能将允许这种行为的私人场合和公开场合区分开来的话，那么和其家长进行讨论就显得尤为重要了。如果家长告诉你，他们没有特别担心这种行为，并且认为这种行为是正常的话，那么教师可以和家长共同寻

找一个合适的策略来帮助这个孩子将这一行为限定在一个适宜的场合。如果家长认为儿童自慰的行为是一件令人蒙羞的事情，那么教师就应该以一种可接受的和实事求是的方式来和家长讨论他们的担忧和感受。此外，教师还可以为家长提供一些阅读材料让他们知道，对幼儿来说，这种行为是正常的。本章后面的内容，就教师如何与家长讨论孩子的自慰行为提了很多具体的建议。

行为影响

自慰在幼儿中间是非常常见的现象。儿童在婴儿期就开始了对自己身体的探索，等他们渐渐长大，他们就会发现，玩弄生殖器能带来一种愉快的体验。但是这一玩弄身体的游戏令很多成人感到不安。他们会通过或婉转或直接的方式，如将孩子的手移开、拍打孩子的手，或者直接对孩子说"不可以"或"不行"等，向孩子传达出否定的信息。这类信息会让孩子产生一种冲突感：一方面，这类刺激能带给他们愉快和安慰；另一方面他们又会因为玩弄生殖器而感到羞愧。而这种羞耻感和内疚感会产生一种长期的影响，甚至会影响到他们在青春期和成年后的性行为和性别认同。

幼儿自慰是正常的，不过，成人应该向他们讲明这种行为是比较隐私的行为。因此，它作为一种私人行为在私人场合进行是可以接受的，但是在公共场合则是不被允许的。

行为分析

充分地考察这名儿童自慰的原因，她身边的成人，包括家人和幼儿园工作人员对她这种行为的态度是非常重要的。这个问题处理起来比较敏感。

- 一个遭受过性虐待的儿童可能会自慰，因为她在虐待的情境下受到了刺激。一个有过被虐待经历的儿童可能会表现出语言或者行为上的迹象。他们会谈论或者做出一些性行为，而这些语言和行为已经超出了学龄前儿童正常的知识和经验范围。如果教师怀疑这名儿童正在或者已经成为性虐待的牺牲品，那么在与主班教师谈论之后，教师有法律和道义上的责任向相关人员报告自己所怀疑的事情。*

- 教师要确定玩弄生殖器并不是膀胱或者阴道感染的一种迹象。事实上可能这名儿童摩擦她自己是因为那个部位疼。

- 儿童的焦虑反应是不一样的，有一些儿童可能就是通过自慰来使自己感觉更好一些。如果教师发现一个儿童有各种各样的焦虑的迹象，那么就要花一些时间和她谈论一下究竟是什么使她比较烦恼。

---

* 遭受过性虐待的儿童有特定的情感需求。教师的理解、接受和支持对于这类儿童来说是非常重要的。

如果这名儿童经常而且公开地进行这种行为，如果这种行为令家长以及幼儿园环境中的成人都比较担心的话，教师就要观察这种行为并对这种行为加以评论。

目标设定

目标是让这名儿童回避在不适宜的场所进行自慰的行为。

方法介绍

要想消除这名儿童在不适宜的场所进行自慰的行为，其基本方法包括如下步骤：

- 与班里其他教师一起讨论这名儿童的自慰行为。
- 和这名儿童的家长讨论她的自慰行为。
- 与这名儿童谈论一下隐私以及哪些自慰行为是我们可以接受的。
- 如果这名儿童在不适宜的场所进行自慰，教师要温柔地提醒她。

概念界定

自慰，是指儿童用手来玩弄、摩擦或者抚摸生殖器地带的行为。在这个案例中，孩子的自慰行为是在公共场合进行的，这也是我们要改变这种行为的原因。

基准线

在开始尝试改变这名儿童的自慰行为之前，班里的所有教师都要对她这一行为进行讨论。记住：你想要改变的是在公共场合即不适宜情境中孩子的自慰行为。例如，家里可能是比较适宜的场所。在开始实施方法之前，一定要先确定什么场合是可以接受的。

花 3～5 天的时间记录一下这名儿童自慰的频率、自慰的持续时间以及自慰发生的公共场合。每次这种行为发生时，教师都要计时并且在纸上写下这名儿童自慰行为的持续时间和自慰行为发生的情境，以此来确认这名儿童自慰发生的时间和地点。每天结束时，在频率记录图上记下这名儿童自慰行为发生的总次数，并且计算出每次自慰的平均持续时间：

$$\frac{\text{所有自慰行为持续的时间总和}}{\text{自慰行为的总次数}} = \text{每次自慰行为的平均持续时间}$$

实施步骤

教师在收集了原始的信息之后，就可以开始实施前两个步骤：和班里其他教师以及这名儿童的家长进行讨论。后面的两个步骤，即和这名儿童的家长讨论这名儿童的自慰行为，以及与这名儿童谈论作为隐私和社会可以接受的自慰行为，要在前两个步骤实施后再进行。

与班里其他教师讨论这名儿童的自慰行为。人们对与性有关的问题的反应有着很大的不同，这取决于我们每个人所接受到的教育、经历和信息。教职人员对于儿童自慰行为的态度也不相同，有人认为这种行为是可接受的，正常的；也有人认为这种行为是不好的，在造成无法弥补的伤害之前应该停止。所有与这名儿童有关的教职人员，包括主班教师，都应该参与讨论。讨论应该主要集中在以下方面：每个人对自慰行为的态度以及每个人对这名儿童有关自慰行为的观察。讨论的结果应该就什么是自慰行为和什么样的自慰行为是可以接受的达成一致。全体教职人员还应该就"在什么情境下的自慰行为是不被社会所接受的"达成一致。能否就这个问题达成一致取决于全体教职人员的态度和观点。最后得出的结论是，在多数教室活动的情境下，这名儿童的自慰行为是不被接受的。

与这名儿童的家长讨论这名儿童的自慰行为。仅就教师对自慰有着极大不同的观点来看，家长对这种行为的反应也会有很大的不同。一些家长可能会接受这种行为，认为这种行为是正常的，不需要担心，其他一些家长则会对此有不同的观点、想法，还可能有一些误解。教师需要就此问题与家长举行会议，会议开始前教师要做一些准备，并且还要收集一些相关信息。教师可以建议家长去读一些权威专家写的材料，这也是很有帮助的。根据家长的感受、其他教职人员的观点以及这名儿童自慰发生的情境，教师可以参考如下不同的策略：

● 如果家长并没有担心这名儿童的自慰行为，而且这名儿童的行为发生在私人场所，那么教师就不需要采取任何行动。

● 如果家长并没有担心这名儿童的自慰行为，但是这名儿童的这种行为频繁地在公共场合中出现，那么教师应该和家长就此事进行讨论。最终儿童会了解到一些行为在公共场合是不被接受的，这些行为应该在私人场合进行。在不让这名儿童感觉到内疚和羞愧的情况下，教师和家长可以一起合作，来帮助这名儿童了解二者的区别。

● 如果家长非常担心儿童的自慰行为，但是教师不担心，那么，就此展开一个讨论可能会解决这个问题。当家长听到教师说这种行为是正常的时，可能就会比较放心了。如果家长仍然很担心的话，那么教师可以陈述一下幼儿园的观点，即自慰不是一个坏行为而且只有当这种行为出现在不适宜的场合时教师才会予以回应。

● 如果教师和家长都担心儿童的自慰行为，因为这种行为经常出现在公共场合中，那么教师和家长应该就如何处理这一问题达成一致意见。家长和幼儿教师采取相似的方法对这名儿童来讲是比较有益的。

第36章 自慰

与这名儿童讨论自慰行为。一旦教师和家长有机会分享彼此有关儿童自慰这种行为的信息、担心和感受,而且基本的信息收集完毕之后,教师应该花一些私人时间和这名儿童讨论一下自慰行为。教师要倾听有关这种行为的信息,听听这名儿童告诉了你什么。教师要把握如下要点:

- 在儿童中,自慰是正常的行为。
- 自慰是一个非常隐私的行为。
- 自慰不应该在公共场合进行,但是可以在指定的、可接受的场合进行。

教师与这名儿童的讨论应该确保能消除这名儿童的疑虑,而且不要采取任何惩罚性的或者是消极的方式,因此,采用一种可接受的方式很关键。儿童对那种潜在的感受非常敏感,如果你所说的和他所感受到的不一致的话,你可能就会向这名儿童传达了一种消极的信息。如果教师认为幼儿的这种自慰的行为是消极的,或者教师对此有一种矛盾的心理,那么最好换另外一位教师与这名儿童就这一话题进行讨论。

当自慰发生在一个不适宜的场合时,教师要提醒这名儿童。即使你已经和她就此进行过讨论,这名儿童偶尔可能还会在不适宜的场合继续自慰行为。如果发生了,教师可以就你们的讨论给她一个温和的提示。教师的提示应该采用一种非常谨慎的方式以便不要让这名儿童感觉到尴尬。提醒她你们已经就在什么场合下自慰是可以接受的进行过讨论,而现在她自慰的场合不在可接受的范围内。如果时机适宜的话,教师可以将这名儿童转到其他活动中去。

继续记录这种行为。教师开始实施这些策略之后,还要继续数一下这名儿童自慰的次数和持续时间,并且在记录图上做记录。你很有可能会发现这名儿童在不适宜的场合下进行自慰的次数下降非常明显。当记录图显示出这名儿童在不适宜场合中的自慰行为已连续两周没有出现时,你就已经实现了你的目标,这时,就不需要再继续记录了。

保持取得的进展

一旦这名儿童将教师所传达的信息内化了,她就会减少在不适宜的场合中进行自慰的行为。有时,可能偶尔会有一些小失误,这时教师温柔地提醒她应该就能解决这一状况。

第六篇

社会交往和幼儿园活动中的问题行为

第37章

不参与活动

班里几乎所有的儿童都在忙着从事各种活动，只有4岁的赛拉站在门旁，没有参与任何活动，她似乎对什么活动都没有兴趣。教师经过她身边，笑着对她说："过来，赛拉，帮我把颜料拿出来。"赛拉听到后仍然只是一动不动地站着，教师只好自己把颜料拿出来。过了几分钟，他又走到赛拉身边，蹲下身平视着赛拉。然后，他将赛拉拉过来，抱着她，和她说了一会儿话，激发她对活动的兴趣。然而，赛拉仍然只是站着不动，拒绝参与任何活动。事实上，赛拉对教室里的各种活动都非常被动，即使有时候教师把她引入到某一项活动当中，她也不会参与进去。

自从6个星期前赛拉来到幼儿园以后，她就从来没有积极地参与过任何活动。教师在她身上花费了大量的时间，努力引起她对活动的兴趣，但都无济于事。赛拉到现在为止仍然很被动。

行为表述

这名儿童几乎从来不参与班级里的任何活动。

行为观察

花一些时间对这名儿童进行非正式的观察，以便能够深入地了解其行为。

如果这名儿童偶尔也参与一些活动，是哪些活动呢？
- 没有什么特定的活动
- 儿童独自一人就能进行的活动
- 集体活动
- 听故事活动
- 阅读活动
- 音乐活动
- 美术活动
- 角色表演活动
- 积木搭建活动
- 木工活动
- 户外游戏

- 玩沙或玩水游戏
- 感知觉活动
- 操作活动

她不参与活动时，通常在做什么？
- 看其他小朋友活动
- 往窗外看
- 待在门附近
- 哭
- 抱着或者玩一些个人物品，如外套或者毛毯
- 不和任何人说话
- 跟着教师或者某一个小朋友

当教师要求她参与班里正在进行的活动时，她会怎样做？
- 如果教师劝导的话，她会参加
- 会通过语言拒绝参加
- 用非语言的方式拒绝
- 会转过身去
- 开始哭
- 撅嘴生气
- 走到开展活动的地方，但是不参与其中

这些观察得到的信息可以帮助教师找到一种帮助这名儿童参与活动的途径。

与家长合作

在仔细地观察这名儿童之后，教师要和其家长面谈讨论你所担心的事情，即这名儿童因为不参与幼儿园活动而不能学到很多东西。向家长询问一下孩子在家里时的行为表现，了解她在家中最喜欢玩的游戏和材料。询问一下家长，他们认为他们的孩子是一个害羞的孩子还是一个认真的观察者能关注到周围发生的事情。和他们讨论一下，这名儿童是否是因为害怕来幼儿园才不愿意参与幼儿园活动的。向他们寻求帮助这名儿童参与幼儿园活动的建议，并把它们写下来。一旦开始采取措施改变孩子的这种不适宜行为，教师就要与家长保持密切的联系，使其了解这名儿童在行为改进方面取得的进步。

行为影响

对于一个非常害羞的儿童而言，要参与幼儿园活动是比较困难的，特别是在初入园的时候。但是，这种情况通常会随着幼儿对幼儿园规则的日益熟悉以及与教师间感情的日益亲密而消失。

幼儿问题行为的识别与应对（教师篇）

在某些情况下，儿童会发现不参与活动能得到教师更多的关注。幼儿教师通常希望所有的儿童都能够尽可能多地从学前教育中受益。因此，对于不参加活动的儿童，这些教师可能会花很多时间与他们交谈，给他们提供特别的刺激或特权，鼓励他们参与到活动中去。在这种情况下，因为不参与活动获得的教师的关注变得比活动本身更具有吸引力。结果，教师鼓励这名儿童参与活动的努力因为给予了儿童关注，反而对她的不参与行为进行了强化。

行为分析

在改变这名儿童的这种行为之前，教师应该考虑一下如下建议：

- 这名儿童不愿意参与幼儿园活动可能是基于一种对幼儿园或者与幼儿园有关的事物的内在焦虑与恐惧。如果是这样，教师就要帮助这名儿童克服这类感受，要给予她足够多的关注，增加其对幼儿园的信任感和安全感。本章接下来要介绍的方法主要是针对那种不参与活动是为了获得教师关注的情况。至于这名儿童不参与活动的动机是为了得到教师的关注还是因为焦虑和恐惧，教师要谨慎地下结论。因为那些想要获得教师关注的儿童通常会通过一些线索来表现出其潜在的动机：他们希望得到教师的关注，而一旦得到教师的关注，他们会做出积极的回应，并且会非常巧妙地保持教师对自己的这种关注；而处于恐惧状态的儿童则会回避教师的关注。如果是后一种情况，那么教师就需要努力来缓解儿童的恐惧心理并与之建立一种相互信任的关系。*
- 检查一下教室以保证为儿童提供的材料和活动是适宜的。这名儿童不愿意参与活动可能是因为教室里教师所提供的活动或者操作材料，她并不感兴趣。如果是这样的话，教师可以将她带到满足她兴趣的班级，或者为她提供更加适宜的材料和器械。
- 检查一下这名儿童的感知觉技能。儿童可能会因为听觉或者视觉上的缺陷而不愿意参与各种活动。如果一名儿童看起来过分地笨拙或者不能对身边的各种声音包括噪声做出反应的话，那么教师就要和其家长讨论一下你所担心的问题，并建议他们给这名儿童做个身体检查。**
- 如果这名儿童拒绝参与某一类或某一项活动，那么可能是因为这名儿童对这类（项）活动存在一定的误解。询问一下这名儿童为什么她不愿参加这个活动。例如，一个儿童不想画手指画，可能是因为成人告诉她要保持干净，或者她拒绝玩积木可能是因为有人告诉她积木是男孩子玩的东西。在了解

---

* 一些有情感缺陷的儿童会无缘无故地表现出恐惧和焦虑。如果某一名儿童对幼儿园有着过度的恐惧和厌恶，那么解决这一问题就需要有专业人员的帮助。

**如果教师怀疑感知觉方面的缺陷是引起儿童不参与活动的原因，那么就需要寻找一些线索来确认儿童存在听觉缺陷或者视觉缺陷。

了儿童拒绝参与某项活动的原因之后，教师就需要努力地纠正她的误解。
- 应该注意的是，教师不能也不要期望儿童会一直参与教室中的各项活动。儿童，与成人一样，需要时间去反思、观察、思考和休息，而不是一直处于知觉的紧张状态。有一些儿童要比另外一些儿童活跃，也有一些儿童更愿意花更多的时间来安静地思考发生在身边的事情。教师不要把天生比较谨慎的儿童误认为是不积极的儿童。一个儿童可能有时参与到活动中去，而其他时间则静静地坐着观察。
- 教师不要混淆适宜的行为与游戏中的不参与行为。在游戏发展的所有阶段中，一个儿童会以各种方式来参与游戏。她可能会独自一人游戏而不关注其他儿童，也有可能完全与其他人融为一体。当一名儿童开始意识到同伴时，她可能会花一些时间观察其他人而不是参与到活动中去。这不是不参与活动，这是正常的游戏发展阶段。

如果这些建议都不能提供解决问题的办法，那么教师可以采取如下的方法。

目标设定

目标是支持这名儿童经常积极地参与班级中的各项活动。

方法介绍

对待不参与幼儿园各种活动的这名儿童，其基本方法主要包括两个步骤：
- 通过使用连续的近似法的技术对这名儿童参与各项活动的行为进行强化。
- 忽略其不参与活动的行为。

概念界定

不参与活动，是指儿童没有建设性地、没能积极地参与幼儿园各项活动的行为，不管这些活动是教师提前预设好的还是后来生成的。不参与包括站着四处张望、不操作教室中的任何活动材料、不参与集体活动，以及教师要求他们参加时，他们予以拒绝。作为一个团队，同一班级的所有教师应该共同讨论，对"不参与行为"做统一的概念界定。这一点是非常重要的。

基准线

花一些时间来收集一些原始信息以便与这名儿童之后取得的进步进行比较是非常重要的事情。每天在选定的一个小时时间内对这名儿童进行观察，并持续观察三天。在这一小时内，这名儿童可以自由地选择各种活动。在这一小时内，教师使用一种时间取样的方法来收集信息。准备好一块手表或者是钟表、铅笔以及纸张是非常必要的。每隔5分钟，观察这名儿童15秒钟的时间。如果这名儿童满足不参与行为的定义，教师就不要在纸上做任何标记。如果这名儿童参与了一项活动，教师就做一个标记。这一个小时的观察结束时，教师得到的标记的数量将会在 0～12 之间。在频率分布图上记录下每天的总数。

实施步骤

一旦收集了这些信息，教师接下来就可以开始实施如下步骤。为了保证实施的效果，同一班级里的所有教师都要使用同样的方法，这一点非常重要。

使用连续的近似法的技术对这名儿童参与幼儿园活动的行为进行强化。实施这一方法的目标是向儿童传达这样的信息，即只要她参加幼儿园活动，教师就会给予她关注；相反，如果她不参加，教师就会忽略她。因为这名儿童很少参加活动，教师可能很少有机会对其进行强化。因此，连续的近似法的技术提供了一种经常可以予以强化的方法。这名儿童会因为其行为越来越接近教师所期望的目标而得到强化。针对这种方法，儿童参与幼儿园活动的行为被分解为几个步骤或者组成部分。起初，这名儿童因为第一步而得到强化，这一步仅仅是预期行为的一个近似值。当这一行为慢慢地实现，那么她将因第二步而得到强化，这一步更加接近预期的行为。正是通过连续的步骤，或者近似值，这名儿童的行为慢慢地接近预期行为。按照如下步骤行事，每次采取一步：

（1）只对这样的行为进行强化，即这名儿童对其他儿童参与各种活动进行观察。如果这名儿童没有观察她的同伴，教师不要以任何方式对她做出回应。这时，教师应该忽略她。当这名儿童观察其他正在活动和游戏的儿童时，教师可以以微笑、轻拍一下或者一句评论如"观察很有意思，不是吗？"等方式来对其进行强化。教师不要试图引诱这名儿童参与活动。言语的评论可以传达出教师对她正在做的事情的认可。不要暗示出这与你所期望的还有一定的差距。留在这名儿童的旁边，当这名儿童对其他参与活动的儿童进行观察时，教师要继续使用语言和非语言的方式对其进行强化。

（2）只有当这名儿童距离她所观察的活动 1.5 米时，才对其进行强化。当她没有观察附近的活动，当她的注意力从她身边的活动移开，或者当她观察教室或教室另一处的活动时，不要对她进行任何形式的强化。如果她正在观察距离她最近的某一项活动，那么你就可以通过拥抱、目光交流、一个微笑或者是赞赏的话语来表达出你对她正在做的事情的喜爱。教师的行为应该对这一行为进行鼓励。

（3）当这名儿童认真地观察某一项活动，尽管不是参与其中时，教师也要对其进行强化。例如，这名儿童在走线活动中能和整个集体坐在一起，在操作游戏或者是美术项目实施时能够坐在桌子旁边，或者在"娃娃家"游戏或积木区域活动时能够站在一旁。教师要保证对这名儿童而言，每项活动都很容易参与。如果这名儿童不在这样的位置上，教师要忽略她。当她很轻松地就能到达一个活动，教师要像前两步那样对她予以强化。

（4）除了观察活动之外，教师要期望这名儿童能够表现出一些参与到活动之中的行为。这并不意味着要她完全地参与到活动之中去。这名儿童可能拿着一个玩具或者材料，玩一块黏土，或者是抚摸一个布娃娃。只要她表现出部分参与，教师就要对其进行强化。如果教师想通过语言进行强化，注意不要暗示出她所做的没有达到你的期望。教师可以这样评论，例如："黏土摸起来软软的，不是吗？"或者"你正在拿着一块小猫的拼图！"

（5）这一步要求儿童完全地参与到活动之中。这名儿童参与活动的频率应该与班里其他儿童一样。每次教师看到这名儿童参与到活动之中时，就对她这种参与幼儿园活动的行为进行强化。

（6）一旦这名儿童完全参与到活动之中，教师就可以慢慢地减少强化。每隔几天，减少一次关注的数量。最后，教师对这名儿童的强化应该与对其他儿童的强化保持相同的频率。

这里需要注意的是，如果这名儿童跨越了一些步骤，那么教师要对那些最接近你所期望的行为进行强化。例如，有可能在第一步后，教师对这名儿童观察活动的行为进行强化，然后这名儿童突然能够部分地参与到班级中正在开展的活动中去。如果是这样的话，教师可以直接从第一步移到第四步。

教师会发现一旦你有选择性地进行强化，这名儿童能很快地理解你不和她说话意味着什么并且做你所期望的事情。记住，她的行为是由渴望关注的动机所驱使的。从某种程度上来讲，教师的强化要以服从为前提条件。

忽略其不参与活动的行为。连续的近似法这一技术准确地告诉了教师哪些行为是要忽略的。当教师忽略一个行为时，一定要确保是完全忽略。教师只需表现出对这名儿童所做的事情是支持的还是反对的，自然地做出反应即可。如果这名儿童的行为不满足教师的期望，教师不要和她说话，不要朝着她微笑，或者不要直接看着她。不要和她距离太近，如果教师必须靠近，那么教师要通过你的举止表现来表明你是来关注其他儿童或者其他事情的。教师要观察这名儿童以便了解什么时候对其进行强化，但是不要让她知道她是你的兴趣点和关注的目标。

继续记录这一行为。使用图表来记录这名儿童取得的进步。确保观察和记录的时间与你最初记录的时间是一致的。

保持取得的进展

当这名儿童能够完全地参与教室中的各项活动时，教师的目标就实现了。教师要继续对她的参与行为进行间歇性的强化。如果发现这名儿童偶尔会不参与活动，那么教师可以建议她参加一项活动。教师不要对其不参与行为给予不恰当的关注。如果这种行为再次出现的话，教师只需要忽略它。

第38章

不参加社会性游戏

<big>学</big>龄前儿童应该参加幼儿园组织的各种活动,而有一些活动需要几个儿童合作才能完成。而5岁的艾伦只玩那些通常一个人就可以玩的游戏,如拼图游戏、卡片配对游戏、建构游戏等。他从来不曾尝试参加那些需要与其他小伙伴一起操作和玩耍的活动。

艾伦是一个安静的孩子,他从来不主动去找其他小朋友,其他小朋友也不会来找他。教师非常担心艾伦,当他独自一个人时,教师就会过来和他一起,与他说话时,他似乎能予以反应。通常,当艾伦自己玩耍时,班里一位教师就会坐在他的旁边和他说话,或者与他一起活动。教师们希望他能够渐渐地加入到同伴中去。然而,他在幼儿园已经有4个多月了,仍然回避与其他小朋友的社会性互动。

行为表述

这名儿童很少或者从不与其他儿童进行互动,也不参加社会性游戏。

行为观察

教师要花一些时间对这名儿童进行非正式的观察,以便能够深入地了解其行为。

在不参加社会性游戏和互动的情况下,他通常都会做些什么?

- 玩那些独自一个人就能玩的玩具和材料
- 跟着教师到处走动
- 跟着某一位特定的教师到处走动
- 在一个地方站着或者坐着,无所事事

当其他小朋友主动与他互动时,他通常会怎样做?

- 不理睬、不回应
- 做出简单的回应
- 转过身去
- 走到其他地方
- 看起来不自在(表现为面部表情很痛苦或者烦躁不安)

- 看起来很放松
- 表现出攻击性
- 主动与其他小朋友分享他正在玩的东西
- 接受其他小朋友提供的玩具或者材料
- 叫教师帮忙

如果他偶尔与其他小朋友发生互动，他们是谁？
- 某一个特定的小朋友
- 某几个小朋友
- 班里任何一个最先接近他的小朋友
- 他在幼儿园外认识的小朋友（例如邻居或者亲戚家的小孩）
- 某些害羞的小朋友
- 比他年龄小、个子矮的小朋友
- 比他年龄大、个子高的小朋友
- 男孩
- 女孩

教师要利用这些观察得到的信息来帮助这名不与其他儿童发生社会性互动的儿童。

与家长合作

一个回避与其他儿童进行互动的儿童，正慢慢地错失非常重要的社会性互动的机会，而正是在这些互动中他慢慢地学会社会交往的技能。特别是对那些独生子女来说，其家长一般很难意识到自己的孩子有回避社会交往的倾向或者行为。因此，教师在观察了这名儿童的行为后，要找机会与其家长进行面谈，让他们了解你所观察到的情况和你所担心的问题，同时从家长那里了解这名儿童与其他儿童互动的情况，询问他们从中观察到了什么。和家长一起，讨论如何帮助这名儿童轻松地与其他小朋友进行互动。一旦开始采取方法来改变这一行为，教师就要与其家长保持密切的联系，使其了解这名儿童在行为改进方面取得的进步。

行为影响

儿童从出生到进入小学的这段时间内，开始学习如何与其他人相处。这一能力是通过不断地重复练习以及在与他人相处的过程中获得的积极的经验来提高的。慢慢地，他们从只考虑他们自己的自我中心领域，进入到一个必须认识到其他人的存在、必须考虑到其他人的世界中来。学前教育能对这一过程起到积极的促进作用。学前教育的一个非常重要的目标就是帮助学前儿童通过与其他小朋友的互

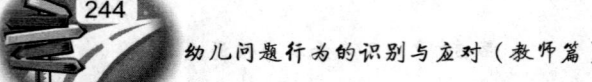
幼儿问题行为的识别与应对（教师篇）

动学习社会交往技能。

一般而言，儿童社会化的过程是一个自然而然的过程。其间，偶尔可能会有一两名儿童在学习如何与其他儿童交往方面存在一些困难。这时，教师必须要确认：他们是因为缺乏社会交往技能还是因为更加喜欢成人的关注而不与同伴进行互动的。如果他们缺乏社会交往技能，而教师又没在这方面给予他们帮助的话，那么在小学阶段，他们仍然会在社会性发展方面存在一定的缺陷。如果他们回避与其他儿童进行互动，而教师给予了他们更多的关注来鼓励他们进行互动的话，那么他们就会继续回避互动，只要他们能够得到教师的关注。因此，在帮助这名儿童增加与同伴互动的行为前，教师需要对其原因进行认真仔细地评估。否则，教师所做的努力将不会起到任何作用。

行为分析

考虑如下建议，看看它们是否能够为你提供一个相对比较简单的解决问题的办法：

- 考虑一下这名儿童的发展水平。很多学前儿童的社会性发展尚未充分，他们通常比较喜欢那些独自一人就可以玩的游戏或者平行游戏。通常情况下，2岁和很多不到3岁的儿童对社会性游戏还不感兴趣而且也尚未做好准备。因此，如果你所担心的这名儿童年龄还非常小，那么你就有必要反省一下自己的期望水平是否过高，而不是这名儿童的行为本身存在问题。给他一些时间和适宜的指导，相信他很快就能够摆脱对独自游戏的偏爱而转向一个相对社会性的世界。*

- 这名儿童回避与同伴互动也可能是源于他所在的班级带给他的压力。他可能是班里年龄最小或者是个子最矮的儿童，并由此感受到来自同伴的压力和威胁。如果是这样的话，教师可以把这名儿童安排到一个更加适合他的班级中去。

- 如果一个儿童刚入幼儿园或者缺乏集体生活经验，那么他也可能不愿与其他儿童发生互动，因为他对这个新环境仍然很陌生。这时，时间、教师的耐性和温柔的指导将会帮助这名儿童慢慢地融入到集体当中。

如果这些建议都不能帮助你解决你所担心的问题，那么你可以考虑采取如下方法。

---

* 具有认知缺陷的儿童可能在发展水平上低于其年龄阶段的平均水平，因此不参加社会性游戏可能是儿童社会性发展水平低的表现而不是问题行为。

第 38 章 不参加社会性游戏

目标设定

目标是让这名儿童在幼儿园里能够与其他儿童进行互动并参加社会性游戏。这名儿童在自由活动期间，至少应该花 1/3 的时间参加社会性游戏或者与同伴进行互动。

方法介绍

要想帮助这名不参加社会性游戏的儿童，其基本方法包括以下几个步骤：
- 强化这名儿童与其他儿童的社会性互动行为。
- 强化与这名儿童进行社会性互动的其他儿童。
- 系统地帮助这名儿童学习社会交往技能。
- 当这名儿童不与同伴进行社会性互动时，忽视他。

对这名儿童采取什么样的方法取决于教师对他这一行为原因的评估。如果这名儿童因为缺乏社会技能而不与同伴进行互动，那么教师就要采用前三个步骤。如果他因为渴望得到教师的关注而不与同伴进行互动，那么就采用第一个、第二个和最后一个步骤。如果他是因为缺乏社会技能和渴望得到关注这两方面原因而不参与社会互动，那么教师要使用上述四个步骤。

概念界定

不参加社会性游戏，是指儿童独自一个人进行的、不涉及其他儿童的任何行为，如独自一个人玩、独自一个人坐着或者站着、寻求教师的注意力或者只和教师说话。而社会性游戏，包括与其他小朋友玩同样的游戏或者同样的材料，与其他小朋友交流、分享，以及其他的通过语言或者非语言的方式与同伴进行互动。同一班级的所有教师应该讨论并且就"不参加社会性游戏的行为"这一概念达成一致意见。

基准线

教师要花一些时间来收集一些原始信息，以便与之后这名儿童取得的进步进行比较。选择一天中的某一个小时，在这一个小时内，儿童可以自由地选择活动和自由地参加社会性游戏。在以后的观察记录过程中，教师要一直选择这一个时间段。使用时间取样的方法来记录这名儿童花多长时间与同伴进行互动。教师需要一块表、一支铅笔和一张纸来做记录。每隔 5 分钟，观察这名儿童 15 秒钟。儿童每参与一次社会性游戏，教师就要在纸上做一次记录。在这一小时内，教师最多可以做 12 个记录。这一时段的观察结束后，教师可以将总数记录在频率记

录图上。

实施步骤

信息收集完毕后,教师可以继续如下步骤:

强化这名儿童与其他儿童的社会性互动行为。要想增加某一个儿童的某一种特定行为,教师就要频繁地对这名儿童进行强化以便让他了解到你对他这一行为的重视。尽可能利用每一个机会对这名儿童参加社会性游戏的行为进行表扬。如果这名儿童不参加社会性游戏是为了获得教师的关注,那么你要去掉这种关注。当这名儿童行为发生变化时,教师再立刻予以关注。因此,不管这名儿童不参加社会性游戏的潜在的动机是什么,只要行为有了改进,教师就应该对其进行强化。

教师要认真仔细地选择强化类型。如果这名儿童是想通过回避社会性游戏来获得教师的关注,那么在他确实参加社会性游戏时给予他关注是非常明智的选择。教师如何强化取决于这名儿童的反应。教师可以通过尝试各种强化方式来看一看哪种方式最为有效。非语言的强化方式,如一个微笑、拍拍他的肩膀或仅仅是在他身边待一会儿都可能是有效的方法。口头上的表扬以及恰当的话语,也能起到一定的效果。例如,教师可以说:"你们两个一起烤了一块非常好看的蛋糕"或者"你们愿意将这些小石头放到你们正在制作的蛋糕上面吗?"教师的表扬应该关注两个儿童并且要暗示出你已经关注他们很长时间了。

对与这名儿童进行互动的其他儿童进行强化。因为互动是一项至少需要两个人参与的活动,所以与这名儿童进行互动的其他儿童也应该得到强化。教师可以通过一个微笑、一个拥抱,一声谢谢或者其他方式对其他儿童进行强化。这将会鼓励其他儿童经常与这名儿童进行互动,而这最终会帮助这名儿童轻松地参加社会性游戏。*

系统地帮助这名儿童学习社会交往技能。在进行到这一步骤之前,教师应该通过与其家长的交谈来确认:这名儿童是因为缺乏社会交往技能才不参加社会性游戏的。如果其家长指出,这名儿童几乎没有与其他同龄儿童进行交往的经验或者与其他儿童在一起时会非常害羞,那么你对于他在社会性发展发面需要帮助的假设就是正确的。这时,教师可以通过以下步骤帮助他获得互动交往技能:**

(1)在开始后的前三天或者四天时间内,帮助这名儿童观察其他儿童的社会性交往活动。拉着他的手(如果他不拒绝的话),从教室里的一个区域参观到另一

---

* 当班级中存在有特殊需要的儿童时,鼓励其他儿童接受这名儿童是非常重要的。教师要让其他儿童了解到,在他们的游戏中能够包含某个有特殊需要的儿童是你非常重视的因素。

**在情绪、行为、认知和感知觉以及其他方面存在缺陷的儿童,在学习社会性技能方面可能需要教师非常系统的帮助。这种方法在帮助他们掌握大量的社会技能方面很有用。

个区域。在参观的过程中，教师要用语言告诉他其他儿童正在做的事情，重点集中在社会性方面。例如，你可以说："看，米奇是杂货店的店主，夏洛特正在买东西。她想买一些鸡蛋，米奇正在帮她拿。""卡蔓和拉瑞挨在一起，她们在画画。拉瑞将自己的红色颜料借给了卡蔓，因为她没有。""看！帕特里克正在将一块积木放到他和玛莎以及萨利姆搭建的高塔上。他们玩得很高兴，你看他们都在笑。"每天这样重复几次，每次花费几分钟的时间。同时，教师也要鼓励这名儿童讲一讲他所看到的。

（2）一旦这名儿童对自己作为观察者的角色感到很放松时，教师要尝试着让他进一步接近这些活动。教师要先仔细观察一下教室，找一两个你认为肯与这名儿童一起玩的小朋友。要注意，不要每次都选择相同的小朋友。然后，将这名儿童带到这些小朋友游戏的地方，观察大约一分钟。随后，教师坐在这名儿童的附近，先参与这个游戏，然后鼓励这名儿童也参与进来。在游戏过程中，教师要用语言描述出每个儿童正在做的事情对整个游戏所起到的作用，重点强调这名儿童的作用。必要时，教师可以在身体动作上对他进行指导。例如，将一块积木放到他手中帮助他把积木放到正在搭建的积木建筑物上。

每天这样重复几次，每次花几分钟的时间和这名儿童一起活动。这一步进行到这名儿童开始主动地参与游戏时为止。这可能需要一些时间，但是要记住，在这个过程中，这名儿童也正在慢慢地学习社会交往技能。

当这名儿童表现出喜欢参与游戏时，教师就可以进行下一步骤。

（3）将这名儿童带到其他儿童或者活动小组旁边，和他一起观察一会儿，然后问他："你愿意和他们一起玩吗？"如果他愿意，鼓励他加入到游戏中去。这次，除了帮助他成为活动小组的一员外，教师不要再进行任何干预。比如：教师可以为这名儿童提供一个道具，以帮助他通过为小组游戏做出一些贡献，参与到游戏当中。例如，给他一根绳子当做消防水龙带，然后对其他儿童说："看，消防员拿着消防水龙带来帮助你们灭火了。"之后，教师退后，让这名儿童参与到游戏中。在这过程中，教师可以通过表扬或者是微笑等方式予以强化。

每天这样重复做几次。只要这名儿童需要你这样的支持，教师就继续这一步不要停止。随着这名儿童主动地参加社会性活动的行为增多，教师就可以撤出在发起社会性游戏方面为这名儿童提供的帮助。

（4）当这名儿童能够主动地加入到其他儿童的游戏当中时，教师就可以提供间歇性的强化。起初，只要你发现这名儿童参与到社会性游戏当中，你就可以提供一些强化，如对他微笑，或进行口头表扬。之后，随着这名儿童互动行为的增加，他能够从与同伴的社会互动中得到越来越多的快乐和满足，这时的强化就来自互动行为本身。

或者，逐渐地降低强化的频率。当这名儿童与其他儿童的互动正常化后，教师对这名儿童的强化频率应该与对其他儿童的强化频率保持一致。

如果这名儿童因为想得到教师的关注而回避社会性游戏，教师要撤回对他的关注。当教师发现这名儿童回避社会性互动时，忽略他。当一个儿童孤立于其他儿童时，教师会自然而然地想通过与其谈话或者关注他来帮助他参与到活动中去。然而，当你对这名儿童的关注程度超过了他错失的互动行为时，你的关注反而起到了反作用。因此，当他独自一人时，教师要忽略他。不要和他讲话，不要对着他微笑，甚至不要朝他所在的方向看。但是，只要他参与了互动游戏，你就要毫不吝惜你的关注。用这样的方式，这名儿童会明白哪些行为是教师所期望的，哪些行为是有价值的。

继续记录这种行为。每天在相同的时间段内计数这种行为。每隔5分钟观察这名儿童15秒钟。他每参与一次社会性游戏，就记录一次。但是在你系统地帮助这名儿童学习社会交往技能时，不要做记录。你只需要记录那些自发的互动行为和社会性游戏。当图表显示出，在这一小时之内，这名儿童至少有1/3的时间在进行社会性互动时，那么你就实现了预设的目标。

保持取得的进展

积极的同伴互动本身就是一种奖赏。一旦这一目标实现了，教师就要帮助这名儿童维持这种行为。教师要继续对参与互动性游戏的这名儿童给予定期的强化。

第39章

因害羞而不参加集体活动

班里其他的小朋友都在唱歌，只有4岁的托德面无表情地静静坐着，眼睛看着下面，双手合拢放在膝盖上。歌曲结束后，带班教师表演了一个新的手指游戏。一些小朋友一边跟着教师做，一边重复教师的话。之后，带班教师又重复表演了一次手指游戏，这时大部分小朋友已经开始跟着她一起做了。等到第三次时，除了托德，其他的孩子都参与进来了。教师答应说，明天还会有新的手指游戏。接下来，讲故事的时间到了。她建议全体小朋友在听故事之前，先一起玩这个手指游戏。结果除了托德之外，其他小朋友都参与了。

班里的另外一位教师注意到托德比较被动，于是走到他的旁边，在最后一次做手指游戏时，握着他的手，引导他的手指做出适宜的动作，但是托德并不配合。

现在带班教师精心挑选了一本书，开始给小朋友们讲故事了。其他的小朋友都在全神贯注地听着，当教师提问题时，他们积极地举手回答。见托德始终没有举手，教师直接问了托德一个问题，但是他只是静静地坐着，既没有回答问题，也没有表示出他听到了这个问题。过了一会儿，另外一个小朋友回答了教师的问题。过后，教师们在进行讨论的时候，都在想他们能够做些什么来帮助托德参与到集体活动中来。

行为表述

这名儿童不参加集体活动。他不回答问题、不唱歌、不参加手指游戏，也不在其他方面对集体做出任何的贡献。

行为观察

教师要在集体活动时间观察一下这名儿童，以便能深入了解他的害羞行为。在集体活动时间，如唱歌或者是玩手指游戏时，他通常都在做些什么？

- 安静地坐着，不说话、不唱歌，也不动
- 不参加活动，但是会通过微笑表现出他对活动的喜爱
- 看起来非常不安
- 观察带班教师或者其他小朋友

- 眼睛看向别处
- 试图离开集体

如果带班教师问他一个问题或者是以某种方式向他提出要求,他会有什么反应?

- 什么也不说
- 很小声地回答
- 尝试着回答问题,但是只说几个字来应对
- 只回答是或者不是
- 用非言语方式来回答,如点头
- 变得很不安
- 把脸盖起来
- 啜泣或者大哭
- 从其他教师那里寻求安慰

教师可以运用观察得到的信息,来帮助这名儿童克服他在集体活动时的害羞情绪。

与家长合作

家长对于这名儿童不参加集体活动的情况可能不是很了解,因为集体活动时间,他们不在现场。但是教师还是要让他们了解:你正在采取措施帮助他们的孩子参加集体活动,你使用了哪些策略以及这些策略取得的成效。

行为影响

每个人的性格和气质都是不同的。一些儿童比较外向,乐于尝试,渴望获得新的经验;一些儿童比较内向,对未知的事物充满了焦虑。教师不可以而且也不应该试图改变儿童这种与生俱来的特质。教师要做的是帮助他们更好地了解并充分地利用他们的个性和特征。不愿意参加集体活动的儿童可能天生就是比较安静和害羞的儿童。如果教师强迫他们参加集体活动,那么他们可能会因为害怕而变得退缩。不过,如果教师能够采用一种系统的方法耐心地引导儿童,那么他们很可能会乐于参加集体活动,并且享受到其中的乐趣。

行为分析

考虑一下,下面的这些建议是否能帮助你解决你所担心的问题。

- 检查一下你所安排的集体活动是否符合这名儿童的年龄发展水平。这名儿童不愿意参加集体活动可能是因为活动太简单或者是活动太难了。因此,

第39章　因害羞而不参加集体活动

　　教师要确保提供的活动符合这名儿童的年龄发展水平。此外，这些活动还应该多样化，以免儿童会感觉枯燥。
- 把这名儿童安排在适合他年龄发展水平的班级中。他不愿意参加集体活动可能是因为班里那些年龄比他大的儿童给他带来了一种威胁。因此，如果有可能，将这名儿童安排到与他的年龄发展水平相适宜的班级中去。
- 儿童听力上的缺陷也可能会引起这一行为。如果一名儿童听力不是很好，他很可能以沉默来应对活动。他可能只是坐着却不唱歌，因为他不明白这些歌词的意思。他可能不回答问题，因为他听不见。如果教师怀疑儿童有听力上的缺陷，那么可以采用一个简单的测试。你可以在这名儿童的身后制造出各种各样的声音或者噪声，然后看他的反应。如果这种非正式的测验证实了你的怀疑，那么你要和其家长联系，要求他们带孩子到专门的机构进行听力测试。*
- 一些儿童个性相对比较沉默或者害羞。一个儿童是外向的还是内向的在很大程度上是先天的特征。如果你所担心的这名儿童天生就比较害羞，那么就不要试图将其变成外向的儿童。作为一名教师，你所能做的就是帮助这名儿童，让他能够自由、放松地在幼儿园生活。温和、理解、接受和耐心是令他们感到安全的最有效的方式。
- 一些儿童在班集体活动中会感到不舒服，而和几个人在一起进行小组活动时情况会好一些。这时，教师可以考虑将全班儿童暂时分成两个或三个小组，而不是所有儿童组成一个大的集体开展活动。

　　如果上述建议都不能为你所担心的问题提供解决的办法，那么你可以考虑如下方法。

目标设定

　　目标是让这名儿童能够充分、愉悦地参加集体活动。

方法介绍

　　帮助这名儿童参加集体活动的方法包括如下两个同时开展的步骤：
- 系统地帮助这名儿童，使其更多地参加集体活动。
- 对这名儿童参加集体活动的行为进行强化。

---

* 很多儿童经常会因为反复的耳朵感染而患有某种程度的听力损失。教师要对这种可能性保持一定的敏感。此外，发音困难或者言语发展迟缓也可能是导致这一问题的主要原因。教师可以通过其他方式对这个问题有一定的了解。教师可以和语言治疗师一起协商，以便语言治疗师能够提出一些帮助这名儿童完全地参与活动的策略。

概念界定

因害羞而不参加集体活动,是指儿童因害羞而不参加任何集体活动的行为,包括唱歌、跳舞、玩游戏、讨论、回答问题以及其他一些行为。同一班级的所有教师应该讨论并就"参加集体活动"这一概念达成一致意见。

基准线

花三天的时间收集一些原始的资料,以便与之后这名儿童取得的进步进行比较。在集体活动时间内,当这名儿童有机会参加集体活动时,记录一下他们的参与情况。因为参与的机会是变化的,因此要数一数参与的机会和实际参与的数量,然后计算一下百分比。

计数一下这名儿童可以通过语言和身体动作参加集体活动的机会总数。例如,唱一首歌是一次参与机会,表演一个手指游戏(或者重复一次手指游戏)是一次参与机会,回答一个问题是一次参与机会。然后,再计数一下在这些活动中这名儿童实际上参加了或者表现出了要参加的愿望(如举手了)的次数。

当你掌握了这两方面的数字,你就可以计算一下百分比。例如,如果在集体活动时间,你和孩子们一起玩了"鸭子,鸭子,鹅"的游戏(1),教他们唱了一首歌(1),带领他们做了两个手指游戏并且重复了其中一个(3),给他们讲了一个故事并问了有关这个故事的5个问题(5),那么孩子参与活动的机会总数是10。如果这名儿童一个都没有参与,那么参与率就是0。如果他参与了其中的一个手指游戏(1),并且举手回答了一个问题(1),那么参与率就是20%。其他的教师在这个过程中负责记录。每次集体活动结束时,教师要将这些百分比记录在频率记录图上。

实施步骤

一旦教师收集了这些原始信息,就可以继续下一步骤。在集体活动时间,带班教师要负责带领全班小朋友进行活动,因此,必须有另外一位教师坐在这名儿童旁边实施这些策略。

系统地帮助这名儿童,使其更多地参加集体活动。在参加集体活动时,如果这名儿童感到有压力、不自由,那么教师可以为他创设一个相对放松的情境,帮助他应对自己的害羞情绪。

(1)每天至少一次坐在这名儿童旁边,和他待一会儿,并给他读一个故事。读故事时要尽可能多地提问题:"图片中的人正在做什么呢?""你看到了哪些动物?""你记得故事中的那个人说等小兔子回来后,他要做些什么吗?"

第39章　因害羞而不参加集体活动

　　鼓励这名儿童回答你的问题并对他的答案进行扩展。表扬他的回答，不管他的回答是对的还是错的。如果这名儿童的回答是错误的，教师可以这样说："嗯，让我们再数一遍，好不好？"记住，你的目的是让这名儿童说话，而不仅仅是读一个故事。

　　这一步骤一直持续到这名儿童能够自由地和你交谈并且表现出很喜欢这种一对一的活动时为止。当然，教师也可以用其他的活动进行替代，如讲故事、唱歌、卡片配对游戏或者观察图片和海报。

　　(2) 邀请其他儿童参加活动。在班里选择一个外向、爱说但又不是"话唠"的儿童和这个小朋友一起活动。不同的活动可以选择不同的儿童。鼓励这两个儿童回答问题，并对他们的答案予以表扬。如果这名儿童在另一个小朋友在场时很少回答问题或者回答问题时很不自在，那么教师要一直鼓励和表扬他。当然也要鼓励和表扬另一个小朋友。例如，教师可以说："让我们给托德一个回答问题的机会"或者"他能够找到藏在图片后面的蝴蝶，他是不是很聪明呢？"当这名儿童能够比较放松地与在场的另一个小朋友交谈时，教师可以继续下一步骤。

　　(3) 渐渐地增加小组中儿童的数量。开始，让两个小朋友和这名儿童一起活动。在他能够自如地应对这种情境后，每次再增加一个或者两个小朋友。增加的原则是以儿童能够应对前一种数量为基础。到现在为止，这名儿童所在的小组应该能够开展除读故事之外的各种活动了。当这名儿童能够自由地和六七个小朋友交谈时，教师可以采取下一步骤。

　　(4) 每天在继续这种小组活动的同时，努力让这名儿童参加整个集体活动。

　　以下是实现这一目标的一些方式：
- 坐在这名儿童的旁边，微笑着或低声地鼓励他。
- 问这名儿童一个他已经在小组活动中回答过的问题。当他犹豫不决时，提醒他当时他在小组中回答得是多么好。
- 集体讨论过程中，要求这名儿童分享一些他之前告诉你的事情。
- 鼓励这名儿童带着一个道具参与集体讨论。这个道具可能是一片五彩缤纷的落叶、一块石头、一个松果，或者是其他他可以分享的东西。
- 如果这名儿童举手要回答问题，立刻叫他。

　　当这名儿童能够像其他儿童一样参加集体活动时，教师就可以逐渐地减少直至停止这类小组活动。

　　对这名儿童参加集体活动的行为进行强化。经过你的努力，当这名儿童能够轻松地参加小组活动时，你可以鼓励他参加班集体活动。集体活动时，你要坐在这名儿童旁边。只有在你认为这名儿童做好了准备的情况下，才可以让他发言，否则不要这样做。你可以通过他在小组活动中的反应来判断他是否做好了准备。

对他主动参加的任何活动，你都要予以表扬。如果他参加手指游戏了，要予以强化。如果他唱歌了，即使只唱了一句，也要对他进行强化，可以给他语言上的强化或者是一个微笑，或者是在他的膝盖上轻拍一下，或者是一个亲切的拥抱。当他在小组活动中表现得越来越放松时，你可以对他在集体活动中的表现有更多的期望。

一旦这名儿童参加集体活动的频率与其他儿童一样了，你就要慢慢地减少直至终止对这名儿童的关注。你可以继续对这名儿童进行强化，但是要与对其他儿童进行强化的频率保持一致。

继续记录这一行为。每次集体活动中，教师都要像之前那样数一数这名儿童参与活动的机会以及实际参与的数量，然后计算一下百分比，并且在频率记录图上做记录。当这名儿童的参与频率一直保持在 50% ~ 100% 时，教师的目标就实现了。

保持取得的进展

当这名儿童参加集体活动的频率与其他儿童一致时，教师要继续提供强化，对适宜的回答予以表扬。教师没必要定期地开展小组活动。教师可以在其他时间，采用小组活动的方式来设置课程。

第40章

只玩某一个或某一类玩具

"苏珊娜,过来做手指画吧。今天,我们这里有绿色和红色两种颜料,因为这些都是圣诞节的颜色。"3岁的苏珊娜只是看了这些颜料一眼,然后拿起放在摇篮里的布娃娃抱着它,对陈老师说:"我不想画。"陈老师陪了苏珊娜一会儿,帮助她给布娃娃穿上衣服,在这过程中,他会偶尔问苏珊娜是否想参加其他的活动,但都被苏珊娜拒绝了。

不久,在讲故事时间结束后,当其他的小朋友忙着剪贴圣诞节的装饰品、给画涂颜料、搭建积木、看书、在水桌旁吹泡泡、拼图和在木工区锤锤打打的时候,苏珊娜再次朝着她最喜欢的布娃娃走去。

班里的每位教师每天都会花一些时间和苏珊娜待在一起,和她一起玩布娃娃。他们尝试着引导她参加其他的活动。苏珊娜对老师们提供的其他活动不感兴趣,但是却喜欢老师们陪着她,她喜欢和他们聊天。自9月份苏珊娜入园以来,她就表现出对教室里的其他材料没有任何兴趣的样子。她将自己的全部注意力集中在她喜欢的布娃娃以及和布娃娃有关的活动方面。老师们尝试着扩展她的兴趣范围,但是到目前为止,他们的努力都没有获得任何成效。

行为表述

这名儿童花大量的时间只玩某一个或者某一类玩具,而对教室中的其他材料不感兴趣。

行为观察

教师要花一些时间观察这名儿童,以便对其行为有更加深入的了解。

她通常会玩哪一类玩具?

- 适合独自一个人玩的玩具
- 适合大家一起玩的玩具
- 需要肌肉参与的玩具
- 静态玩具(如图书)
- 需要想象力和创造力的玩具

- 高度结构化的玩具
- 经常需要教师提供帮助的玩具
- 能够生产出有形产品的玩具

当不能做她最喜欢的活动时,她通常会做些什么?
- 找一些其他的事情来做
- 拒绝参加任何活动
- 会问为什么她不能玩她最喜欢的活动
- 找与她经常做的活动相似的活动来做
- 漫无目的地在教室里走来走去
- 发牢骚
- 抱怨
- 生气

她一般什么时候玩她最喜欢的玩具?
- 一到幼儿园就开始玩
- 一天中只要有机会就会玩
- 在自由活动时玩
- 在预设活动时间内玩
- 在集体活动时玩
- 在午睡时玩
- 在户外活动时玩

教师可以使用这些非正式观察获得的信息,帮助这名儿童扩展她的兴趣范围。

与家长合作

近期内,教师应该与这名儿童的父母商定一个时间来讨论这一问题。弄清楚这名儿童在家里喜欢玩哪类活动和材料,以及她最喜欢的活动和材料是什么。向家长了解一下他们的孩子在面对不熟悉的情境,包括得到一个新的玩具时,是如何做出反应的。告诉他们,你希望能够帮助他们的孩子参与各种活动并使用教室中的多种材料。与家长共同探讨一些方法扩展这名儿童的活动兴趣。在方法实施之后,教师要及时告之家长他们的孩子在这方面取得的进步。

行为影响

幼儿园的班级环境创设要有利于幼儿的社会、情绪情感、生理和认知的发展,这就需要教师为其提供丰富的材料、活动和器械。这些经过精心选择和设计的材料、活动和器械要能够满足儿童发展的多种需要。学前儿童天性上是积极的、好

第40章 只玩某一个或某一类玩具

奇的和渴望获得新经验的个体。因此，在学前阶段，他们应该接触和使用尽可能多的材料和活动。

然而，偶尔也会有儿童不想尝试多样化的活动，只喜欢日复一日地玩同一个或一类玩具。当这样的事情发生时，教师们通常都会非常地担心，因为这名儿童没有获得这个年龄段儿童普遍具有的广泛的生活和学习经验。在这种情况下，当这名儿童沉迷于自己的玩具时，教师就可能会通过与其谈话或者诱导的方式努力地让她对其他事物产生兴趣。这样，这名儿童可能很快地就会发现，她不仅可以继续做自己喜欢做的事情，而且在这过程中，她还能够获得教师充分的关注，她也就因此变得更不愿意尝试其他的活动了。由此可见，教师需要的是一些系统化的方法来扩展这名儿童的兴趣，以便她以后能使用教室里各种各样的活动材料。*

行为分析

教师通过一些非正式的观察可能会掌握一些解决这一问题行为的简便易行的方法。教师可以尝试如下建议：

- 检查一下教室里所提供的材料和活动是否与这名儿童的发展水平及兴趣相适应。儿童可能会因为教室中的其他活动材料操作起来太简单或者太困难而只关注某一个或者某一类玩具。如果是这样的话，教师要为他们提供较多的适宜材料。

- 检查一下教室里是否有充足的能够满足所有儿童活动所需要的材料。这名儿童将自己局限于某一个或某一类玩具可能是因为其他物品不是数量太少就是不具有吸引力，她没有其他的选择。如果是这样的话，教师要为儿童提供更多的材料。

- 检查一下教室里是否有足够多的可供选择的材料种类。教师可能没有意识到，教室内提供的材料种类比较少，从而限制了儿童可以选择和使用的范围。教室里必须有大量的可供儿童选择的材料和活动来促进儿童社会性、情绪情感以及认知的发展。因此，如果有必要，教师要尽可能地提供多种材料和活动。

- 有时，儿童在一段时间内反复地使用某一种特定的玩具，也可能是因为他们正在试图掌握玩这种玩具的技能，一旦他们实现了自己的目标，他们就会停止这一活动。例如：某一个儿童可能重复地玩一个拼图直到他能够很快且独立地拼好它。一旦这个技能他熟练地掌握了，他就会对拼图失去兴趣，

---

* 有严重情感障碍的儿童可能会表现出行为上的重复，因为重复在某种程度上来讲，给他们提供了安全感，消除了他们的恐惧或疑虑。如果是这样的话，教师和心理健康方面的专业人员进行协商就显得非常重要。

因为这个游戏对他已经不具有挑战性了。

如果上述建议都不能为教师提供一个解决问题的办法，那么你可以继续阅读如下方法。

目标设定

目标是让这名儿童使用多样的活动材料，每天至少操作5种类型的活动材料。

方法介绍

一般来讲，教师要想解决这名儿童的这个问题行为，其方法包括如下三个步骤：
- 系统地引导这名儿童参与不同区域的活动。
- 对这名儿童参与各种活动的行为予以强化。
- 如果她又继续从前的行为模式，忽略她。

概念界定

只玩某一个或者某一类玩具，是指儿童很少参加教室里的各种活动的行为。我们通常期望的行为是，这名儿童在幼儿园里每天至少参加5种类型的活动。

基准线

花三天的时间收集一些原始的信息，以便与之后这名儿童取得的进步进行比较。在一张纸上列出教室里所有的活动区域（例如，美术区、游戏表演区、操作区、积木区、语言活动区、数学活动区、音乐区等）。每天，在儿童自由活动期间，教师要在纸上记录下这名儿童所选择的活动区域。但是一定要保证这些活动不是这名儿童进去了晃晃又出来的活动，而是她连续参与了3分钟以上的活动。每天结束时，教师在频率记录表上记录下这名儿童参与的活动区域的总数。

实施步骤

收集完这些信息之后，教师就可以开始实施如下步骤。同一班级的所有教师都应该参与其中，以保证他们都能够适宜地进行操作，同时帮助这名儿童参与到更多的活动中去。

系统地引导这名儿童参与不同区域的活动。 在自由活动开始之前，教师可以来到这名儿童的旁边，然后这样做：*

（1）教师应该知道这名儿童可能会对哪类新活动产生兴趣。最初，选择一个

---

* 一名认知发展水平明显迟缓和只参加有限游戏活动的儿童照样能够从这一方法中获益。

与这名儿童经常参与的活动相似的活动，之前观察所得的信息可以帮助教师决定到底要选择哪一个活动。例如，如果这名儿童之前一直只玩积木，那么可以尝试着让她玩一个操作性玩具，例如拼拆积木。这个玩具可以使用一周的时间。

在接下来一周的时间里，教师可以选择一个有一些差异性的玩具，不过，差异性不要特别大。然后，指导这名儿童参与新的活动，并慢慢地增加这种差异性。如果她表现出了对某一项新活动的兴趣，那么教师可以从中寻找一些线索。此外，教师选择的活动还必须保证活动能够获得成功。因为如果这名儿童能从一项活动中体验到一种成就感，那么她就会喜欢这项活动。

（2）告诉这名儿童你有一个非常特别的活动想和她一起玩。之后，拉着她的手来到这个新的活动区旁，和她一起待 3～5 分钟。帮助这名儿童发起活动，并对其进行适宜的鼓励和表扬。教师也可以与这一区域中的其他儿童互动，但是一定要把注意力集中在你所担心的这名儿童身上。

（3）如果这名儿童在新的活动区内完成了一些活动作品，例如，一幅画或者是拼图，教师要对她进行强化。除此之外，教师还要对这名儿童一直以来比较感兴趣的活动给予关注和强化，目的是告诉这名儿童你对她所做的事情都比较感兴趣。

（4）如果这名儿童不想尝试新的活动而只想玩她一直从事的活动、她所熟悉的玩具，第一次可以允许她这样做，但是在答应她之前，你要向她说明，你也很希望她能够去尝试其他的活动，只有在她花了一些时间从事新的活动之后，她才可以去玩她喜欢的布娃娃。同时，告诉她，她同样可以从新的活动中获得快乐和满足。如果有可能，将她最喜欢的活动去掉或者是关闭那个活动区直到她能够在其他的活动区域中待上至少连续 3 分钟的时间。对她在其他区域中的活动予以充分的关注。此后，如果她想玩她熟悉的玩具，教师可以允许她继续玩她熟悉的布娃娃，但是不要对这一行为进行强化。

（5）每次活动开始时，你都要继续引导这名儿童参与不同的活动。在活动开始的最初几分钟，教师要给予特别的关注以及间歇性的强化。一旦频率记录图上显示出，这名儿童每天花在其他活动上的时间越来越长，你就可以开始慢慢地减少对这名儿童的特别关注，从每隔一天关注一次到每隔三天关注一次。最后，你应该不需要再引导这名儿童参与各种活动，因为她自己会主动参加。

（6）在这些策略实施几周以后，在这名儿童开始扩大她的参与范围后，教师要引导她参与到那些她没有表现出兴趣的活动中去。

对这名儿童参与各种活动的行为予以强化。有时，教师除了要系统地引导儿童对各种活动产生兴趣之外，还要对儿童参加其他活动的行为持有一定的敏感性。一旦教师发现这名儿童参与了一个新的活动，就要对其进行表扬，让这名儿童知道你喜欢她正在做的事情。只要这名儿童参与到这个新的活动中，教师就要给予

强化。不需要等到3分钟，尽管过去只有到了3分钟后，教师才决定是否将这一活动在记录在频率记录图上。

一旦记录图显示出这名儿童开始扩展她的活动范围了，教师就要逐渐降低强化的数量和频率，直到与班里其他儿童受到强化的频率相同为止。然而，在你这样做之前，这名儿童每天至少应该能够参与5种不同的活动。

*如果她又继续从前的行为模式，忽略她。*如果这名儿童又玩她之前喜欢的活动，那么教师就不要对其进行任何方式的强化。不要和她说话，不要看她或者通过其他的方式来关注她。只有她参与到其他活动中去时，教师才给予她关注。儿童喜欢成人的关注和支持。一旦这名儿童参与的幼儿园活动类型变得多样化，教师就要给予她间歇的强化。

*继续记录这种行为。*每天，教师都要记录下这名儿童参与的活动类型和数量，而且每项活动的参与时间至少要在3分钟以上。每天，教师都要在记录表上记录下这名儿童在每个活动区内参与活动的数量。然后，数一数每天记录的总数。这些信息将会告诉你强化的节奏和系统地改进其行为的方法。

保持取得的进展

继续对这名儿童参与各种活动的行为进行间歇性的强化。一旦这名儿童建立起对多种活动的兴趣，那么参与活动本身就变成一种自我奖励，她也能够从活动中获得快乐。将来，也有可能这名儿童会花一天或者几天的时间在一项活动上，但是这只可能反映出这名儿童完全融入到活动当中，希望掌握这一活动的操作技能。只要她不是日复一日、周复一周地连续从事这一活动，那么她的活动方式就是正常的。

第41章

很少参加大肌肉活动

"过来,玛丽安。我来推你荡秋千!"教师提议道。4岁的玛丽安用力地摇着头,说:"我不想荡秋千。"说完,她快速地跑到教室入口,靠着门站着,身体贴着墙。过了一会儿,教师走到她身边,问她:"那你想要做什么呢,玛丽安?"玛丽安回答说:"我想到教室里去。"教师回道:"但是,现在是户外活动的时间呀。你可以玩滑梯,也可以荡秋千,或者是骑三轮车。你想要玩哪一个呀?""哪一个都不想玩。"她摇着头说。"那好吧。"教师叹了一口气,"讲一个故事怎么样?我去拿一本书给你讲故事好吗?""好的。"

5分钟过后,玛丽安静静地坐在草坪上听教师讲故事。玛丽安入学半年以来,她一直坚决拒绝使用任何大肌肉活动器械。她喜欢自由地参与其他的活动。

行为表述

这名儿童很少参加大肌肉活动,如滑滑梯、荡秋千和骑三轮车。

行为观察

教师要花一些时间来观察这名儿童的大肌肉活动情况,以便对她在什么样的情境下拒绝参加大肌肉活动有更加深入的了解。

在大肌肉活动时间这名儿童通常会做些什么?
- 会参加一些相对安静的活动,如阅读活动
- 会参加一些很少使用大肌肉的活动,如玩沙或者玩水
- 坐着看其他儿童玩耍
- 会频繁地表达她想做其他事情的愿望

她通常会回避哪些大肌肉运动器械?
- 所有的大肌肉运动器械
- 攀爬的器械
- 秋千
- 滑梯
- 大的建筑材料,如建筑乐园

- 木工器械
- 任何需要爬到一定高度的器械
- 任何让人快速移动的器械

在班级开展大肌肉活动时，这名儿童与其他人的关系是怎样的？
- 会很自由地与其他人说话
- 与其他小朋友一起玩不涉及大肌肉器械的游戏和活动
- 会努力地寻求教师的关注
- 会回避教师的关注
- 会回避其他小朋友
- 会有选择性地与某一个或者一些小朋友玩
- 只和男孩子玩
- 只和女孩子玩

教师可以运用这些从非正式的观察中获得的信息找出一个帮助这名儿童的方法。

与家长合作

在观察了这名儿童参加大肌肉活动的情况后，教师就可以安排一个时间和其家长见面讨论你所担心的问题。告诉他们，你想要这名儿童参与幼儿园的各种活动，以锻炼她的大肌肉发展能力，促进她的平衡能力以及身体的自我控制能力。和家长讨论一下这名儿童是否接触过家庭所在的小区内的器械或者家附近公园内的器械。此外，仔细询问一下家长这名儿童以前是否发生过事故（轻微/严重），导致她对比较高的器械或者速度比较快的器械产生恐惧心理。教师和家长要尽量想出一些能够鼓励这名儿童参加大肌肉活动的方法。教师要将这名儿童在这方面取得的进步及时地通知家长。

行为影响

实施学前教育的目标之一就是要促进学前儿童大肌肉运动能力的发展。而这一目标是通过幼儿园为幼儿提供各种各样的器械来鼓励他们做一些诸如伸展、攀爬、推、拉、快速上下（或内外）移动、跑、跳、挖和滑等活动来实现的。这样的器械主要包括滑梯、秋千、能够爬上爬下的器械、沙子和玩沙工具、三轮车、手推车、跷跷板和滑板以及用可移动木板搭建的器材，它们通常被摆放在户外游戏区域或者体育馆。有时候幼儿园由于受场地的限制，户外活动区域比较小，也没有体育馆时，室内环境就需要包括一些大肌肉活动的器械。通常，儿童都比较喜欢参加大肌肉活动，也乐于使用大肌肉活动器械。

第41章 很少参加大肌肉活动

然而，偶尔也会有个别儿童拒绝使用大肌肉运动器械，这种拒绝在某种程度上来讲是因为害怕。这样的儿童不仅失去了锻炼大肌肉运动能力的机会，也失去了发展身体控制能力、手眼协调性以及阅读和书写技能的机会。由此可见，在学前阶段，儿童参加大肌肉活动有着非常广泛的作用。

幼儿园教师知道大肌肉活动的重要性。因此，当有儿童一直不参加大肌肉活动时，他们会非常地担心，他们会同这名儿童待在一起并鼓励她使用这些器械。但是，教师的这些措施反而会对这名儿童不愿意进行尝试这一事实起到强化的作用，因为只要她不使用这些器械，她就会获得教师足够的关注。由此可见，在儿童没有使用大肌肉器械时，教师给予他们关注反而强化了他们这种行为。

行为分析

教师可以考虑一下如下建议，看看它们是否能够使这名儿童更多地参加大肌肉活动：

- 操场上的大肌肉运动器械对这名儿童而言可能有些不适合。某些儿童不愿意使用大肌肉运动器械可能是因为器械间的上下台阶离得太远了，也可能是因为滑梯太陡了，或者秋千的座位太高了。学前儿童需要一定的挑战，成人应该认真地挑选器械并为儿童提供一定的挑战，但是挑战不能变成危险。教师可以观察一下在操场上活动的儿童。如果很多儿童在使用器械方面存在着困难，那么教师就要评估一下器械的适宜性，然后根据情况做出必要的调整。
- 这名儿童可能因为感知觉障碍或发展迟缓而不愿意使用大肌肉运动器械。观察一下这名儿童，看看她操作器械时是否会频繁地表现出笨拙的样子。如果是这样的话，那么这名儿童可能在视觉方面、神经控制能力方面或者是其他感知觉方面存在困难。如果你的观察证实了你所担心的，那么就要建议其家长带她到医院进行检查。*
- 这名儿童不愿意使用大肌肉运动器械，在某种程度上可能是因为她有一些恐惧。教师可以和这名儿童谈谈，了解她不愿意参与的原因。如果是因为恐惧，那么教师要帮助这名儿童克服恐惧。

如果上述建议都不能很好地帮助你解决问题，那么你就可以实施如下方法。

---

* 大肌肉活动需要很多技能的协调与合作，包括身体的、感知的和认知的。如果这类儿童在某一个或多个方面存在缺陷，那么操场上的大肌肉运动器械对他们而言可能就较为困难甚至无法掌握。教师要对儿童所具备的能力及存在的不足保持敏感，并且为他们提供适宜的运动器械和辅助来挑战他们自身。如果教师提供的器械适应他们的需要，即使是存在中等程度生理缺陷的儿童也能够使用这些器械。

目标设定

目标是让这名儿童在每次活动期间至少 5 次使用大肌肉运动器械。

方法介绍

要使这名儿童更多地参加大肌肉活动，其基本方法包括如下三个同时进行的步骤：

- 系统地帮助这名儿童克服她的恐惧心理，并使其重新获得使用大肌肉运动器械的自信。
- 对这名儿童所有使用大肌肉运动器械的行为进行强化。
- 忽略其不参加大肌肉活动的行为。

概念界定

很少参加大肌肉活动，是指儿童不愿意使用大肌肉运动器械的行为，如滑梯、秋千和攀爬架等。经常参加大肌肉活动，是指儿童可以自由、自信地在器械上攀爬、旋转或者滑动，其活动的频率是每次活动期间至少有 5 次。

基准线

选择 3 个游戏时间段，对这名儿童进行观察以获得原始的信息。每次这名儿童使用了一件大肌肉运动器械，教师就在纸上做一个标记。每个游戏时段结束以后，在频率分布图上记录下总数。为了测量器械的使用率，教师只计数那些真正使用了器械的活动。例如，这名儿童不应该只是坐在秋千上，而应该是自己前后摆动或者被别人推着使秋千以至少 45 度的弧度运动；在滑梯上，这名儿童应该自由地从上面滑下来，而不是握着教师的手或者扶着滑梯扶手滑下来；在攀爬活动中，她应该至少爬到距离地面 90 厘米高的地方。同一班级的所有教师都需要讨论并对使用率进行界定，因为使用率是衡量游戏场地和器械适宜性的重要指标。

实施步骤

收集完基本信息之后，教师就可以开始实施如下步骤。同一班级的所有的教师都应该了解这些步骤并在行动上保持一致。

系统地帮助这名儿童克服她的恐惧心理，并使其重新获得使用大肌肉运动械的自信。 如果这名儿童只是不愿意使用某一件或者是某一类大肌肉运动器械，那么教师可以使用这一器械来执行如下的操作流程。如果她任何大肌肉运动器械都不使用，那么就从攀爬开始，且攀爬的器械不要太高，梯级之间的距离也不要太大。选择一个恰当的时间段来实施这一流程,如每次游戏开始时的 15～30 分钟时间内。在此期间,对这名儿童接近预期的每一个进步行为予以强化。

(1) 游戏开始时,教师拉着这名儿童的手将其带到攀登器械旁。在接近器械时,如果她表现出紧张情绪,那么就在距离器械五六十厘米的地方停下来,就地坐下或者是站着和这名儿童进行交谈。这一阶段可能要维持几周的时间。如果这名儿童离开了,也没关系,教师要接受这种情况。当她不接近攀登器械时,其他教师不要关注她,给予关注的前提是她能够越来越接近攀爬的器械。如果这名儿童回到了原处,教师拿出足够的耐心和她交谈,但是不要强迫她必须攀登。

(2) 一旦这名儿童在指定的时间内用了至少一半的时间在攀登器械附近玩,那么教师就要站在攀登器械旁。这时,只有当这名儿童来到攀登器械旁边时,教师才能对其予以关注。她处在其他任何地方都不要进行关注。同样,如果她不在攀登器械的旁边的话,其他的教师也应该忽略她。

(3) 通常来说,让这名儿童靠近攀登器械这一步应该不需要花太长的时间。但是,如果她做到这一点需要至少一半的游戏时间,那么教师就需要再一次调整关注她的条件。

现在,只有当这名儿童触摸到攀登器械的时候,教师才给予她关注。开始几次,教师可能需要握着孩子的手触摸器械。这时,无论孩子触摸到器械的哪一部分,教师都要对她进行鼓励和表扬。当她开始往上爬的时候,教师可以关注器械上的攀爬台阶。

(4) 一旦这名儿童在没有教师帮助的情况下触摸到了攀登器械,而且时间至少停留了有 5 分钟,那么教师就需要再一次调整强化的条件。这次,只有当这名儿童已经爬到了攀登器械上或身体已经离开地面的情况下,教师才予以其关注。即使她离开地面仅仅有 3 厘米左右的高度,教师也要对她进行表扬。最初,教师可能需要握住她的手,抱着她,让她站在攀登器械的最低阶梯上,这时教师一定要给予她鼓励和支持。教师不要将她与其他儿童进行比较,如:"看看,他就能够爬到顶端。为什么你就不能呢?"要接受这名儿童的个性,要让她感觉到教师为她的表现感到非常骄傲,尽管与其他儿童相比她还有一定的差距。

(5) 当这名儿童每次游戏期间,至少有 5 次能独自爬上攀爬器械时,教师就要提高要求,期望着这名儿童能够爬得更高一些,至少距离地面 45 厘米。开始,教师可能需要给这名儿童一些语言上的鼓励和动作上的支持。但是一旦这名儿童能够在不需要外界帮助的情况下独自攀爬时,教师只需要在她爬到一定的高度时再予以关注。

(6) 每次游戏期间,当这名儿童能够持续地至少有 5 次独立爬到 45 厘米的地方,教师就要提高要求,往下进行。此后实施的步骤就需要根据器械来制订了。

到底需要几步取决于器械的高度和复杂程度以及这名儿童取得的进步。最后一步主要是指这名儿童在没有外界帮助的情况下，每次游戏期间，至少有 5 次能够自由地使用攀登器械。

（7）很有可能发生的情况是，这名儿童会把获得的有关攀爬的能力扩展到对其他器械的使用上去。在这一过程中，无论任何时候，你发现这名儿童接触并使用了秋千、滑梯或者其他攀登器械，一定要鼓励她。如果到此时，这名儿童还没有开始使用其他器械，那么教师就需要着手制订一个相似且简单的方法。应用这种方法，很有可能几天过后，你就会发现这名儿童开始自由地不需要外界辅助地使用其他器械。

（8）一旦这名儿童在每次游戏期间，至少有 5 次能非常轻松地使用操场上所有的器械，那么这名儿童就已经实现了目标。这时，教师就可以逐渐地减少对这名儿童持续的关注。最后，教师对这名儿童的关注应该与其他儿童保持相同的频率。

对这名儿童所有使用大肌肉运动器械的行为进行强化。之前描述的步骤为关注攀登器械的带班教师提供了具体的指导，不过，操场上其他教师的作用也非常重要。他们可以通过支持带班教师的行为来帮助这名儿童。他们应该对这名儿童不玩攀登器械的活动情况有一定的了解。无论任何时候，如果他们发现这名儿童在操作大肌肉运动器械或者在大肌肉运动器械附近，他们都应该对其行为进行强化。

忽略其不参加大肌肉活动的行为。在游戏时间内，教师必须忽略这名儿童任何与使用大肌肉运动器械无关的行为。这种忽略可以将这名儿童的活动集中在大肌肉运动器械上。如果在这名儿童做其他事情而不是接触或者使用大肌肉运动器械时教师给予关注，那么就是给予了错误的强化。当然，当这名儿童达到目标后，这种忽略也就结束了。此时，这名儿童应该与其他儿童一样在大肌肉活动中获得教师相同的关注。

继续记录这种行为。之后，教师只需要计数一下这名儿童独立使用大肌肉运动器械的次数，不要计数那些接近、触摸或者只是部分使用器械的行为。在记录图的横坐标上画一条竖线，记录每次的游戏时间。

保持取得的进展

当这名儿童使用大肌肉运动器械时，教师要给予间歇性的表扬。如果这名儿童由于某些原因偶尔拒绝使用大肌肉运动器械，教师要忽略这种行为。

第42章

很少玩假装游戏

4岁的奇普很安静，有礼貌而且很聪明。8个月前他来到了幼儿园，这是他第一次和家人分开。他很少和其他儿童进行互动，不过一旦有互动行为的时候，他会表现得很好，虽然这个过程当中他会有一些矜持。他喜欢尝试新的活动，一般是基于自己的兴趣来选择参加哪个活动。但是，到目前为止，教师们还不能成功地引起奇普对假装游戏的兴趣。奇普非常抵触参加假装游戏，不愿意在游戏中扮演任何角色。

在教室里的其他活动区中，他也表现出对想象情景的抵触。例如：当儿童把搭建的公路改装成"高速路"时，他仍坚持认为他正在上面骑一辆三轮车，而不是在开汽车。教师对奇普这种对生活缺乏想象力的状况感到非常焦虑。他们担心奇普会因此错失很多东西。

行为表述

这名儿童很少或者从来不参加假装游戏和角色表演游戏。

行为观察

教师要花一些时间观察这名儿童，以便获得一些能深入了解其行为的信息。他在幼儿园里会参加哪些活动？
- 非社会性活动
- 相对结构化的社会性游戏
- 操作性游戏和材料
- 积木搭建活动
- 美术活动
- 陶塑活动
- 拼贴画
- 阅读活动
- 木工活动
- 感知游戏

- 一些基本的小肌肉活动
- 一些基本的大肌肉活动
- 大肌肉和小肌肉相结合的活动

他是如何与其他人进行互动的?
- 能自由地与教师交谈
- 和其他小朋友交谈
- 回避与其他小朋友的互动
- 仅和某一个或者某一些小朋友互动
- 当教师在场时,与其他小朋友的互动行为最多
- 主动发起与其他人的互动
- 当其他人主动发起互动时,他会有所回应
- 在与他人进行交流时处于被动地位
- 变得富有攻击性
- 很有主意

当这名儿童参与活动时,教师要认真地倾听并且记录下他的自言自语以及他与同伴的对话。教师可以利用这些非正式观察获得的信息帮助这名儿童积极地参与假装游戏。

与家长合作

家长可能不了解他们的孩子因害羞而远离假装游戏或者其他想象性的活动。在定期举行的家长见面会上,教师可以提醒家长,你已经注意到他们的孩子倾向于玩一些缺乏想象力的游戏。告诉他们,作为教师,你比较重视那些能让儿童体验不同角色的游戏活动,并且你正在尝试着让这名儿童参与这类活动。你要详细地向他们说明为什么你认为这一类游戏比较重要,同时听听他们对这一问题的看法。征求一下家长,看看他们有哪些方法可以让这名儿童更多地参与假装游戏,同时建议家长在家里让这名儿童玩一些假装游戏。教师要让家长了解他们的孩子在这方面取得的进步。

行为影响

实施学前教育的一个很重要的目标就是要教会儿童了解周围的世界及这个世界中的人们。儿童通过观察这个世界中的人是谁、他们在做什么以及他们是怎样行动和反应的,来了解这个世界。然而,光有被动的观察是不够的,儿童必须主动吸收有关信息,使信息成为他本身认识的一部分。这一过程可以通过假装游戏来实现。在假装游戏中,儿童承担了某一个角色,如爸爸、邮递员、售货员、婴

第42章 很少玩假装游戏

儿或者是加油站的服务人员,他吸收了这一角色的有关信息,并且会根据自己的直觉和认识对其进行调整。因此,在假装游戏过程中,他不仅仅在扮演着一个角色,他就是这个角色本身。

角色表演游戏在儿童早期占据着非常重要的地位,它促使了儿童的社会化。儿童天生就会进行角色扮演。当他们还比较小时,他们的角色表演从一些相对比较简单的解释开始(例如,摇晃着一个布娃娃或者转动一个想象中的方向盘)。之后,他们会慢慢地玩儿一些涉及多种角色和互动的复杂的角色表演游戏。

教师应该将注意力集中在鼓励这名儿童参与到角色表演游戏中来。如果这名儿童没有参与角色表演游戏,却得到了教师的关注,那么他就不会产生参与角色表演游戏的动机。只有在参与角色表演游戏的情况下获得了教师的关注,这名儿童才会愿意直接参与这一活动。

行为分析

教师可以考虑一下如下建议,看看它们是否能够为你提供一种让这名儿童参与假装游戏的途径:

- 假装游戏可以在教室里的任何活动区域内发生,而不仅仅局限在角色表演区内。一个儿童可能并没有进入到角色表演区,但是他仍然进行了大量的假装游戏。教师只要注意倾听这名儿童和其他小朋友的对话以及他独自一人玩耍时说了些什么,可能就会发现他进行假装游戏的迹象。例如:当他拿着积木在地板上滑动时,他会发出发动机的声音;他会停下三轮车给三轮车"加油";还会将一些卡通玩具连起来让它们模仿荡秋千。

- 儿童会经常使用一些小道具来帮助他们自己开展假装游戏。学前儿童的教室里通常会包含很多的道具,如各种各样的小衣服、布娃娃、杂货店商品和货车等,来鼓励儿童进行假装游戏。大多数幼儿教师都会有意识地以多种方式来鼓励这一活动。有些儿童之所以回避假装游戏,可能是因为他们觉得这些道具并不能满足他们的兴趣,也有可能是因为角色表演区提供的材料在性别角色方面仅仅是针对女孩子的。如果是后者的话,教师可以增加一些帽子、靴子、男士的鞋子、领带和男士夹克衫,而不仅仅是钱包、裙子和高跟鞋。教师提供的道具要能够鼓励儿童模仿多种职业进行假装游戏,同时要紧紧围绕儿童的兴趣。

- 检查一下角色表演区提供的道具种类。定期变化一下这个区域,增加一些新的道具和游戏。某些儿童可能会因为对角色表演区太熟悉而不来这个区域。这就需要教师在角色表演区内时不时地增加一些新的道具,或者将这个区域改装成飞机场、饭店、理发店或者是杂货店。

- 假装游戏是儿童的一种自发的活动,它需要大块的非结构化的时间,在这一时

间里，儿童可以自由地选择活动。如果儿童没有充足的时间和创设假装游戏情境的自由，那么他们就不能充分参与这一活动。如果是全日制的幼儿园，教师每天要给幼儿提供三次进行假装游戏的时间，且每次至少要有45分钟；如果是半日制的幼儿园，那么每天至少要提供一次进行假装游戏的时间。在这段时间内，教师要提供足够多的活动和材料以保证儿童有选择的机会。
- 因为假装游戏是一种社会性游戏，会涉及很多儿童，所以那些性格害羞的儿童可能很少参加这类活动。如果是这样，第38章的内容可以为教师提供一些帮助。

如果上述建议都不能够为你提供解决问题的途径，那么你可以考虑如下方法。

目标设定

目标是让这名儿童每天至少两次能自发地参与假装游戏和角色扮演游戏（每次参与的时间至少要持续5分钟）。

方法介绍

要想让这名儿童更多地参与到假装游戏中来，其基本方法包括如下四个可同时进行的步骤：
- 教室里的空间环境布局和课程设置应该能为这名儿童提供多种参与假装游戏的机会。
- 在自由活动期间，对这名儿童参与假装游戏的行为予以强化。
- 有选择性地予以强化。
- 系统地帮助这名儿童，使他愿意参与到假装游戏的情境中去。

概念界定

很少参与假装游戏，是指儿童因为不愿意在游戏情境中扮演某一个角色，而很少玩假装游戏的行为。参与假装游戏活动则意味着儿童愿意参与假装游戏，愿意在其中扮演某一角色。

基准线

教师可以花三天的时间观察这名儿童，以便获得一些原始的信息。观察一下这名儿童参与的所有的假装游戏，只要教师发现这名儿童参与了这类游戏，就记录下他在这个游戏中所花的时间。如果可行的话，也要记录一下他在户外游戏中所花的时间。一天结束时，计算一下这名儿童参与时间不少于3分钟的假装游戏的数量。然后，使用频率记录图记录下来。

第42章 很少玩假装游戏

实施步骤

一旦教师收集好了这些原始信息，就可以实施如下步骤了。为了使方法取得最大的效果，同一班级的所有教师都要按照下面这些步骤行事。

教室里的空间环境布局和课程设置应该能为这名儿童提供多种参与假装游戏的机会。教室里的材料投放和空间安排应该有助于儿童进行假装游戏。仔细地检查一下整个教室，如果教室里的空间布局已经超过两个月没有发生任何变化了，那么教师就需要考虑重新对其进行安排。将角色表演区设置在教室里比较显眼和能够吸引儿童的地方，增加一些新的道具。这些新的道具不一定非要是那些价格比较贵的材料，可以是一些旧的帽子、鞋子、服饰，也可以是厨具和食物容器。甚至，在表演区内增加一个大的、结实的硬纸板盒子也可以激发儿童进行假装游戏的兴趣。此外，户外游戏区域也可以放置一些道具，如交通标志、加油或者灭火用的管子，来激发幼儿进行假装游戏的兴趣。

幼儿园的课程内容也要为儿童提供很多进行假装游戏和角色表演游戏的机会。如果课程内容是围绕主题开展的，那么假装游戏活动就必须要和主题相关。根据你当前的教学主题，儿童可以变成宇航员、动物园管理员、飞行员、医生或者美容师。例如，如果你当前的教学主题是围绕着家庭开展的，那么在这个主题下儿童可以进行诸如烹调、洗衣服、打扫、穿衣打扮、看电视、睡觉等和家庭有关的角色表演活动。除了这种集体的角色表演活动外，儿童还可以通过个体活动玩假装游戏。教师可以在积木区增加一些积木人像和动物，或者安排一些手工活动，让这名儿童制作各种各样的玩偶。教师还可以提供一些运动项目来启发儿童承担一些新的角色。

强化这名儿童参与假装游戏的行为。教师要认真观察这名儿童在自由活动和户外活动中的表现。不管什么时候，只要教师发现这名儿童正在接近或者观察参与假装游戏的儿童，或者这名儿童已经参与到假装游戏中，就对他这一行为进行强化。强化的方式可以包括一句口头的表扬、一个微笑、教师的在场、教师给他提供的建议，或者是教师的参与。教师要让这名儿童了解你非常赞成他的行为。随着这名儿童参与假装游戏次数的增加，教师可以在这名儿童真正地参与到假装游戏中时再对其进行强化。等到这名儿童能够有规律地参与假装游戏时，教师就要慢慢地降低强化的频率，直到这一频率与教师给予其他儿童的强化频率相同。

有选择性地予以强化。当教师试图增加这名儿童参与假装游戏的次数时，也要提供有选择性的强化，即当这名儿童参与其他活动时，教师要将关注降到最低。但是一定要注意，不要刻板地实施这一措施，否则会使得这名儿童对教室里的其他活动失去兴趣。随着这名儿童参与假装游戏次数的增加，教师要慢慢地增加对他参与其他活动的关注。

系统地帮助这名儿童参与到假装游戏中去。这名儿童可能会因为教师选择性的强化以及教室空间布局的调整和课程内容的重新设置,增加了参与假装游戏的次数。在使用这一方法的第一周内,教师只能使用前三个步骤。如果在第一周结束的时候,教师发现,频率分布图显示出这名儿童参与假装游戏的次数在不断增加,那么再继续实施这些步骤。如果环境的改变和选择性强化并没有带来任何的变化,那么教师就要开始实施如下步骤,以便让这名儿童能更多地参与假装游戏。*

(1) 拉着这名儿童的手,将他带到正在玩假装游戏的其他儿童旁边。教师和他一起观察2～3分钟。边观察,教师边用语言描述其他儿童正在做什么,间歇对某个儿童进行表扬。例如,教师可以这样说:"看到妈妈手里提的便当袋了吗?这说明她刚下班回到家。看,哥哥和妹妹正在摆饭桌。哦,爸爸也来了。听,拉里在叫。噢,他一定就是那只狗了。拉里,你这只小狗很棒!"教师要鼓励这名儿童用语言来描述他所看到的。

教师可以在每个自由活动时间内采取这一步骤。这样持续几天,直到这名儿童能够很轻松地观看其他儿童玩假装游戏。

(2) 接下来这一步,开始时教师还是要重复前一步所做的。先和这名儿童观察一两分钟,然后告诉这名儿童你将和他一起参与到这个游戏当中去。在观察的过程中,教师要思考如下内容:

- 这名儿童在这个假装游戏的情境中可以扮演什么角色?
- 采用什么办法能够让这个游戏中的其他儿童接受这名儿童?
- 这名儿童能够借助一个什么样的道具参与到假装游戏中去?
- 我可以在假装游戏中扮演什么角色?
- 我怎样通过自己扮演的角色帮助这名儿童成为这个游戏中受欢迎的参与者?

教师和这名儿童可以通过如下方式参与到假装游戏情境中去。教师快速地找到一个道具(一个杂货容器或者是一块积木),将其递给这名儿童。然后拉着这名儿童的手,用道具在旁边桌子上敲一敲,然后大声说:"你们好。我们是来吃晚饭的。我们带来了一块蛋糕作为甜点。"随后,教师帮助这名儿童将道具放到桌子上。教师即兴的穿插一定要与情境相适宜。鼓励这名儿童参与进来,让他与其他儿童以他们喜欢的方式继续游戏。在游戏过程中,教师的角色不是主导者,而是一个支持者。

---

* 这一技巧对那些有认知缺陷、发展明显迟缓,或者有严重的情感和行为障碍的儿童非常有帮助。对于一个没有表现出基本活动偏好的儿童,教师可以通过连续的近似的方法来帮助他。

这一步持续到这名儿童在教师的帮助下,能自由地参与假装游戏为止。

(3) 教师继续带着这名儿童参与到假装游戏情境中。教师的支持要慢慢地退出。在假装游戏中,教师要逐渐淡化自己的作用,但是要继续表扬这名儿童和其他儿童的想象力。当这名儿童参与到假装游戏中时,教师主要承担的是活动观察者的角色。

(4) 到这一阶段,在教师不在场时,这名儿童应该也能偶尔地自发地参与到假装游戏中去。频率记录图应该对这一情况有所反映。当这名儿童实现了你所设定的目标时,教师要慢慢地降低自己的作用。刚开始,教师带着这名儿童每隔一天来参加一次假装游戏,以后可以每隔三天或者四天。最后,这名儿童应该能够自发地参与到假装游戏中去。

继续记录这种行为。教师要继续记录这名儿童参与假装游戏的持续时间,并在图表上记录下那些他参与时间在 3 分钟以上的假装游戏。数一数这名儿童自发参与的而不是由教师引导参与的那些假装游戏。

保持取得的进展

一旦这名儿童能够自发地参与假装游戏,就说明假装游戏给他带来一种内在的满足感,他在假装游戏过程中能享受到乐趣。此后,他就会以他自己的步调来参与这一游戏。例如:可能会有几天他一直在玩假装游戏,其他的时间他就不参与这一游戏了,因为他的注意力和精力可能集中到了其他事物上面。这名儿童不需要每天都参与假装游戏,他可以在他喜欢的时候参与。教师应该给予他这样做的权利。

第43章

不爱说话

"你想要干什么,诺亚?"帕克老师对5岁的诺亚的行为感到很困惑,因为诺亚拽着他的衬衣不放手。最后,诺亚成功地将帕克老师拉到了书架旁,然后指着上面。"你想要架子上的什么东西吗,诺亚?"诺亚使劲点了点头。随后,再经过几次猜测之后,帕克老师终于知道,原来诺亚想要订书机。帕克老师将订书机拿下来递给诺亚,问他:"你为什么不告诉我你想要什么东西呢,诺亚?"诺亚仍然是一言不发,他径直走到桌子旁,将桌子上的几幅画订在了一起,然后小心翼翼地在封面上写下自己的名字,并将它交给帕克老师。"啊,看起来真整洁!"帕克老师认真地看着这些画,边看边发出赞叹声。诺亚站在一边,面带微笑地看着帕克老师。

过了一会儿,诺亚静静地坐在几个正在玩游戏的小朋友旁边。而教师在教室里来回地走动,对这些小朋友进行指导,和他们一起玩游戏。期间,诺亚不时地转动自己的椅子以便获得一个更好的角度观察教师。教师看到诺亚在注视着自己,于是走到诺亚身边,和诺亚待了一会儿,尝试着诱导诺亚开口说话。诺亚非常喜欢教师的这种关注,但是他仍然保持沉默。教师们都了解诺亚的语言表达能力是没有任何问题的,因为他们听到过诺亚和他妈妈聊天。然而当他在幼儿园时,他却拒绝说话。教师们现在很少尝试着让他开口说话了。

行为表述

这名儿童在幼儿园时,很少与同伴或者是教师交谈。

行为观察

教师要花一些时间观察这名儿童,以便对这名儿童为什么不爱说话有一定的了解。

他是怎样表达他的需要和愿望的?
- 当他有需要时,他会与他人交谈
- 从来不与他人交谈
- 使用手势语言(如点指)来与他人交流

- 自己寻求克服困难的方式而不是向他人求助
- 如果有需要时，他会哭
- 会把教师领到他所需要的事物面前
- 当有需要时，他会向父母求助

当其他人和他说话时，他是如何回应的？
- 做出回应
- 转身背对和他说话的人
- 用非言语的方式（例如点头）予以回应
- 微微笑一下
- 露出非常不安的表情
- 仅对某一个人或者某一些人，如值得信任的教师或者某一个特定的小朋友，使用语言或者非语言的方式做出回应

他在幼儿园时通常会做些什么？
- 会自由地参与教师预设的各项活动
- 不愿意参加活动
- 只参加非社会性的活动
- 只有教师在场时，他才会参加活动
- 会玩一些平行游戏
- 会独自玩一些游戏
- 比较喜欢参与积木搭建活动、感知活动、美术活动、"娃娃家"活动、游戏、阅读活动或者音乐活动

教师要留意一下，当家长来接送这名儿童时，这名儿童是如何与其家长进行交流的。这样的观察可以为你深入了解这名儿童的行为提供一些信息，这样你就能帮助他经常使用语言，至少可以比较自由地使用语言，来与他人进行交流。

与家长合作

无论教师认为这名儿童不说话是因为生理原因导致语言表达能力不足还是因为具备语言表达能力但是孩子主观上不愿意说，教师都有必要和其家长面谈，和他们讨论你所担心的问题。如果你怀疑他可能有言语或者听觉上的障碍，那么要建议其家长带他去相关机构做个检查。如果检查结果证实了你的猜测，那么教师要给予家长支持并且与之保持密切的联系，这样你才能参与到解决这一问题的过程中来。另一方面，如果这名儿童具备语言表达能力但是不愿意说，那么教师就要和其家长讨论一下，他们是如何看待孩子这一问题的。教师要征求一下他们对于改变这一行为有何建议，随后要让家长了解孩子在使用语言进行交流方面所取

得的进步。

行为影响

　　学会与他人进行交流是儿童在幼儿阶段要学习的一项非常重要的技能。早在婴儿期，儿童就开始学习与他人交流了。他们最初会通过哭闹和动作来获得生理需要的满足。随着年龄的增长，他们开始发出咕咕声或者咯咯声。与此同时，他们会听其他人是如何说话的并且依然使用非语言的交流方式。一周岁以后，伴随着儿童对人类语言的学习和理解，他们开始运用语言与他人进行交流，他们希望通过使用语言的方式而不是非语言的方式来获得别人的理解。到了两岁半，大多数儿童都有了相当大的词汇量并且具备了与家人之外的人进行交流的能力。

　　当一名儿童不能够用语言与他人进行交流时，别人会很难理解这个儿童的所思所想。更严重的是，这名儿童想从与他人的交往经验中获得能力的充分发展的愿望可能就要落空。正是基于这些原因，如果一名儿童很少或者几乎不说话，幼儿教师会非常担心。这名儿童可能是由于生理的原因不能说话，或者是具备说话的能力但没有说话的意愿。如果是前一种情况，就必须寻求医学的帮助，采取一些补救性措施。本章要解决的是第二种情况。当一名儿童能够说话，但是不想说话时，教师就需要帮助他来克服这种不情愿的心理。教师必须认真地观察这名儿童的非语言交流方式。如果教师对这名儿童的非语言交流方式予以了回应，那么就是对这一方式进行了强化。如果是这样的话，教师也就没有鼓励这名儿童运用语言进行交流。

行为分析

　　教师要仔细地考虑一下如下建议，看看它们是否能为你提供一种解决办法。
- 检查一下这名儿童不说话的生理原因是什么。听觉问题会导致语言发展缓慢。教师可以做一个简单的测验：在这名儿童身后制造各种各样的噪声，然后看一下他的反应。如果你认为他在听力方面有一些困难，那么建议其家长带着他到医生那里做进一步的检查。除了听力方面的原因之外，儿童语言发展能力不足还可能是由咽喉或者口腔异常或者是大脑损伤造成的。医生会提供诊断结论，并且会建议下一步该如何纠正这一问题。*
- 幼儿教师在和孩子说话时，声音应该温柔，态度应该和蔼。然而，有时候，有些教师对儿童比较强势。面对这样的老师，儿童很可能以一种沉默的方式来应对。仔细回想一下，你们班里的教师与这名儿童是如何进行互动的，

---

* 很多儿童，由于耳朵经常受到感染，而导致了听力在某种程度上的丧失。教师一定要对这种可能性保持一定的敏感性。

第43章 不爱说话

教师的一些行为是否让他感觉到了害怕。如果教师发现，这名儿童很少说话是因为这个原因，那么班里所有的教师有必要讨论一下这个问题并思考以怎样的一种方式来改善这一状况。教师采取一种相对安静的、慢步调的且要求较少的方法，可能有助于这名儿童经常开口说话。

● 来自非英语或者是双语家庭的儿童在学习英语方面需要更多的帮助和鼓励。如果这名儿童因为这个原因不愿与他人交谈，那么教师就要制订一个系统的方案。此外，让班里其他儿童参与到帮助他获得流利的英语表达能力的计划中来。

● 一名在语言表达方面有缺陷的儿童在与他人交流时会产生一种挫败感，因为其他人很难理解他在说什么。这样的儿童应该接受语言专家的专门治疗。语言专家会就如何更好地帮助这名儿童给幼儿教师一定的指导。儿童周围所有的成人应该通力合作，帮助这名儿童实现成人为他设定的目标。*

● 有时儿童不爱说话是因为他们没有说话的需要。在婴幼儿阶段，如果一名儿童所需要的东西都提前被父母、祖父母、哥哥姐姐或者其他人安排好，那么这名儿童可能就不爱说话，因为没有说话的需要。在和家长讨论后，如果这名儿童属于这一种情况，那么教师就可以使用本章呈现的方法解决这个问题。同时，教师也要鼓励家长这样做。

● 考虑儿童的发展水平。一些两岁的儿童在语言的使用方面还不是很熟练，因此他们会使用非语言的方式进行交流。然而，这个年龄段儿童的语言发展是非常快的。几个月内，他们在语言表达方面可能就已经具备了一定的能力了。如果一个3岁的孩子还不能够有效地运用语言与他人交流，这就需要加以注意了。不过教师在采取措施之前，要先弄清楚这一问题是由生理原因导致的还是因为发展迟缓导致的。**

● 如果词汇量有限，这名儿童可能也会较少说话。如果是这种情况，教师就要制订一个系统的方法来扩展这名儿童的词汇量并且强化新词的使用。教师可以和这名儿童一起，也可以采用小组合作的形式，通过阅读图书、图片、杂志，玩词语游戏以及其他适宜的方法扩展这名儿童的词汇量。班级里开展的其他活动也要与扩展儿童词汇量的活动相配合。本章中提供的很多建议都能够帮你实现这个目标。

● 与其他儿童相比，一些儿童可能比较内向和害羞。儿童是外向的还是内向

---

* 在言语和语言方面有障碍的儿童会意识到，不说话可以避免因为别人不理解自己而带来的沮丧情绪和羞愧感。教师需要耐心地鼓励这样的儿童与他人交谈，并且让儿童在这一尝试的过程中体验到成功感。

** 发展明显迟缓的儿童或者是认知存在缺陷的儿童，可能不会说话或者是说话很少，教师对其进行鼓励并为之树立榜样能够帮助这些儿童获得更多的语言交流技能。

的很大程度上是一种先天的特性。如果你所担心的这名儿童性格比较害羞，不要尝试着将他变成一个外向的儿童。作为教师，你的作用是帮助这名儿童适应幼儿园生活，让他在幼儿园生活得开心快乐。教师的友善、理解、认可、关怀和耐心，更能够让这类害羞的儿童在幼儿园有安全感。

如果上述建议都不能很好地解决你所担心的问题，那么继续使用如下方法。

目标设定

目标是让这名儿童能够自由地使用语言进行交流：提出问题，回答问题和描述所看、所思、所想。每个小时内，这名儿童至少应该与他人进行20次的言语交流。

方法介绍

增加这名儿童言语表达次数的基本方法包括如下两个同时开展的步骤：
- 鼓励和强化这名儿童的说话行为。
- 不要对这名儿童的非言语表达行为以及旨在获得注意的非言语表达行为给予任何强化。

概念界定

不爱说话，是指儿童拒绝或者不愿意提问或者回答问题，或者不像其他处于同一发展水平的儿童那样运用语言进行交流的行为。

基准线

确定一个基准线以便与今后这名儿童取得的进步进行比较。在一天中选择某一个小时（或者两个半小时的时段），在这段时间内，儿童可以自由地选择活动和自由地交谈。不要选择集体活动时间，因为在集体活动中当他人说话时，儿童应该要安静地倾听。教师在这一时间段中要认真地观察这名儿童，并且记录一下他说话的次数，无论这些话是这名儿童主动说出的还是对其他人问题的回答或评价。在这一小时结束时，在频率分布图上记录下总数。

实施步骤

收集完如上信息之后，教师开始实施如下步骤。班里的所有教师应该在这些步骤上保持高度的一致性。

鼓励和强化这名儿童的说话行为。 为了让这名儿童说话，教师必须向他传达出你希望他能够说话的愿望。当他说话时，教师要对其进行强化。下面是一些强化的方法。*

（1）如果这名儿童只是偶尔会说话，那么教师要对这种情况保持一定的敏感性，并且要在他说完话之后尽快地对其进行强化。如果这名儿童说的话并没有任何问题，教师要用认真的、积极的方式予以回应，并且采用适宜的方式予以表扬。

（2）如果这名儿童提出了一个问题或者一个要求，那么教师要尽快地给予回答，或者尽可能地为其提供他所需要的东西。教师要向这名儿童传达这样一个信息，即他的需要可以通过说话的方式来获得满足。此后，在他说话后，教师要保证他的需要一直得到满足，以此来强化这样一个事实，即说话是有效的和值得的。

（3）如果这名儿童说出的句子只包括一个词语，鼓励他扩展他的词汇。例如：当这名儿童想要架子上的一个卡车时，他可能会指着卡车说："那。"这时，教师要坚持让他描述他想要的东西，你可以对他说："告诉我你想要什么。"如果他再一次告诉你"那"，你可以这样回应："告诉我，'那'是什么。"如果有必要，教师可以为这名儿童提供一个例句，然后让他重复。这一步确保了这名儿童知道他想要的物品的名称。如果你希望在你满足他的要求之前，他能够准确地告诉你他的所想和所需的话，他也会开始自发地使用语言。当你期望这名儿童能够准确地使用语言时，作为教师，你一定要保证自己语言的准确。你要避免使用模糊的词语，例如那些、那边、这和东西，要使用最准确的词语来表达你想要说的话。比如：不要说"把这个东西放到那边"而是要说"把这个东西放到挨着窗户的架子上"。

（4）寻找一些这名儿童特别喜欢参与的一些活动或者做的事情。在活动或事情进行之中或结束后不久，和这名儿童讨论一下。比如：如果他对停在幼儿园外面的消防车很着迷，教师可以问他："消防员用这些梯子来做什么呢？"鼓励这名儿童做出回答，并且通过你表现出来的对他的回答感兴趣的样子、对他回答的表扬以及关注等方式予以强化。

（5）当这名儿童参加活动时，教师可以坐在他的附近，鼓励他说话。儿童的美术作品提供了非常好的师幼互动交流的机会。教师可以和他谈谈与绘画有关的一些问题，如颜色、构图、形状、技巧和媒介等。注意：你关注和表扬的是这名儿童的言语表达行为，而不是他的美术作品。如果这名儿童用语言做出了回应，教师就继续给予其关注。如果他没有做出语言的回应，你就不要给予其关注。

（6）如果这名儿童既不经常和成人说话也不经常与其他儿童说话，那么教师要从鼓励他与成人进行交流入手。使用一些之前描述的技巧。一旦这名儿童能够比较轻松地和教师说话，教师就需要采取一些措施让他与其他儿童进行交流。请阅读本书第38章和42章中有关增加同伴互动的内容，借鉴其介绍的技巧帮助这

---

* 鼓励和支持所有有特殊需要的儿童进行语言交流是非常重要的。生理上和视觉上有缺陷的儿童，可能比其他方面存在缺陷的儿童更加依靠语言能力来进行交流。

名儿童与其他儿童进行语言的互动。

(7) 当教师将注意力放在这名儿童说话的频率上时,这名儿童应该很快就能够经常使用语言进行交流。当这名儿童说话的频率提高时,教师要提高对他的期望水平。开始,教师可能满足于一个词或者两个词的句子。之后,教师可以期望这名儿童在你给予强化和关注之前,能说出更多的词语。

不要对这名儿童的非言语表达行为以及旨在获得注意的非言语表达行为予以任何强化。 在鼓励和强化这名儿童的说话行为时,教师一定要忽略其不说话的行为。儿童期望受到关注,如果教师顺应这种期望对某种行为予以了关注,那么就强化了这一特定的行为。为了增加儿童的言语表达行为,教师只有在儿童说话的时候才给予其关注。教师要提供充足的师幼语言互动的机会,确保提供有选择性的关注,即在这名儿童不说话时,一定不要予以关注。接下来的内容将会阐明如何实施这一步骤:

(1) 如果这名儿童以非言语的表达方式,如点指、打手势等,来寻求一些东西,教师可以说:"你必须要告诉我你想要什么。"如果这名儿童用语言告诉你,教师就要对其进行表扬,并把他想要的东西给他。如果他没有这样做,那么,教师可以说:"对不起,你必须用语言告诉我你想要什么,我才能帮助你。"等待10秒钟的时间,如果他不说,教师就可以转身去做其他的事情。一定要坚持他用语言来提要求。如果这名儿童在没有使用语言的情况下,教师就满足了他的要求,那么你就对他非语言的交流方式进行了强化,即通过允许这名儿童不经过请求而成功地得到他想要的东西。

(2) 如果你发现这名儿童正在寻求关注,那么千万不要给予他关注。他可能会站在或者坐在角落里,一动不动地看着你,希望能够和你进行眼神的接触。你不要走过去和他说话。如果这名儿童走到你身边,那么你用期望的眼睛看着他,让他先开口讲话。如果他说话了,对其进行强化。如果15秒钟后,他什么也没说,教师就可以走开。不要用不愉快的方式与其进行交流。只要传达出如果他不说话,你就会离开这一事实即可。

(3) 当这名儿童参与到某一项活动中时,教师要建构一个鼓励其说话的环境。如果这名儿童忙于参加某一项活动,那么教师可以走过去,坐在一边。安静地待上10~15秒的时间。如果这名儿童什么也没说,教师可以发起一个简单的对话。例如,教师可以说:"你给画涂上了和你外套一样的颜色——红色。非常好!你有没有发现我们的教室里也有一些红色的东西呢?"一定要保证你所提出的问题非常简单,儿童能够回答得出。因为这时你提问的目的不是激发这名儿童的思考,而是刺激他说话。如果这名儿童没有回答,教师可以提示他:"从积木架上面看过去,安琪穿的什么东西也是红色的?"不管你得到怎样的回答,你都要对其进行

表扬并做出一些适宜的评价,如:"当你和我说话时,我感到非常地高兴!"如果这名儿童拒绝说话,教师就离开,另外再选择适宜的时间,通过主动与这名儿童对话启发并鼓励他说话。在这名儿童未说话之前,教师不要给予他想要和需要的关注。这种有选择性的强化能够帮助教师实现目标。

继续记录这种行为。每天,教师都要数一数这名儿童用语言进行交流的次数,并且在记录图上记录总数。这个图能反映出,在目标的实现过程中这名儿童所取得的进步。

保持取得的进展

在这名儿童达到目标、能够比较自由轻松地说话后,教师还要继续对他的适宜行为进行强化。对于他提出的要求和问题,教师应该立刻回应和满足它们。同时,教师也要让他了解,你很高兴能和他交流。在和这名儿童的交流互动中,教师要继续忽略这名儿童的非语言表达方式。

第44章

不能集中注意力

自由活动的时间到了。佩拉尔塔老师告诉孩子们他们可以玩哪些活动,与此同时,班里其他教师为孩子们准备好活动的材料。一些儿童静静地站在那里环顾着四周,而其他的儿童则奔向他们感兴趣的活动区。

三岁半的罗西大笑着朝一张桌子跑去。她拿起桌子上的一把剪刀和一本杂志,然后剪了一下杂志的封面,随后又翻开杂志,将第一页的一角剪下。当教师告诉她要找到一些有关动物的图片来剪时,她放下剪刀,离开了桌子。

她又走到摆放沙子的桌子旁边,两个孩子正在往纸盒子里装沙子和倒沙子。罗西向四处看了看,她找到了一个空塑料罐子,然后开始向里面铲一些沙子。完成了一半,她又扔下罐子,离开了这里。

佩拉尔塔老师走到罗西旁边,对她说:"罗西,你需要找一些事情来做。你是想要去'娃娃家'玩,还是想在烹饪区'炒鸡蛋',或者在积木区玩积木?""我想去'炒鸡蛋'。"罗西很快给出了回答。佩拉尔塔老师将她带到烹饪区,那里的几个孩子有的在负责打碎鸡蛋,有的在负责搅拌鸡蛋。指导这一区域的教师向罗西笑了笑,然后向她讲解需要做些什么。还没等老师讲完,罗西就拿起一个鸡蛋,将其打碎。不幸的是,鸡蛋的下面没接着碗。当教师去拿海绵和清水打算清理时,罗西离开了。

佩拉尔塔老师又一次注意到了罗西,然后再一次告诉她找一些事情来做。随着活动时间的推进,罗西从一个活动很快地换到另一个活动,但是在任何一个活动中停留的时间都不是很长。到活动快结束时,她留下了一个未完成的拼图、一些没有穿好衣服的娃娃、一些没有读的书和其他一些几乎没有触碰过的活动。

教罗西的教师们希望在她不"忙碌"时抓住她,然后帮助她集中注意力做一件事情。但却没起到任何作用。

行为表述

这名儿童注意力时间持续比较短并且对每一项活动关注的时间都不是很长。

第44章 不能集中注意力

行为观察

花一些时间观察这名儿童,以便对其行为有更深刻的认识。

她在哪类活动中花的时间最多,在哪类活动中花的时间最少?
- 积木搭建活动
- 角色表演活动
- 美术活动
- 手工活动
- 材料操作活动
- 感知活动
- 玩水游戏
- 玩沙游戏
- 阅读活动
- 科学活动
- 认知游戏或者活动
- 教师在场的活动

她是如何接近并参与到活动中去的?
- 很不情愿地加入到活动中去
- 渴望参加活动
- 会短暂地观察一下正在进行的活动
- 听从教师对活动的指导
- 不听从教师对活动的指导
- 选择参与距离她最近的活动
- 会参加任何一项活动
- 会有选择地参加一些活动
- 会选择需要大量身体运动的活动(如荡秋千)而不是较为安静的活动(如阅读活动)
- 活动中,当其他儿童都坐下时,她会站着

她是怎样离开活动的?
- 注意力被其他地方所吸引,所以走开
- 整个活动过程中都跑来跑去,活动一结束就跑掉了
- 在活动没有完成的情况下跑掉
- 在活动还没有开始前就离开
- 告诉教师她完不成活动,然后跑掉

- 讨厌被教师叫回来完成活动或者做清理工作
- 如果教师要求她回到活动中，她会回去

观察所得到的这些信息，可以让教师对这名儿童如何参与到活动中去以及参与了多长时间有更深入的了解。

与家长合作

在幼儿园里，如果某一个儿童看起来不能相对较长时间地集中注意力在活动上，那么在其他的环境中他也可能表现出这样的行为模式。教师在观察这名儿童后，就要和其家长见面来讨论你的观察和你所担心的问题。如果家长告诉你，这名儿童在其他地方能够集中一段时间在某件事情上，那么你就要仔细地检查一下教室的环境、设置的规则、提供的活动和刺激的水平。另一方面，如果这名儿童在所有的环境中都表现得注意力比较分散，那么你就要和其家长进行深入的讨论。如果你认为这名儿童患有多动症（ADHD），那么建议她的家长带她去做一些医学上的检查；但是你一定要记住，多动症（ADHD）经常会存在诊断过度的问题，因此它可能不是幼儿问题行为的全部原因所在。告诉这名儿童的家长你想要增加这名儿童的注意力的持续时间，并和家长一起探讨解决策略，以便形成家—园共育的合力。你要和其家长保持密切的联系，并与他们分享这名儿童在注意力持续时间方面取得的进步。

行为影响

学习过程也就是年幼儿童学习观察、操作、摆弄物体、处理日常生活事件和与他人进行互动的过程。如果儿童不花一些时间来了解他们周围世界的话，那么学习是不可能发生的。在学龄前阶段，如果你发现幼儿存在注意力持续时间比较短的问题，这是很正常的。这类儿童几乎不能真正地融入到任何一项活动中去，也就不能通过活动学到一些东西。他们没有学到对于小学来讲非常重要的一些能力，如集中一段时间的注意力以完成某一项任务的能力。这是教师们所担心的。

教师们也发现注意力不能集中的孩子会表现出一些破坏性行为，他们经常违反班级的规则并扰其他孩子的活动。因此，如果他们在教室里跑来跑去，教师就会试着阻止他们。这类儿童因为他们的不安静而获得了比他们参与活动时更多的关注，他们的问题行为也因此得到了强化。

行为分析

在确定这名儿童的问题是不能集中注意力之前，教师要认真地思考如下几个方面：

第44章 不能集中注意力

- 在不考虑其他因素的情况下,一个儿童注意力集中时间与儿童的年龄和发展水平密切相关。注意力集中的时间随着年龄的增加而延长,因此,成人的期望必须实事求是。年幼儿童是充满活力的。他们从一项活动很快地转到另一项活动是非常自然的事情。因此,为2岁幼儿和3岁幼儿设计的活动,持续时间应该比较短;在自由活动的时间,他们应该有足够多的活动可以选择,并且时间表也要经常做出调整。

  即使年幼的儿童参与的活动变化的频率较高,他们通常也能全神贯注于他们正在做的事情。低龄的幼儿并不是缺乏注意力,只是他们集中注意力的时间比其他年长的儿童要短一些。随着这些低龄幼儿慢慢长大,他们也会变得越来越能够集中较长时间的注意力于某一项任务。对于一个2岁的儿童来讲,他对一项活动的注意力持续时间为2~3分钟,然后就失去了兴趣,这是这一年龄段儿童的普遍特点。而一个5岁的儿童,在不受打扰的情况下,应该能够集中15~20分钟的注意力。此外,教师还要考虑一下活动的性质。一些活动更能吸引儿童的注意力。*

- 检查一下你为儿童提供的活动是否满足了他们的兴趣。当活动不能引起儿童的兴趣时,儿童就很难长时间参与到活动中去。因此,教师一定要确保给儿童提供了相对比较广泛的活动来满足所有儿童的兴趣和需要。

- 大约有3/5的儿童,其中大多数是男孩,被误诊为多动症(ADHD)。作为一名幼儿教师,你应该了解多动症(ADHD)的一些症状,以便能为患有这一疾病的儿童提供适宜的支持。因为学龄前儿童天性就是比较好动的,因此将他们正常的活动水平和多动症(ADHD)区分开来是非常重要的,教师绝不能将二者混淆。**

  那么,多动症(ADHD)有哪些症状表现呢?

  - 缺乏持续的注意力。患有多动症的儿童面临的最大挑战就是他们在集中注意力方面能力较为缺乏。患有多动症的儿童不具有坚持的品质,因此他们很难像同龄儿童那样参与并完成一项任务。
  - 易分心。因为这类儿童很难集中注意力,因此他们的注意力很容易从手头的一项任务上转移开,他们会关注任何能够引起他们兴趣的事物,而这些事物通常不是他们目前所从事的活动的一部分。
  - 易冲动。患有多动症的儿童很难控制他们自己对情境的反应。他们想做什

---

* 其儿童相比,认知方面有缺陷或者发展明显缓慢的儿童,很可能存在注意力持续时间比较短的问题。教师需要对可用的活动、指导和时间表做出适宜的调整来适应这类儿童。

** 多动症儿童,如果未得到专业的治疗,那么他们的发展将会受到影响,因为他们不能集中注意力,而集中注意力是学习的一个非常重要的要求。教师应该对多动症儿童的一些特征有非常清楚的了解,并且还要熟知治疗多动症儿童的一些方法。

么就会做什么，而不考虑行动的后果。在这一过程中，他们通常会承担一定的风险。患有多动症的儿童通常对挫折的忍耐力水平也比较低。

- 过度活跃。患有多动症的儿童似乎一直处于运动之中：坐立不安、不停地到处走动、爬上爬下、拍手或者原地踏步、哼唱或者不停地讲话。对于患有多动症的儿童，那种要求他们长时间静坐的活动，对他们来讲是非常困难的。

- 纪律挑战。作为间接引发的症状，很多患有多动症的儿童会表现出一些违反班级纪律的问题。他们经常表现出不顺从、攻击性、敌视以及其他一些行为失调的迹象。

如果活动中的某个儿童表现出了上面所说的一些症状，你担心他可能患有多动症的话，那么一定要和其家长讨论一下你所担心的问题，并且要求家长找一个适宜的医疗诊治机构进行诊治（如儿童专科医院）。此外，你还可以读一些这方面的文章以丰富自己对多动症的了解。

● 另外，儿童注意力分散的生理原因可能与营养有关。如果儿童早餐没有吃饱，饥饿就会妨碍他们充分地参与班级的各项活动。或者他们对某一种食物过敏，这也会引起他们精神过度亢奋。食物过敏的表现多种多样，例如皮疹、暴躁和眼睛红肿。一些过敏症状可能会导致儿童不能集中注意力。如果你怀疑这名儿童是因为吃了某种食物而受到了影响，那么就和其家长见面，与他们分享一下你的担心，并且建议家长带着孩子去医院进行检查。

● 你可以考虑一下是否是因为环境本身的原因而导致这名儿童不能集中注意力。教室里，空间布局不合理、过分嘈杂以及过分拥挤都可能分散其注意力。如果是这样，你要考虑做一些调整，以便集中这名儿童的注意力。

如果上述建议都不能为你解决这一问题提供一些思路，那么你可以考虑如下方法。

目标设定

目标是让这名儿童集中注意力的时间达到同龄儿童的水平。这个水平因儿童的年龄段和发展程度而异。这名儿童至少应该能参加她所选任务活动时间的1/4。2岁幼儿应该能参加2分钟，3岁幼儿应该能参加5分钟，4岁幼儿应该能参加10分钟，5岁幼儿应该能参加15分钟。

方法介绍

为了提高这名儿童的注意力持续时间，你可以采取如下步骤：

第44章 不能集中注意力

- 创造一个尽可能有助于这名儿童集中注意力的环境。
- 提供一个安静的场所，可以让这名儿童远离噪声和教室里的强烈刺激。
- 系统地对这名儿童进行强化以增加她对活动的注意力持续时间。
- 忽略那些无意义的活动。

概念界定

不能集中注意力，是指某个儿童参与活动的时间要少于处于同一发展水平的其他儿童。其行为表现可以描述为：不能静静地坐着，不能集中注意力于正在做的事情，参加某项活动时注意力容易分散和在完成各项任务时经常遇到困难。

基准线

重要的一点是，教师要了解到，这名儿童通常参加活动的时间有多长。你可以选择这名儿童参加各项活动时的某一个小时（或者两个半小时的时间）对其进行观察。对这名儿童的所有观察都要在相同时间进行。在观察时，你一定要带着铅笔、纸、表或者带有秒针的钟。在选定的观察时间里，你要观察这名儿童的活动情况。每次她开始一项活动时，你都要记录下时间并对其进行认真观察。当她放弃这项活动时，再一次记录下时间。在选定的观察时间结束时，算出她参加每项活动的平均时间并在时间频率记录图上做记录。收集三天的信息，以便与这名儿童以后取得的进步做比较。

实施步骤

收集完这些信息以后，你可以开始实施如下方法。班里的所有教师都应该始终如一地遵循以下步骤。

创造一个尽可能有助于这名儿童集中注意力的环境。 你可以通过多种方式改善教室环境以集中儿童的注意力。在此，你可以回顾一下本书第2章的相关内容。*

（1）花一些时间倾听教室里的声音。是不是有一些不必要的噪声？儿童发出的声音高度是不是超出了其应有的水平？是不是经常有一些碰撞的声音？如果这些噪声存在，你就要仔细检查一下教室，看看可以通过哪些途径来消除噪声。比如，在积木区或者是其他活动区，如"娃娃家"，铺上一块地毯；房间中的不同区域用隔断隔开。在墙壁上挂上一些画、挂上帷帘和窗帘也都可以用来吸收声音。如果噪声来自教室外面，可能的情况下，将门和窗子关起来。

---

* 教师对环境的关注对于各种有特殊需要的儿童来讲非常重要。患有多动症的儿童能够从一种经过认真组织以促进注意力集中的环境中获益，其他有特殊需要的儿童，如患有学习障碍、认知障碍、发展迟缓、感知觉障碍以及情感和行为障碍的儿童，同样可以从中获益。

（2）教室的布局也要有助于儿童集中注意力。将安静区和嘈杂区分开。例如，阅读区不应该和积木区相邻。用隔断将各个活动区分开，为每个区域中的儿童创造一个私人的活动空间，这样就避免了无关活动的干扰。将教室很好地进行规划，让儿童不需要在某个活动区中间穿过而到达另一个活动区，以避免其他儿童走动时干扰活动区中的儿童。

（3）要保证课程和刺激的年龄适宜性。当你发现儿童渐渐地失去兴趣时，要试着引入一些新的材料、媒介和活动。在这方面，你可以参考一些有关幼儿园课程和幼儿园活动的书籍。

提供一个安静的场所，可以让这名儿童远离教室里的噪声和强烈刺激。某一个儿童在集中注意力方面存在困难，可能是因为教室里的噪声或强烈刺激让他感受到了压力。比如，当一群孩子积极热情地参与到活动中时，他们就会表现得非常吵闹和活跃。通常来讲，这样的环境对于学龄前儿童是适宜的，但是对于那些对外界刺激较为敏感的儿童来说，他们却很难应对。*

你帮助这名儿童的一种方式是让这名儿童有机会离开教室。让她自己决定离开教室的时间是非常重要的。你要为这名儿童找到一个安静的、刺激比较少的地方，可以在教室里也可以在教室外，当她感觉到自己需要降低兴奋水平时，她可以随时来到这个地方。在教室里，这样一个地方可以是一个大的硬纸箱子，箱子里面有抱枕；也可以是一个专门指定的"安静区"，并且明确规定，每次只允许一名儿童进入。无论是把教室里的哪一个区域作为安静区，你都要确保这里的刺激水平最低，并且远离其他的噪声和活动。

如果这个指定的区域设置在室外，那么教师和儿童必须理解和遵守下列要求。首先，教师必须保证这一区域是适宜的、安全的和经常有人员照看的。这名儿童可以从教室安全直接地到达这个区域；否则，教师就需要陪伴在这名儿童的身边。让这名儿童到这个区域来并不是对她的一种惩罚，任何成人（教师、教师助理、保育员以及家长）或者其他儿童都不应该有这样的想法。而这名儿童呢，在离开教室之前必须要让教师知道；出了教室之后，除了指定好的这个区域外，她不可以去其他地方。

当这名儿童有机会认识到是环境导致她过度兴奋，并且她自己能从这种环境中走出来时，她也就能控制环境和自己的行为了。同时，她也必须履行她的承诺，即到指定好的区域中去，并且要让教师知道这件事情，尤其是当这个区域设置在教室外面时。

系统地对这名儿童进行强化以增加她对活动的注意力持续时间。儿童喜欢被教师关注。教师要有选择性地关注这名儿童，以增加她的注意力持续时间。首先，

---

* 对于一个患有多动症的儿童来讲，一个远离教室强烈刺激的场所是非常有用的。

你要评估一下这名儿童在各项活动中的平均参与时间。为了获得这个数据，你可以将前三天观察到的信息汇总起来，然后求均值。*

（1）在开始实施这一方法的过程中，当这名儿童选择并能够参与某一活动时，你要给她一些指导，并尽可能多地对其进行及时的强化（每天至少 5 次）。例如，你可以说："这个拼图非常漂亮！看到你拼这个拼图，我非常高兴。"或者"你竟然能够用积木摆出这么壮观的模型，真的很棒！"当她活动时，你要坐在她的身边或者待在她的附近，以便给予间歇的强化。

你要根据自己之前计算出来的这名儿童参与活动的平均时间来确定强化的时间间隔。例如，在最初的三天内，如果这名儿童平均每项活动参加 30 秒的时间，那么现在当她参加某一项活动时，你就每隔大约 30 秒的时间对她进行一次强化。你要根据这名儿童的反应选择恰当的强化方式，如，口头表扬和鼓励、微笑、拥抱、拍手等。

你要和这名儿童待在一起，直到她自己主动离开这一活动。不要阻止她离开活动，也不要劝诱她留下来。当你发现她在活动的过程中遇到困难了，你要向她提供帮助，但是要保证你的帮助要最小化。如果她打算选择超出她发展能力的活动，那么你要指导她选择适宜的活动。例如，你可以说："那个拼图非常难拼。这个带有鸭子图案的可能会简单一些。让我们来试一试。"

（2）当这名儿童参加活动的时间是前三天平均时间的 3 倍时（如，一分半钟，之前平均时间为 30 秒），那么你就可以延长强化的时间。比如，每隔 45 秒进行一次强化。尽可能多地对她进行关注，每天至少要 5 次。

（3）随着这名儿童参加活动的时间越来越长，你也要增加强化的时间间隔。如果你发现这名儿童退步了，即这名儿童在活动中坚持的时间比以前短了，那么你就要再次提高强化的频率，以延长她的注意力持续时间。因为你的目的是获得最终的成功。

（4）你要时刻记着自己的最终目标。一旦这名儿童参加活动的时间占据活动总时间的 1/4，你就要降低强化的频率。到最后，这名儿童在你的间歇性的强化下，能参加所有的活动并保持适宜的时间。这时，对这名儿童强化的频率就可以与其他儿童保持相同。

忽略那些无意义的活动。 你在对这名儿童表现出来的适宜行为进行强化的同时，也要让她知道哪些行为是不被接受的。因为儿童希望并且需要被教师关注，所以他们会表现出一些行为来引起教师注意。但是，如果这些行为一直得不到关注，他们就会终止这些行为。因此，当案例中的这名儿童从一个区域移到另一个区域或者坐在那里不参加任何活动时，你要忽略她。这就意味着不要和她讲话，

---

* 系统地帮助具有认知缺陷或者发展迟缓的儿童延长他们的注意力持续时间能够取得很显著的效果。

不要看她，也不要用任何其他的方式表现出你对她的关注。但是只要她开始了某一项活动，你就要给予她适宜的关注。

继续记录这种行为。在你选定的观察时间内，继续测量这名儿童参与活动的时间，并且在频率记录图中记下平均值。随着这名儿童参与活动时间的延长，你也要逐渐延长强化的时间间隔。一定要记住，你的最终目标是让这名儿童参与活动的时间至少是活动时长的1/4。

保持取得的进展

一旦这名儿童参加活动的时间与处于同一发展水平的其他儿童相同，她参加活动的动力就应该来自于她内心对活动的喜爱，而不是成人的强化。此外，你要继续对教室环境进行评估，以确保教室环境有助于这名儿童集中注意力。当这名儿童参加到活动中并能够很好地完成各项活动时，你要对她进行间歇的强化。强化的频率应该与对其他儿童进行强化的频率保持一致。

第七篇

不良饮食行为

第45章

挑　　食

　　凯文今年3岁了，在幼儿园上小班。这天中午，幼儿园提供自助餐。凯文看了看桌子上的饭菜，指着意大利奶酪通心粉说："我不喜欢吃这个。"巴顿老师对他说："凯文，这个非常好吃哟！你会喜欢的。每个小朋友都喜欢吃意大利奶酪通心粉！"

　　凯文摇了摇头，然后穿过放着胡萝卜以及葡萄干沙拉、西兰花、鸡块、意大利奶酪通心粉的桌子，径直走到咸牛奶的罐子边。他倒了满满的一杯牛奶，很快喝完，接着又倒了一杯。巴顿老师看到凯文的盘子里什么也没有，就站起来，每样食物都夹了一些放到他的盘子里。凯文将这些东西放到了原处，说："我讨厌吃这些东西。"然后，把第二杯牛奶喝掉了。

　　当凯文再次来到牛奶罐子旁想再倒一杯牛奶时，巴顿老师将凯文的杯子拿走，并对他说："只有吃了饭，你才可以喝牛奶。"凯文表示抗议，大声哭了起来。班里另外一位教师发现这边有动静，走过来看了一眼凯文，问巴顿老师："怎么了？"巴顿老师向她解释了事件缘由，在这个过程中，凯文一直在哭。两位教师简短地协商了一下，然后巴顿老师问凯文："如果我再给你倒一些牛奶，你愿意吃饭吗？"凯文听到后使劲地点了点头。于是，巴顿老师给他倒了一杯牛奶。凯文很快就喝掉了一多半，这时，巴顿老师拿走他的杯子对他说："嗨，凯文，不要忘记我们的协议哦。"

　　凯文拿起他的餐叉，然后将一些胡萝卜和葡萄干沙拉放进盘子里，接着，他又放了一些意大利奶酪通心粉。然后他用叉子挑起这些食物，又任由它们掉在盘子里。巴顿老师已经回到了她的座位上，当她发现盘子里的食物已经被动过了，对凯文说："很好，凯文，继续吃吧。"

　　凯文放下了他的餐叉，把杯子里剩下的牛奶喝完，然后自己又倒了一些。巴顿老师几次提醒凯文再吃一些，凯文都不听。最后，巴顿老师说："凯文，如果你吃不完饭的话，你就不可以吃甜点。"当其他小朋友吃完了午饭将纸盘子扔进垃圾桶里时，凯文也将他的盘子连同没有吃的午饭一起扔掉。随后，在供应甜点的时候，他吃了两桶冰激凌。

行为表述

这名儿童爱挑食,他不喜欢甚至不想尝试吃多种食物。

行为观察

教师要花一些时间观察这名儿童,以便对他的饮食行为有一个深入的了解。

他拒绝吃哪些种类的食物?
- 天然的水果或者蔬菜
- 加工过的水果或蔬菜
- 肉
- 谷物类食品(面包、麦片等)或者意大利面
- 乳制品(牛奶)和鸡蛋
- 果汁
- 甜食
- 三明治
- 汤

他喜欢吃哪些种类的食物?
- 甜食
- 果汁
- 乳制品(牛奶)和鸡蛋
- 三明治
- 汤
- 水果
- 面包
- 肉
- 谷物类食品或者意大利面
- 天然的水果
- 加工过的水果
- 任何食物都可以

他挑食时,有怎样的行为表现?
- 不吃饭,只是静静地坐着
- 用语言来表达他对某些食物的厌恶
- 看到某些他讨厌的食物时,会做鬼脸或者制造一些噪声
- 当教师把某些食物放到他的盘子里时,他表现得很厌恶

- 哭
- 设法把食物从他的盘子里弄走
- 把食物含在嘴里很长时间而不咽下去
- 摆弄食物
- 偷偷地将食物扔到地板上或者是垃圾桶里
- 抱怨食物不好吃

当他表现出挑食的行为时，会发生什么事？

- 他吃得非常少
- 他会有选择性地吃
- 他会和其他小朋友讨论这些食物
- 教师会哄劝他吃
- 教师会用汤匙喂他
- 通常他是最后一个吃完饭的
- 通常他会剩下饭
- 他通常会将甜食吃完，但是将主食剩下
- 他经常在吃饭时说话
- 他在吃饭时很少或者几乎不说话

教师要运用这些观察所得的信息来帮助这名儿童习得较好的饮食习惯。

与家长合作

在仔细地对这名儿童的饮食行为进行观察后，教师就要和其家长进行面谈。如果你发现这名儿童在家里没有挑食行为，那么你就需要检查一下幼儿园的进餐要求和所提供的食物。你也可以在家长的帮助下，设法调查一下这名儿童不想在幼儿园吃饭是否存在着更深层的原因。另一方面，如果这名儿童在家里也有明显的挑食行为，那么你就需要咨询一下家长，这名儿童对哪些食物过敏、他对食物的偏好、他在上幼儿园之前形成的饮食习惯以及这名儿童家里的就餐时间安排。向家长了解一下他们采取了哪些措施来改善这名儿童的挑食行为以及取得了哪些成效。与家长分享你对减少这名儿童挑食行为的一些想法并提出一些能在家里和幼儿园都可以实施的具体策略。一旦开始实施了这些策略，你就要让家长及时了解这名儿童在这方面取得的进步。本章下面将要呈现的方法也就这方面内容为你提供了一些建议。

行为影响

饮食是人类的最基本的需要和活动，也是很多儿童都喜欢的活动。我们吃饭不仅仅是为了生存，它同时也是一种感知觉、社会和情感的体验，一种学习的源泉。此外，它也与儿童对生活本质的感受相联系。儿童的饮食模式从婴儿期就开始发展了。一些婴儿天生就是非常积极的饮食者。当他们的父母期望他们有良好的饮食习惯时，他们也很容易就能做到。另外一些婴儿的家长则非常担心，因为他们的孩子或者有疝气，或者是对一些食物过敏，或者喂食比较困难。这样的婴儿将来有可能会挑食。而长期的饮食经验和对食物的感受会对儿童以后饮食习惯的形成产生影响。

如果我们认为一个孩子在饮食方面比较挑剔一些，那么他就有可能会成为挑食的人。因为当家长对儿童吃饭的方式表现出担忧、当他们担心疾病对儿童的饮食行为产生影响、当他们劝诱儿童"只吃一点点"的时候，他们就在无形中加速了儿童挑食习惯的形成。到了这类孩子上幼儿园的时候，他们的挑食习惯已经建立起来了，并且会因为教师的关注而得到进一步强化。因为当一名儿童坐在餐桌旁却不吃任何东西时，教师肯定会关注这种行为，而教师一旦关注了，这种关注就会变成对这种行为的一种强化。

行为分析

教师可以考虑一下如下建议，看看它们是否可以帮助这名挑食的儿童：

- 饮食行为在很大程度上是受进餐环境影响的。如果进餐的环境是非常愉快的，那么吃饭也是一种享受。检查一下幼儿园进餐环境：餐桌应该以一种吸引人的方式被摆放；孩子们之间的谈话应该是以一种低声的，但是非常轻松的方式进行。播放一些柔和的背景音乐同样有助于幼儿进餐。一种放松的氛围可能会让挑食的孩子将注意力放在比较广泛的视域内，而不仅仅集中在食物上面。

- 确保提供给学龄前儿童的食物是适宜的。幼儿通常喜欢清淡的、纯粹的食物，因此，你要避免为他们提供一些味道非常重的食物，包括哪些看起来或闻起来比较吸引人的食物，如炸鸡腿。在为幼儿准备膳食的时候，除了色泽和口感外，你还要尽可能多地考虑食物的营养价值。在为幼儿制定食谱时，为幼儿提供一些新的食物是可以的，但是在为他们提供这些新的食物之前，应该先让他们熟悉这些食物。每次只能给他们提供一种新的食物。

- 在为儿童制定食谱时，你还要考虑为他们提供的食物的量。食物的量应该计划好以便每个儿童都能吃饱，但是食物的量也不能太多。为儿童提供的食物的量，应该能让他们吃完再取一次。

- 一个挑食的儿童，当他感觉到他能掌控成人要他吃的东西时，他的饮食情况会比较好。因此，你可以像在家里吃饭那样，在每张餐桌上或者为每个小组（6人或者8人一组）提供一些小的餐盘，允许儿童选择他们想吃的食物。为了使进餐过程顺利地进行，你也可以设定一些规则，比如："吃多少就拿多少，吃了还可以再取。""每种口味的食物都要取一点点。"儿童也可以参与到规则的制定中来。当儿童对他们应该吃多少食物有了一定的控制权之后，他们就可以不慌不忙地吃掉这些食物。这类自助餐式的提供方式也鼓励了儿童的自主和独立性的发展。

- 儿童通常对那些由他们帮忙准备的食物比较感兴趣。因此，你可以定期为儿童安排一些烹调的活动，而且烹调后的食物要让儿童在当天进餐时享用。进餐时的交谈要围绕着每个孩子在准备这道菜时都帮了哪些忙，因为儿童通常会因为自己做出了一些贡献而感到无比的自豪。

- 当你提供一种新的食物时，要避免在进餐时将食物介绍给儿童，最好在进餐前通过讨论的方式让孩子们先了解这种食物，为接受这种食物做好准备。这一活动可以安排在课程中进行。例如，你在把一盘清炒西兰花放在幼儿的午餐桌子上之前，应该安排一些与西兰花有关的活动。你可以在集体活动时间组织一个关于西兰花的讨论，讨论它的名称、外形、气味、各个部分以及它的生长环境和生长过程。你也可以在角色表演区放置一些塑料材质的西兰花以及其他可供玩耍的食物道具，让孩子们进行角色表演游戏。你还可以让孩子们用它来玩宾戈游戏（译者注：一种彩票式游戏，玩者持有一张有数字的牌，如牌上的数字和开叫的号码对上，玩者便胜出），或者用它进行分类或者烹饪活动。如果儿童在午饭前对这种蔬菜有了一定的经验认识，那么在午饭时间见到这种蔬菜时，他们会比较容易接受它并做出一些尝试。

- 最新的一些证据表明，儿童对某些食物的偏好或者厌恶可能有生物学方面的因素。从基因上来讲，有一些儿童天生对一些食物比较敏感，这种敏感性会引起他们对某类食物产生厌恶心理。此外，一些儿童对某些食物的不喜欢事实上可能是源于他们对这些食物有过敏反应。例如，有一个儿童，她从不喝牛奶，后来人们发现，她对牛奶过敏。她的不喜欢其实是她对自己的一种保护性反应。*

当你在尝试改变这名儿童的挑食行为时，你要考虑一下这些建议。这些建议对那些挑食行为并不严重的儿童应该很有用。如果你需要一个更为系统化的方法，请继续阅读下面的内容。

---

* 一个患有慢性疾病的儿童，其食欲可能会受到很大影响。因此，教师要和儿童的家长保持密切联系，以及时了解儿童的疾病及其症状表现，包括与饮食行为和食欲有关的任何症状。

第 45 章 挑食

目标设定

目标是让这名儿童能够接受多种食物,或者至少能够品尝一下每顿饭所提供的各种食物。

方法介绍

减少这名儿童挑食行为的基本方法,包括如下四个同时进行的步骤:
- 创设一种愉快的、有助于进餐的良好环境。
- 强化适宜的饮食行为。
- 制作一张表格,进餐时,只要这名儿童品尝了该餐的所有食物,你就在表格相应的位置粘上贴纸。
- 忽略其挑食行为。

概念界定

挑食,是指儿童在进餐时,表现出来的诸如拒绝吃多种食物、对食物没有兴趣、不吞咽食物等不良饮食行为。同一班级的所有教师,作为一个工作团队,应该讨论并列出他们一致认为的挑食的具体行为表现。

基准线

花三天的时间来收集一些基本信息,以便和这名儿童以后在挑食行为改进方面取得的进步做比较。因为目标包括了两个独立的部分,所以你应该收集两类信息:一类信息是食谱上规定的食物,这名儿童品尝了多少;另一类信息是教师们界定的挑食行为,这名儿童表现出了多少。你要决定你所观察和记录的进餐时间。午饭时间可能是最佳时机。当然,点心时间、早餐时间或者晚饭时间也可以。进餐时,你应该坐在这名儿童的身边,认真地观察他吃饭的整个过程。第一次测查时,你要先数一数食谱中或者午餐盒中的食物的种类,然后记录下这名儿童品尝了多少种食物。这顿饭结束后,计算一下百分比,并将这个百分比记录在频率记录图上。比如,如果午餐食谱包括一块鸡肉、炸薯条、生菜沙拉、胡萝卜条、葡萄和牛奶(一共六种),而这名儿童只吃了鸡肉、炸薯条和葡萄(其中的三种),那么你就要在分布图上记录下50%。这一百分比是这样计算出来的:

$$\frac{品尝的食物种类数}{食谱中包含的食物种类数} \times 100 = \frac{3}{6} \times 100 = 0.5 \times 100 = 50\%$$

第二次测查时,你只需要数一下符合你所界定的儿童挑食的行为表现。准备好纸和笔,每当这名儿童表现出挑食行为时,你就将它记下来。例如,当他口头

拒绝或者表达出对某一种食物的厌恶时,将其作为一次挑食行为(如,"我不想吃那个东西");当他连续两分钟或者更长的时间坐在那不吃饭,将其作为一次挑食行为。必要时,你可以看一下你们之前罗列出来的儿童挑食的具体行为表现。在这顿饭结束后,将所有这些记录在频率记录图上。

实施步骤

在收集完基本的信息以及和家长进行讨论后,你就可以开始实施如下步骤。班里的所有教师都必须完全了解这一方法并且在所有的进餐时间实施这一方法。

创设一种愉快的、有助于进餐的良好环境。你可以有很多的方法来使儿童享受进餐的过程。你可以参考下列建议:

(1)吃饭之前,一定要保证教室的环境是整洁的、有序的。你可以制订一个饭前整理的时间表,告诉儿童吃饭前多长时间他们要把玩具和材料整理好,以保证进餐时屋子里的东西是归置有序的。因为完成一半的游戏、散乱的玩具和材料很容易使儿童的注意力分散。为了避免这一点,一定要保证饭前所有的东西都物归原位。

(2)让餐桌看起来比较吸引人。桌面一定要整洁,不要太杂乱。如果儿童自己布置桌子,你一定要花一些时间和他们讨论怎样摆放盘子、杯子、餐巾和用具才更合适一些。此外,餐具垫和餐桌中央的摆设也可以增加餐桌的吸引力。你可以教孩子们在手工活动时制作一些富有个性的餐具垫和摆设。为了让孩子们的作品用起来更加结实,你可以在上面缠上透明胶带或者用薄纸片固定住。

(3)食物的提供方式也应该能吸引孩子。盛放食物的碟子,大小应该便于儿童取放;根据食物的颜色、形状、材质及其营养价值进行挑选和安排。

(4)要选择儿童熟悉的且能够吸引他们兴趣的食物。教师们要定期地讨论儿童比较喜欢吃哪些食物。你还可以问一下挑食的儿童他喜欢吃什么食物,然后把这些食物添加到食谱中。

(5)不要把甜点作为一种奖赏,而要把它作为正餐的一部分。因为甜点和食谱中的其他食物一样,满足了儿童成长所需的营养。如果把甜点作为诱导儿童吃完一顿饭的奖赏,那么就把它拒绝在正餐之外了。你甚至可以考虑将甜点与其他食物一起放在桌子上,让儿童自由选择,因为并没有硬性的规定甜点一定要放在饭后食用。此外,因为高糖分含量的食物通常营养价值比较低,因此你要尽量避免这类含糖量高的甜点。水果或者乳制品通常是最好的甜点选择。

(6)参与到友好的进餐谈话中去。你要避免只关注儿童的进餐礼仪和进餐行为。相反,进餐时,你可以和儿童谈论一些他们感兴趣的话题,鼓励同伴之间或者儿童与教师之间进行谈话。进餐时的氛围应该是快乐的、放松的,而愉快的谈话有助于这种气氛的营造。

（7）定期在食谱中添加一些新的食物，但是前提是必须在儿童亲自了解了这些食物之后。在这些食物被提供之前，儿童对它们了解得越多，他们就越容易接受它们。你要为儿童提供看、摸、感觉和操作这些新食物的机会。你可以在提供这些食物的当天，在课程活动中为儿童安排这些机会。

（8）你的非正式观察所得的信息应该能够告诉你，这名儿童喜欢吃什么食物和不喜欢吃什么食物。你要特别关注一下他经常拒绝的食物，然后在学习活动中，介绍一种新的但是同属于一类的食物。例如，如果这名儿童通常拒绝吃水果，而你想让他午餐时吃一些哈密瓜，那么你可以在上午的活动中介绍哈密瓜。允许这名儿童来感受一下它的表面和重量；在切开之前，让这名儿童猜猜它里面的颜色和结构；让这名儿童闻一闻、尝一尝哈密瓜是什么味道的；观察和讨论它的种子；与其他食物进行排列和分类。你也可以让他用种子制作拼贴画，并把画架涂成哈密瓜的颜色。总之，在哈密瓜被摆到餐桌上之前，这名儿童对它的了解越多，他就越有可能去品尝它和喜欢它。此外，你一定要让这名儿童的家长知道这一天这名儿童认识了一种新的食物。

（9）你可以经常组织一些烹饪或者和食物有关的其他活动来丰富孩子有关食物是从哪里来的和食物是如何被加工的经验。如果缺乏这些经验，儿童是很难将汉堡和母牛、炸薯条和土豆、意大利面条和小麦、西红柿联系起来的。你可以让儿童通过实地参观、园艺活动和烹饪活动来了解食物的来源。如果户外游戏场地和天气允许，你还可以种植一些蔬菜，让儿童观察种子变成蔬菜、蔬菜又被采摘和加工的过程，这对于儿童是非常有启发意义的。比如，很多儿童都认为调味番茄酱是长在商店的架子上的。如果有种植的便利条件，你就可以种植、采摘西红柿，然后将其中的一些制成番茄酱。

（10）为这名儿童定期安排一些烹饪活动，烹饪的食物最好是他不喜欢的食物。这名儿童可能会去品尝由他帮助烹饪的食物，因为通过参与，他进一步熟悉了这种食物。随后在进餐时，你要鼓励这名儿童介绍一下这种食物以及他在准备这种食物时发挥的作用。

（11）和这名儿童一起进餐。你在吃饭时的行为表现可以对他起到示范作用。

强化适宜的饮食行为。 除了要营造愉快的进餐环境外，你还要通过自己的言行告诉这名儿童，你对他的哪些进餐行为是比较欣赏的，哪些是不认同的。在所有的吃饭时间，你都要坐在他旁边悄悄地观察他，以便对他的进餐行为做出及时的反应。只要他没有表现出之前我们所描述的挑食行为，你就要对其进行强化。强化的方式多种多样。你可以通过直接评价其进餐行为来强化他。例如，你可以说："你今天吃得非常好！""我就喜欢看到你这么吃饭！"你也可以通过和他进行对话、

轻轻拍一拍他的肩膀、给他一个拥抱，或者给他一个赞许的微笑等方式来强化他。当这名儿童开始能好好吃饭时，你要继续以每分钟至少一次的频率强化他。进餐结束时，只要你发现他的挑食行为比原先少了，你就要告诉他你对他很满意。

随着这名儿童挑食行为的减少，你可以减少对他的关注。但吃饭时，只要这名儿童表现出良好的饮食行为，你还要继续与他谈话。与此同时，你也要和坐在附近的其他儿童进行谈话。*

制作一张表格（如下表），进餐时，只要这名儿童品尝了该餐的所有食物，你就在表格相应的位置贴上贴纸。这一表格也可以让你及时了解这名儿童挑食行为的改进过程。在这一步开始之前，你要制作一个相似的表格，将幼儿园一日生活中涉及的所有餐点都列入其中。

	儿童的姓名									
日期										
点心										
午餐										
点心										

在你开始使用这一方法的那一天，在这名儿童吃那一天的第一餐之前，你要和他谈一谈。告诉他你很关心他的饮食行为，并且你真的非常希望他能够至少每一种食物都吃一点。如果这名儿童有任何的过敏症状，你要让他停止食用那种食物，你可以提供另一种食物代替。给他呈现上面这个表格和你将要使用的贴纸。告诉这名儿童你将坐在他的旁边，记录下他吃了什么。向他解释，只要他将所有的食物都品尝了，那么在进餐结束后，他就可以在表格上贴上一张贴纸。为了保证获得成功，你可以在最初几次提供一些这名儿童比较喜欢吃的食物。

进餐时，你要暗地里观察这名儿童吃了什么。不要对他没有吃的食物进行评价。只要他品尝了一些食物，你就要非常大方地对他进行强化。例如，你可以说："你已经品尝了牛奶、肉丸子和米饭！我相信你今天一定能赢得一张贴纸！"你要对他品尝食物的种类与不挑食行为一起进行强化。

让这名儿童向家长展示他每天得到的贴纸，通过这种方式与家长分享这名儿童取得的进步。

忽略其挑食行为。这一策略是基于这样一个假设，即儿童的挑食行为之所以难改是因为它得到了成人的强化。因此，你要尽可能地忽略这名儿童的挑食行为。同时，你要强化他的适宜的饮食行为。不要巧言哄劝或者引诱这名儿童进食，更不要使用贿赂或者威胁的手段。

---

* 有时，有特殊需要的儿童也会伴随有不良的饮食行为。鼓励和强化适宜的饮食行为对这类儿童也是非常有益的。

（1）只要这名儿童表现出挑食行为的某一具体方面，你就不要予以他关注。这时你可以和其他儿童说话或者关注其他儿童。

（2）如果这名儿童尝试着引起你的关注，如和你说话或者用力拉你的袖子，那么你可以转向他说："你开始吃东西时，我才会和你说话。"然后转过头去，继续偷偷地观察他。但是只要他开始吃饭，你就要关注他。

（3）如果这名儿童说他不喜欢这些食物，你也要忽略它。如果他几次三番地说不喜欢以引起你的关注，那么你可以简单地回应说："我听到你说的了。"然后将你的注意力放到其他地方。一旦这名儿童开始好好地吃饭，你就予以他关注。

（4）如果这名儿童吃东西很慢，你不要对此进行评价。当大多数儿童都已经吃完，而这名儿童面前的盘子里仍然有很多食物时，你可以偶尔地问一下："你吃完了吗？"如果他回答说他已经吃完了，那么让他把他的盘子收起来。如果他回答说他还没有吃完，告诉他，他吃完后要把盘子清理干净。在他回答说他吃完的情况下，你不要强迫他继续吃。这样做只会将注意力放在消极的行为上，而且场面会因为这名儿童拒绝继续吃食物而陷于僵局中。

（5）如果这名儿童吃饭时吃的很少，但是过了一会儿就告诉你他饿了，不要训斥他吃饭时间没有好好吃东西，也不要给他任何的食物。你只要告诉他下一顿饭什么时候吃就可以了。比如，你可以这样说："等我们讲完故事、进行了户外活动以后，我们就可以吃点心了。"

继续记录这种行为。在整个方法被实施的过程中，你都要记录下这名儿童品尝的食物种类占该餐食物种类的百分比以及他挑食行为的数量。你选择的记录时间要与最初观察的时间保持一致。当你发现这名儿童将该餐所有的食物都品尝过了，就不要再使用表格和贴纸了。开始在其他的进餐时间使用表格和贴纸，然后在所有的进餐时间中都使用，直到这名儿童在没贴纸强化的情况下也能品尝所有食物。只需要几周的时间，你就可以做到这一点。同时，当频率分布图显示出这名儿童的挑食行为出现率为零时，你就要逐渐地减少对他非挑食行为进行强化的频率。因为挑食是一个长期形成的不良习惯，因此你需要较长的时间才能彻底帮助儿童戒除掉。

保持取得的进展

一旦这名儿童停止了挑食行为，并且至少能够尝试着吃他盘子里的每一种食物，教师一定要巩固这种成果。继续对好的饮食行为进行选择性的强化，忽略所有的挑食行为。教师没有必要每顿饭都坐在这名儿童的身边，但是当面向所幼儿时，教师一定要给予他一定的关注。

第46章

多 食

户外活动时间，5岁的布伦达坐在草地上。在过去的45分钟时间里，她多数时间都是玩一个布娃娃和几套为布娃娃准备的衣服。室内活动时，她在桌子边找了个座位坐下来，然后开始玩一些操作性的材料。过了一会儿，她起身朝另一张桌子走去，那里正在开展手工活动。她坐在那里提醒时间。提醒了几次之后，她问一位教师什么时候开始吃午饭。

当带班教师宣布孩子们要收起所有的东西准备吃午饭时，布伦达立刻停止了活动并且到卫生间洗手。在去餐厅的队伍中她排在第一个。午饭时，她吃了三道土豆泥羹、两个鸡块、四个面包卷和两份甜点。其中的一份甜点是从她的同伴那里得来的，因为那个小孩不喜欢巧克力布丁。布伦达不去碰作为午餐一部分的胡萝卜和沙拉。布伦达缺乏活动而且多食的情况让教师和她的家长很担心。布伦达的体重已经达到了83斤。

行为表述

这名儿童吃的食物要远远大于她的身体需要，这样导致的结果就是超重。

行为观察

花一些时间观察这名儿童的饮食习惯，以便能更加深入地了解多食与食物的种类、进餐环境之间的密切关系。

观察一下她对哪类食物的消耗要大于平均比例？
- 所有的食物
- 甜食
- 肉类
- 水果
- 蔬菜
- 混合食物，如砂锅
- 乳制品

哪类食物是她不喜欢的或是逃避的？

第46章 多食

- 蔬菜
- 水果
- 肉类
- 混合食物，如砂锅
- 乳制品
- 谷物类食品
- 甜食

她在进餐时的行为表现如何？

- 自个能吃掉大部分
- 通常会吃掉所有食物的 1/2 或者 1/3，或者是一部分
- 吃得很快
- 吃得很慢
- 一次往嘴里放很多的食物
- 吃饭时经常说话
- 吃饭时不讲话
- 喜欢谈论食物
- 看起来很开心

她经常从家里带些吃的如糖果、饼干或者是口香糖到幼儿园吗？
她的多食是否与一些具体的事件有关系呢？

- 她被一些事情所困扰
- 她被其他小朋友拒绝了
- 其他小朋友给她起了绰号
- 她被教师严厉地训斥了
- 她没有成功地完成一项任务
- 她被其他孩子弄伤了

她平时的活动水平是怎样的？

- 她参加活动的数量与其他孩子一样
- 她参加的活动比较多
- 她参加的活动比较少
- 她主要参加一些能够坐着的活动
- 她喜欢跑或者参加一些大肌肉活动
- 她不愿意参加一些大肌肉活动

这些观察得来的信息，能帮助你更好地了解这名儿童的行为。

与家长合作

教师要想改变一个儿童的多食问题,就必须要取得家长的配合,正如本章后面应对策略的描述中所提到的,要把与家长的沟通作为方法实施的第一步。与这名儿童的家长讨论这名儿童的饮食习惯,并含蓄地了解其家庭的饮食习惯,因为家庭的饮食习惯是一个非常私人的问题。正是因为这样,在讨论这个问题之前教师与家长之间建立起一种良好的家—园关系是非常必要的。

行为影响

一名超重或者是极为肥胖的学龄前儿童可能在更多的方面需要教师的帮助。超重给他的身体健康带来了威胁。超重的儿童将来有可能变成一个超重的成人,而且更加容易得心血管方面的疾病、糖尿病和其他一些疾病。这样的儿童也会面对更多的社会挑战。其他儿童会给他贴一个肥胖的标签并且将他排除在集体活动之外。他被看做是与大家不一样的人。在幼儿园活动中,超重的儿童也比较不利。因为他的身体动作不像他的同伴那样灵敏,因此在体育方面要和大家保持一致比较困难。他可能在散步时就上气不接下气,在运动中更是容易疲劳,而且与需要大量运动的活动相比他更喜欢坐着的活动。更加严重的是,肥胖可能会伤害到儿童的自尊心。他看起来与大家不一样,他的同伴可能会因此取笑他。

多食的原因有很多。一个儿童可能是因为其背景而导致了多食这样的模式,而另一个儿童则不是因为这个原因。随着时间的流逝,当这名儿童到了上幼儿园的年龄时,他已经陷入了习惯地吃多于其身体需要的食物的困境。他经常吃一些没有营养的食物,如甜点,而不是均衡的食物。因为吃东西通常和快乐联系在一起,因此这是一个很难改变的活动。如果多食的习惯在年幼时不加以改变,那么到了他成人时想控制体重就会变成非常困难。在与家长的配合下,教师能够在改变儿童的饮食习惯方面做出一定的贡献,以帮助儿童获得一个快乐的、更加正常的生活。

行为分析

慢慢地,教师会很容易分辨出哪些是多食的孩子,但是可以参考如下要点作为可选择的理由。

- 当你的班上有这样一名儿童,他已经严重超重了,核实一下是否存在药物方面的原因。因腺体或者机体其他机能障碍而导致肥胖的可能性比较小,但是教师应该认真地考虑是否是因为孩子身体方面的原因。和这名的儿童的家长讨论一下你所担忧的。如果他们还没有采取措施,那么建议他们带

第46章 多食

着孩子去医院做一个全面的检查，以消除医学上导致肥胖的因素。*
- 可能在你班里有一个这样的儿童，他吃得非常多，但是并没有明显地肥胖。儿童的食欲是内外因素的一种综合反映。一个儿童吃了很多的食物可能是因为他之前参加了一定量的体育活动而唤起了他旺盛的食欲。可能他正在长身体，所以他的身体需要吸收更多的食物。还可能是因为食物和进餐的环境让人感到非常愉快，所以他吃得比平时多。教师在考虑儿童食欲时要与他的活动水平相联系。记住每个人的新陈代谢都是不一样的。
- 在判断一名儿童的体重时，一定要将其骨骼结构考虑在内。一名儿童可能因为他的骨架很大而不是因为他超重而显得很胖。看看他的脂肪以及其他综合性的指标。
- 年纪小的学龄前儿童有时候会因为他们还没有减掉婴儿肥而看起来很胖。学步儿和2岁幼儿看起来胖乎乎的。如果他们不是很重，你就不需要为此而担心。

如果上述要点都不适用于这名儿童的情况，那么可以采用接下来的方法来处理。

目标设定

目标之一是帮助这名儿童减少食量，这样她就不会吃多余其身体需要的食物；目标之二是帮助均衡这名儿童每天的食谱；目标之三是增加活动水平使她能够在规定的活动时间内至少有一半时间在运动。

方法介绍

处理多食和减少体重的基本方法涉及六个同时发生的步骤：
- 认真仔细地和其家长讨论所推荐的方法，确保征得他们的同意。
- 每天和这名儿童讨论新的饮食方法及其目标。
- 观察所有的进餐时间中，其食物的摄取量。
- 强调均衡饮食的重要性。
- 强化适宜的进餐行为。
- 通过一系列的运动项目来系统地提高其活动水平。

正如我们接下来要讨论的，家长的参与与配合对这个方法的实施非常的重要。家长能够确保这名儿童已经看过医生，而且没有任何身体上的原因，甚至是征得医生的同意才实施这些方法的。

---

* 多食可能是慢性病或者是综合症的一个方面，而这将影响其他方面的发展。教师应该熟悉这些症状及其对健康状况的影响，以及班里有这样的儿童应该如何对待。

概念界定

多食，是指儿童消耗了远远多于其身体正常生长所需要的食物量，从而导致了肥胖的行为。

基准线

在方法实施之前，收集一些信息非常重要。接下来，我们将会讨论三种需要收集的信息：

（1）这一方法取得成功的最显著的标志就是儿童的体重减轻了，因此，在方法实施之前一定要量一下这名儿童的体重。最终的进步将是这名儿童的体重减轻或者是没有上升。第一次测量体重之后，每隔一周的时间测一次，要在同一时间测量，整个方法实施的过程中要持续记录时间和体重。

（2）另外一个非常重要的信息就是，要掌握这名儿童每天吃了什么以及吃了多少。家长和教师必须每天收集这个信息。要求家长每天都要记录这名儿童在幼儿园之外吃了什么以及吃了多少，并在第二天将记录单带给教师。将这份记录和你对这名儿童每天在幼儿园吃了什么以及吃了多少的记录进行汇总。

记录这名儿童每天的食物摄取量是很简单的。写下这名儿童在进餐时间和点心时间吃的每一样食物，用大汤匙、茶杯或者其他适当的方法来估计一下她所吃掉的食物数量。这里举一个她吃早饭的例子：

1片土司面包

2个煮鸡蛋

1/2杯橙汁

1杯牛奶

当你记录了她一整天的食物摄取量后，根据下面5个分类标准将食物进行分类：

肉类

面包/谷物类

水果/蔬菜类

乳制品类

垃圾食品类

表46-1提供了一个简单的按照上述标准分类的食谱表。同时这个表格也显示出一人份食物中，各类食物应该占有的比例。以早餐为例，这顿饭可以转化为如下的份数：

1片土司面包=1人份，面包类

表 46-1　学前儿童食物供给量的换算

肉类：	肉、鱼、鸡蛋、花生酱或者其他含有等量蛋白质的食物 1 人份食物包括：28 克瘦牛肉、牛肉、羊肉、猪肉、家禽肉、鱼肉、海鲜或者是其他种类的肉，包括动物的肝、心和肾脏等 1 个鸡蛋 1 根香肠 28 克切达干酪（如果它没有被列入到乳制品类食物中） 1/4 杯松软干酪（如何它没有被列入到乳制品类食物中） 1/4 杯干蚕豆或者干豌豆 2 勺花生酱
面包 / 谷物类：	全麦面包或者营养面包或者其他等量的谷物类食物 1 片面包 1 个面包卷、1 个松饼或者 1 块饼干 5 片苏打饼干 2 片全麦饼干 28 克即食谷类食品 1/2 杯熟的谷类食物、麦片、粗玉米粉、大米、意大利粉、面条或者意大利面条
水果 / 蔬菜类：	任何新鲜的，罐装的或者冷冻的水果或者蔬菜 1/2 个葡萄柚 1 个中等大小的桔子 1/2 个香瓜 3/4 杯草莓、蓝莓或者其他莓类水果 1/2 杯橙汁、葡萄柚汁，或者柑橘类混合果汁 2 块香瓜 2 片桔子 1 杯生榨西红柿汁 2 个中等大小的生西红柿 1 杯水煮过的西兰花或者芥蓝，或者 1 杯生卷心菜、甘蓝等 2.5 个杏仁 1 个中等大小的苹果 1 根香蕉 1 个梨子、李子、油桃或者柑橘
乳制品类：	液体的，固体的以及介于二者之间的乳制品 1/2 杯牛奶，种类不限 1/2 杯酸奶 1/4 杯炼乳 2 勺脱脂奶粉 1/2 杯牛奶布丁 1 杯奶昔 1/2 杯牛奶麦片 1/2 杯冰淇淋
垃圾食品类：	包括所有高热量的食物，如薯条、汽水、糖果、蛋糕以及其他没有营养的零食

图 46-1 每日食物摄取量

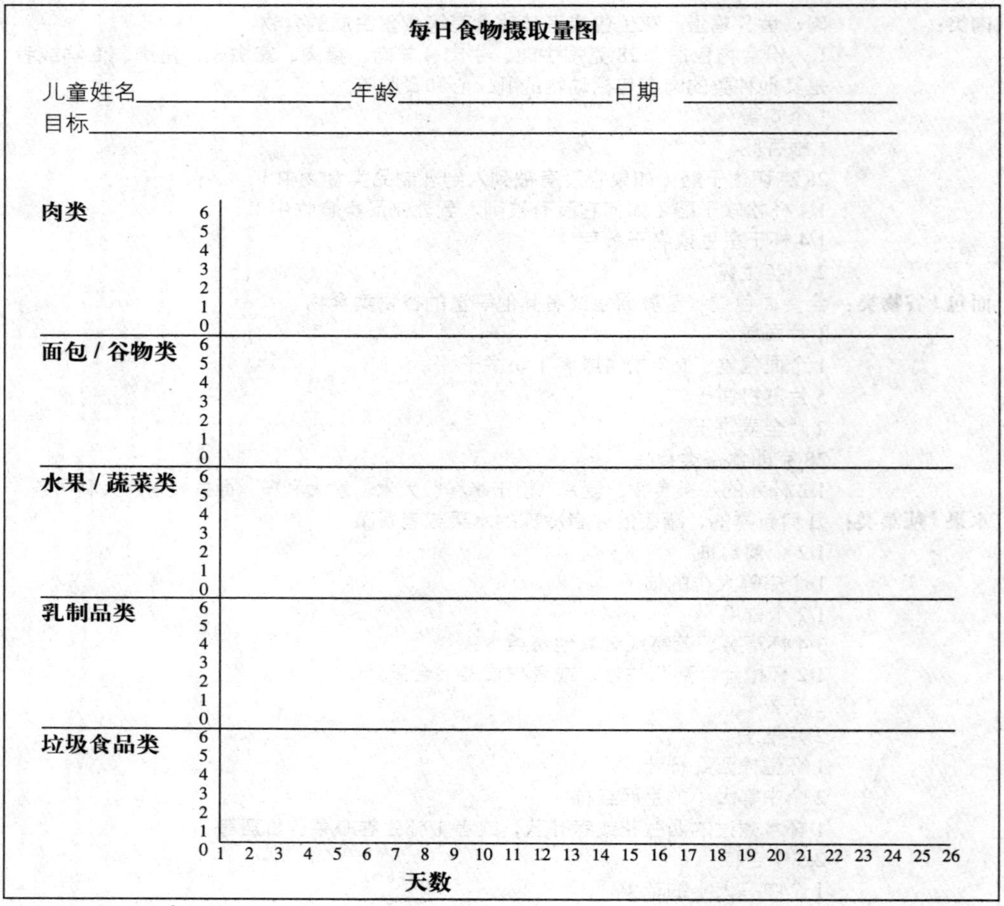

每日食物摄取量图

儿童姓名＿＿＿＿＿＿＿＿＿ 年龄＿＿＿＿＿＿＿＿ 日期＿＿＿＿＿＿＿＿
目标＿＿＿＿＿＿＿＿＿＿＿＿＿＿＿＿＿＿＿＿＿＿＿＿＿＿＿＿＿＿

肉类	6 5 4 3 2 1 0
面包/谷物类	6 5 4 3 2 1 0
水果/蔬菜类	6 5 4 3 2 1 0
乳制品类	6 5 4 3 2 1 0
垃圾食品类	6 5 4 3 2 1 0

1 2 3 4 5 6 7 8 9 10 11 12 13 14 15 16 17 18 19 20 21 22 23 24 25 26
天数

2个煮鸡蛋 =2人份，肉类

1/2杯橙汁 =1人份，水果类

1杯牛奶 =2人份，乳制品类

这样测量一天的食物摄取量并不完全准确，但是可以为你提供充足的信息来实施这个方法。如果你愿意，你也可以参考一些权威性的营养书籍，在这些书籍中将会有比较具体的信息。

教师也可以运用图46-1来记录这名儿童每天的食物摄取量。这个图可以让你清楚地了解这名儿童每天对五大类食物的摄取量。教师将家长提供的信息以及自己在幼儿园中记录的有关这名儿童饮食的信息，按照如上方法，转化成儿童一日各类食物的摄取量。如果某类食物的摄取量与表中的标准一致，就在这类食物旁边打一个叉，作为标记。

（3）另还，教师还要必须了解这名儿童的活动水平。记住体重是吸收的热量

（吃的食物）和消耗的热量（运动和活动）之间是否平衡的一种反映。选取一天中这名儿童有充足的时间来活动的一个小时或者是两个半小时。每分钟观察这名儿童一次，因此当观察时间结束时，你应该得到 60 个观察记录。如果你发现这名儿童在某一分钟里参加了一项活动，那么就再那一分钟上做一个标记。运动的定义是指任何可以刺激肺部和心脏的比较剧烈的活动，包括跑、爬、跳、不停地弯腰、摆动、单脚跳、腾空、快速骑三轮车和其他相对比较费力的可以调动全身的活动。但是，不包括这名儿童坐着、站着或者走路等，即使此时她的手和胳膊都没有闲着。在频率分布图上记录下这名儿童每天的运动总数（1~60 次）。

实施步骤

认真仔细地和这名儿童的家长讨论你所推荐的方法，并且征得他们的同意。 这个方法只有得到了家长的配合才能取得成功。除非这名儿童很少在家吃饭或者在家吃的食物和在幼儿园一样，否则改变这名儿童多食的努力会因他不在幼儿园的部分而抵消，而且这也将让这名儿童感到迷惑不解。与其家长商定一个时间来讨论这个问题。如果家长也同意这名儿童确实存在这样一个问题并且愿意和幼儿园一起努力来解决这个问题，那么你就继续使用这个方法。

家长和教师之间的密切合作以及他们共享改变这名儿童饮食模式的承诺对于改变这名儿童的多食行为是非常重要的。饮食模式的改变对家长来说不是一件容易的任务，因为这意味着他们也要改变自己的饮食行为。因此这一步不要太着急。耐心地花一些时间和家长讨论这个问题，以便让他们能全面地认识到这项任务将会面临的困难。仔细地查看这个方法给这名儿童和她的家人带来的情绪上的和社会性方面的变化。当家庭的饮食模式受到影响时，这就是一个巨大的变化。当你们开始讨论改变这名儿童的饮食行为时，你们就已经做好准备了。

当你和家长探讨过并且也收集到了原始的信息后，就要完成接下来的步骤了。所有的教师和食堂的工作人员都必须了解这些策略并且要合作完成。这名儿童饮食习惯能否成功地被改变依靠所有为他提供食物的成人的支持。

每天和这名儿童讨论一下新的饮食方法及其目标。 尽管成人控制这名儿童的食物的供应是必要的，但是争取这名儿童对完成这一方法的支持更加重要。每天选择一个话题，用几分钟的时间和这名儿童谈论一下有关营养的问题，一定要注意将你们的讨论和你为她制定的改变步骤联系起来。如果这名儿童提到了她的肥胖问题，那么就用这个话题来开始你们的讨论。否则，你就需要专门找一个时间和她来谈论。千万不要在她吃饭时谈论食物和饮食问题。选择的话题要是你能够驾驭的，且符合这名儿童的理解能力和兴趣水平。谈论的话题建议如下：

（1）我们需要均衡饮食。每天，儿童都应该吃一些肉类食品、面包和谷物类食品、水果和蔬菜以及乳制品。每个人每天都需要这四类食物。

（2）食物是身体的建构者。身体和大脑的生长和发育取决于我们摄取的食物的种类。食物摄取量和摄取种类的适宜性对于人类的生长和发育是非常重要的。

（3）热量。所有的食物都能为身体提供能量。一些食物所包含的热量比其他食物要多。如果一个人摄取了多余他身体所需的热量，那么这些热量就会以脂肪的形式储存在体内。

（4）运动。身体需要食物来提供能量以维持其功能的正常运转。身体耗用的能量越多，转化成脂肪的能量相对就会越少。一些活动像爬、跑、跳比坐着或者站着不动能消耗更多的能量。

（5）甜点。甜点是在两餐中间食用的，它有能我们为一天的食物摄取量做出贡献。一些甜点比较有营养而且热量也较少。

（6）垃圾食品。一些食物对人的身体发育没有好处。如果一个人吃了很多没有营养价值的食物，那么这个人吃的有营养价值的食物的量就会少于其身体所需要的量。

（7）食物和情绪情感。有时，当人们比较难过时，他们喜欢吃一些食物来让自己感觉好受一些。但是最好不要在难过时吃食物。

你可以应用这些简单的话题，也可以适当增加一些其他的话题。无论采用什么话题，关键是要提供一些能帮助这名儿童改变她对饮食态度的信息。除了可以和这名儿童单独讨论之外，你还可以将营养的概念纳入到课程中去，以便让所有的孩子都能从中受益。

监督这名儿童每顿饭中的食物摄取量。很大程度上，是成人在控制儿童吃的食物。教师要努力地减少这名儿童的食物摄取量并且鼓励均衡的饮食消耗。同时，教师也要鼓励家长这样做。下面列举了一些建议。在幼儿园，教师应该每顿饭都坐在这名儿童的旁边。

（1）提供小份的食物。如果给儿童提供的食物是分别放到每个人的盘子里的，那么一定要保证每份的量要少。如果儿童自己想动手多拿一些，那么教师要帮助这名儿童少拿一些。规则能帮助强化你的期望。你可以说："每次拿一个。你可以再拿一次。"如果这名儿童拿了多出你在第一份中所规定的食物，那么你要轻轻地但是坚决地阻止她，告诉她："这次够了。"

（2）将一份食物分成两份，这样看起来总数比较多，而且还能鼓励这名儿童慢慢地吃。

（3）用直接或者间接的方式鼓励这名儿童慢慢吃。告诉这名儿童要放慢吃饭速度，慢慢咀嚼，每次吃的少一点。此外，你也可以通过间接的方式鼓励她慢慢吃。比如，邀请她参加令人愉快的谈话，并给她说话、倾听和笑的机会。

(4) 小的盘子和器具能够使食物看起来要比实际的量多而丰富。少量的食物能够充满一个小的盘子，但是将其放在一个大的盘子里就会显得有些不足。小的器具会鼓励小份的食物。

(5) 避免提供糖和脂肪含量较高的食物。不仅仅是这类需要特殊帮助的超重儿童，所有的儿童都会从这一改变中受益。避免提供甜食。水果就是一个不错的选择，它含有儿童所需的多种维生素和矿物质。如果你使用罐装的水果，一定要保证水果是装在水里的或者是装在这类水果本身的果汁里面的，或者是不含糖浆的。如果食谱中需要糖，那么一定要少量添加。还有少用一些黄油、油，必要时甚至可以省掉。食物要烤而不要炸。

(6) 不要提供只含有热量的食物。软饮料、糖果等垃圾类食物几乎没有营养价值而且含热量较高。

(7) 教师一定要了解学龄前儿童每天所需要的食物量是多少。允许这名儿童从三餐和甜点中摄取与其身体需要相符的食物量。这就需要家长的密切配合，以保证摄取的食物总量不会过多。运用食物摄取量转化表，教师可以决定儿童的每份食物中应该包括哪些东西。

教师可以把如下每餐应占一整天食物摄取量的百分比作为一个粗略的参考：

早餐：20%

早上点心：10%

午餐：25%

下午点心：10%

晚餐：25%

夜宵：10%

教师也许不能做到完全根据需要来控制这名儿童的食物摄取量。上面的信息提供了一个粗略的指导，有利于教师在一个合理的范围内为儿童提供食物。

保证均衡的饮食。 除了要监督这名儿童每天吃了多少之外，教师还需要了解她每天吃了什么以保证饮食的均衡。这也需要家长的配合。

我们建议，每天允许学龄前儿童摄取的各类食物的量的最低限度如下：

乳制品（牛奶）类：4份（每份1/2杯，总量为2杯）

肉类：2份（每份30克左右）

水果／蔬菜类：4份

面包／谷类类：4份

强化适宜的进食行为。 教师要一直留意这名儿童适宜的进食行为，而且要经常予以强化。无论是这名儿童慢慢地吃、每口咬得比较小、每次独自拿的份数比较少、拒绝拿第二份，还是她关注了低热量的食物，教师都要对她进行表扬。在

进餐过程中或者进餐之后,告诉她你对她试图改变进食习惯的努力感到很高兴。你的表扬一定要做到热情和积极。同时,在谈话中要给予她关注,并学会倾听她。

通过一系列的运动项目来系统地提高这名儿童的活动水平。 因为运动消耗热量,而且超重的儿童与体重正常的儿童相比,通常缺乏运动,因此教师要鼓励这名儿童多多活动。你可以实施一系列的充满乐趣的、以大肌肉锻炼为主的活动。

这名儿童除周末外,几乎每天都在幼儿园内,因此教师一定要计划好让她每个小时内至少有五分钟的活动时间,可以是单独的个人活动,也可以是集体活动。目的是让这名儿童积极地活动起来以消耗更多的热量。下面是对这类活动的一些建议:

(1)教师可以设计一些活动来鼓励这名儿童伸展、弯曲、扭转身体或者让她做其他任何一种能够调动全身的活动。鼓励肥胖的儿童尽可能多地参与活动。如果有必要的话,教师也可以帮助她实施这项活动。学龄前儿童喜欢带有想象性质的活动(如"假装你是一条蛇!"或者"让我们像爆米花一样跳来跳去")。他们更喜欢一些直接性的指令(如"摸你的脚趾"或者"单脚跳")。有关学龄前儿童活动的参考书上面有很多非常好的活动点子。

(2)教师也可以将主要活动设计成能够鼓励这名儿童参与多项运动的活动。

(3)设计一些障碍课程,室内外均可,用这样的方式鼓励这名儿童必须要弯曲、跳和爬。

(4)很多小道具可以使活动变得有趣。教师可以给这名儿童提供一个呼啦圈来转、一只球来拍、一只风筝来放、或者一个轮胎让她来滚动。尽可能多地提供运动的机会。

(5)如果幼儿园的户外或者是在幼儿园附近有一个小斜坡或者是小山,教师可以和肥胖儿童玩游戏,这些游戏需要他们跑到小山上(例如,滚一个圈)。

(6)跑步比赛。画好界限,鼓励这名儿童来回地跑,没有必要分出胜负者的名字。

(7)提供一些可以移动的户外器械,例如大的柜子或者是橡胶做的箱子。鼓励这名儿童将这类物品推或者拉到一个地点,或者在上面爬,或者用其他的方式玩。

还有很多其他的活动你可以使用。总之,教师要提供丰富的活动以吸引儿童的兴趣。如果这名儿童很喜欢某一项活动,那么可以重复这一活动。

持续记录这种行为。 持续记录这名儿童在幼儿园和在家里摄取的食物量。如果家长愿意,也可以将周末孩子吃的食物量记录下来。如果家长几周以后决定不再记录儿童食物的摄取量,教师要鼓励他们继续做下去。每周,都要称一次这名儿童的体重。此外,还要继续观察和记录这名儿童每天每个小时的运动量。

保持取得的进展

　　实施这一方法的主要目的并不是要减少这名儿童的体重。不过，如果这名儿童不再摄取多出其身体需要的食物并且经常锻炼的话，那么她的体重应该有所降低。计算并记录与之前陈述的目标相关的数据：吃的食物份额、食物的种类、活动水平。然而，一定要记住饮食行为是很难改变的，因此要想改变，就需要你持续的支持和帮助。继续和这名儿童谈论有关营养的话题，继续经常对其适宜的饮食行为进行强化。如果这名儿童开始自我监控食物的摄入量，你的作用可以慢慢退出。然而，基本上要等这名儿童过了学龄前阶段你才可能实现这个目标。当这名儿童的活动保持在一个较高的水平时，你可以减少她每小时活动的时间。当这名儿童体重有所下降时，她就应该倾向于主动参加运动了。

第47章

乱 食

"萨拉，用你自己的勺子！" 3岁的萨拉转向了莱丝莉老师，她的手里满是蘸满西红柿酱的意大利面条。突然，她使劲地用手拉自己的头发，在这过程中，一些西红柿酱留在了头发上。莱丝莉老师非常愤怒地站起来，用纸巾清理了一下萨拉的手、脸和她的头发。"现在用你的勺子来吃东西，萨拉。"萨拉注视了勺子一会儿，然后用勺子将盘子里的食物混合起来，其中一些食物掉在了盘子外的桌子上。

莱丝莉老师很严肃地看着萨拉，这时萨拉用她的勺子舀起桌子上的胡萝卜条，正要放到嘴里时，胡萝卜条掉在了她的大腿上。萨拉将它捡起，放入嘴里，用力地嚼起来。她用另一只手将腿上的残余清理干净。

到了吃甜点的时间，萨拉用她的手来吃苹果酱，并将桌子上的、她自己身上的和地板上的松饼屑吃掉。午饭后收拾打扫的教师总是能够说出萨拉是坐在哪里吃的饭，因为其他地方都没有那些东西。毫无疑问，萨拉吃饭的地方总是有很多的食物黏在或者洒在桌子上、椅子上和地板上。

行为表述

进餐时，这名儿童总是以一种的胡乱的方式吃东西，把食物弄洒，或用食物弄脏自己。

行为观察

教师要花一些时间对这名儿童进行观察，以便能够更好地了解她的乱食行为是如何发生的。

这名儿童的哪些行为导致了乱食的出现？
- 她在用餐叉或勺子获取食物方面有一定的困难
- 她转动餐叉或者勺子使食物洒了出来
- 她一直都不能用餐具把食物准确地放入嘴中
- 即使会用餐叉或者勺子，她仍然用手吃饭
- 她在用手指有效地抓握食物方面有困难

- 她经常将喝的东西弄洒
- 她将盘子里的食物移到盘子的边缘，然后将其洒在桌子上
- 她把食物洒在大腿上或者是衣服的其他地方
- 她将食物洒在地板上
- 她故意摆弄食物
- 她将盘子里本不应混合的食物混合在一起（例如，她将本应与薯条搭配的调味番茄酱与菠萝块放在一起）
- 她将食物涂在盘子四周或者是桌子上
- 她会将食物吐出

提供的食物本身是否与这名儿童的乱食行为之间有一定的关系？
- 她在吃所有的食物时都表现出乱食行为
- 当吃一些流质性食物如汤时，她会表现出更多的乱食行为
- 当吃一些软性食物如意大利面时，她会表现出更多的乱食行为
- 她在用餐叉或者是勺子吃东西时比用手吃东西更容易表现出乱食行为。

有没有那些时刻存在，即不管提供了哪些食物，这名儿童吃的时候都能保持得很整洁干净？

运用这些观察得到的信息，来帮助你改变这名儿童的行为。

与家长合作

在对这名儿童的行为进行了仔细地观察以后，教师要和这名儿童的家长见面，与他们分享你所观察到的及你所关注的问题。了解一下其家庭的进餐习惯以及他们是否注意到了这名儿童的乱食行为。可能在家庭中，这名儿童一直是由成人喂食的，因此她没有自己独立吃饭的经验。与家长谈谈你关于减少孩子乱食行为的一些想法并倾听一下他们是如何处理儿童的这种行为的。一旦你们想出了一个方法来训练孩子的进餐技能，你就要和家长保持密切的联系，以便让他们了解他们的孩子在这方面取得的进步。

行为影响

通常3岁的幼儿已经能够独立吃饭了。虽然洒掉或者丢掉一些食物可能偶尔还会发生，尤其是在吃一些比较复杂的食物时。但是大多数时候，这个年龄段的孩子是可以比较整洁地进食的。当孩子在这方面存在困难时，那么可能是由如下原因造成的。首先，他可能有知觉问题或者是发展比较迟缓，从而妨碍了他动作协调性的发展。其次，他也可能将乱食行为作为一种获得成人或者其他儿童关注的方式。最后，乱食行为也可能是这两方面原因共同作用的结果。

低龄幼儿可能会发现，当表现出乱食行为时，成人会给予他足够的关注。当这一现象重复发生时，这名儿童就会总结出：通过故意表现出乱食行为，他能够获得成人足够多的关注。很多情况下，他的想法都被证实了。当他的饮食行为越乱七八糟时，成人的反应就越强烈。幼儿教师通常会通过责备这一行为或者表现出对这一行为的担心来对乱食行为进行关注，而就是因为这样，教师给予了乱食行为一定的强化。教师可以通过不对乱食行为进行强化和一套系统的方法培养儿童正确进食的习惯。

行为分析

思考一下如下建议，可能其中的某一条就为你所关注的乱食行为提供了一种解决办法。

- 视觉上的问题可能是导致乱食行为的根本原因。再重新看一下你的非正式的观察记录，看一看这名儿童在用勺子或者餐叉把食物放入嘴里的准确性方面是否存在特殊的困难。视力测验可能会揭示出她是否存在这方面的问题。如果你怀疑存在这样的问题，那么与这名儿童的家长讨论一下你的担忧。建议他们去咨询一下医生。*
- 关注一下这名儿童是如何使用勺子和餐叉的，以及她是如何用手指拿食物的。如果一个三岁半或者四岁的孩子使用的是他的整个拳头，那么就需要做进一步的测试。
- 年龄是影响儿童如何进食的最重要的因素。一个年幼的儿童，他的肢体的协调性还没有得到完全的发展，而且也并不经常练习吃饭的技巧。不要期望两岁的孩子或者不足三岁的孩子能够很整洁地进食。到了三岁半或者是四岁时，多数情况下，儿童应该能整洁地进食了。**
- 要创设一个鼓励儿童整洁进食的环境。教师要认真准备和提供食物。此外，一张比较吸引人注意的桌子、一种放松的氛围也传达了教师对儿童适宜的饮食习惯的期望。当教师并没有很认真地准备食物和桌子，并将食物胡乱地摆放时，就向儿童传达了这样一种信息，即教师不关注整洁和清洁。在儿童看来，这可能就意味着乱食行为是可以接受的。
- 盛放食物的碟子以及餐具的大小应该与孩子的手相适合。提供的盘子和碗要小而轻；杯子要小而结实；勺子要小而深。这些物品都要与孩子手的大小相适合而且应该能有效地发挥其功能。

---

* 知觉性问题使得儿童在准确地从器皿中获得食物，或者将盘子里的食物放入嘴里等方面存在一定的困难。在视觉或者是协调性方面有问题的儿童可能会在进餐中表现得比较困难。

** 认知上存在障碍的儿童，其发展水平可能低于同年龄段儿童的平均发展水平。对于这类儿童来说，乱食是其发展水平低的一种表现而不是不恰当行为。

第 47 章　乱食

- 确保食物放在最适合的容器中。例如,果冻甜品放在盘子里就不容易被处理,但是如果将其放在一个碗中就比较适合了,而且还应该把果冻切成小块。

如果上述建议都不能帮助你解决这名儿童的乱食行为,你可以继续如下的策略。

目标设定

目标是让这名儿童能够掌握吃饭技能,使用适当的器皿,而且不要把食物弄洒。

方法介绍

这一方法的提出是基于如下假设,即引起乱食的部分原始是因为这名儿童没有掌握吃饭的技能,或者是她想通过这种行为引起成人的关注。这一方法的基本策略包括如下几个步骤:

- 系统地帮助这名儿童学习正确的进食技能。
- 强化适宜的饮食方式。
- 忽略其乱食行为。

概念界定

乱食,是指儿童经常弄洒食物、摆弄食物或者是用不恰当的方式进食的行为。将那些你认为是乱食的具体行为表现列出来。

基准线

教师要用三天的时间来收集一些原始信息。收集信息的时间可以选在午饭、或者甜点时间,选择午饭时间的前提是午饭不是计划的一部分。用笔和纸记录下你观察到的这名儿童的进食方式。每次她出现一次上述行为表现,就在纸上记录下来。进食结束后,数一下你做的标记,然后在频率记录图上记下整体的情况。

实施步骤

收集了这些原始信息后,教师就可以开始实施如下策略。所有的教师都应该了解这些策略,并保持策略实施上的一致性。

系统地帮助这名儿童学习正确的进食技能。实现这一步的方法取决于这名儿童在吃饭时有哪一种具体的行为表现。下面将呈现三种乱食行为的具体表现及其改进的途径。根据需要运用其中的一种、两种,或者三种方式来改变这名儿童的行为。你应该在这名儿童吃饭时坐在她的旁边实施如下步骤。*

(1) 用勺子或餐叉获取食物困难。食物很容易被推到盘子的外面，或者当这名儿童不能够用餐具获取器皿中的食物时他们习惯于用手去获得食物。用勺子舀起食物是非常难以获得的技能。如果这名儿童在协调性方面有困难，那么所有的技能的习得都会变得很困难。教师可以帮助这名儿童提高这方面的技能，并在这个过程中给予指导。

首先，在可以有多种选择的情况下，儿童要知道选择那一种器具。有些情况下用餐叉来叉食物会比较容易，然而在其他情况下勺子又是比较好的选择。一些食物用餐叉或者勺子都不能很好地得到处理，那么就需要用手。在这名儿童开始进餐前，问她："哪些食物你准备用餐叉？哪些食物准备用勺子？哪些食物准备用手？"对这名儿童正确的回答予以表扬。不论这名儿童的回答是正确的还是错误的，教师都要向她讲解这么做的原因。例如，要这样说："正确，你选择用餐叉来吃这顿饭是因为你可以很容易地将食物撕开并用餐叉叉起来。"或者"当你用勺子不能将薯条舀起来时，可能用手会是一个很好的选择。"注意不要在这方面花太多的时间。

第二，确保将食物切成大小适合进食的块状。如果食物是一大块，那么儿童将不可避免地会发生乱食行为。像三明治之类的食物就应该切成大小方便儿童拿取的形状。

第三，教师要观察当这名儿童用勺子或者是餐叉获取食物有些困难时，她是怎样用面包、面包卷或者其它比较软的手指食物来代替的。例如，豌豆和一块面包分别放在一个器具的两边，那么儿童将更容易关注到面包。

第四，握着这名儿童的手指，向她演示用勺子或者餐叉的好处。然后，让她自己练习使用，但是当她失败了两次之后教师就要给予她帮助。

你一定要待在这名儿童周围，必要时帮助儿童用餐具拿到食物。最后，这名儿童就获得了成功地利用器具的感受。随着这名儿童变得越来越习惯运用适宜的器具来获得食物，教师就要渐渐地撤出对她的帮助。

(2) 将食物放入嘴里而不洒比较困难。如果这名儿童在这个任务上有一定的困难，提供直接的指导。

开始，当这名儿童用餐具获得器皿中的食物时，教师握住她的手。停顿片刻观察一下以确保餐具上的食物不会掉下来，然后慢慢地指导着她把食物放到嘴里。当你帮助这名儿童时一定要将整个过程用语言描述出来。比如，你可以说"首先，

---

* 对于那些生理上有缺陷的儿童来讲，系统地学习如何更加有效地控制吃饭的容器是非常有意义的。生理上的缺陷会影响肌肉运动的精确性，通过这种方法可以弥补这类儿童认知上的缺陷以及视觉上的缺陷。

我们必须保证食物是在勺子里面的，勺子是直的。现在让我们来慢慢地移动勺子到你的嘴边。不要把食物洒掉。现在食物已经进入你的大嘴巴了。闭上你的嘴巴。把食物从勺子上取下来。现在勺子离开你的嘴巴了，你可以咀嚼食物并把它咽下去了。看！你一点都没有把食物弄洒！"指导这名儿童几天，并用语言描述这个过程。

当你感觉到这名儿童明白了这个过程，你就尝试着减少指导。握着这名儿童的手，并且描述整个过程，但是当勺子即将到达她嘴边上时，将你的手移开。告诉这名儿童让她完成将食物送入嘴里这个过程。当她成功时，要对她进行口头的表扬。

当这名儿童在一顿饭的整个过程中都没有洒掉食物，你就要进一步撤出你的指导。这次，当食物在盘子和她的嘴巴之间一半的距离时撤出你的手。但是要用语言描述出正在发生的事情并对她缓慢的、整洁的进餐行为予以鼓励。

接下来，在食物和器具相对稳定的情况下，让这名儿童独自将盘子里的食物放入嘴中。最后，撤销所用的肢体指导。随着这名儿童逐渐了解她自己需要做什么，教师要慢慢地减少语言上的指导。

（3）其他的乱食行为。运用如上所描述的方式来对待其他乱食行为。教师要对将要纠正的行为进行仔细的研究，将其分割成几个步骤，然后通过直接的指导帮助这名儿童完成整个过程。随着这名儿童获得新行为的技能，教师要渐渐地撤出你的帮助。

强化适宜的进食方式。 在所有的进餐环节中，教师要敏锐地发现这名儿童适宜的进餐行为并且积极地给予强化。不管这种行为是儿童自发的还是在教师的指导下产生的，都要让她知道你对整洁地进餐行为是非常重视的。在进餐的过程中和进餐结束后都要告诉她，她做得非常好。教师要根据儿童的能力给予表扬。开始，你可能只是强化食物在勺子上的平衡（即使最后食物从勺子上洒了下来）。之后，在整个过程中，应该只有很少地食物会被洒掉，老师要根据实际情况调整你的表扬。

忽略其乱食行为。 如果这名儿童被视为能力缺乏而表现出乱食，那么教师要持续地帮助她学习整洁地吃饭所需的必要的技能。如果这名儿童是故意制造出一种乱食行为或者是故意扔食物，那么教师这时一定不要给予她她想要的那种关注。如果是后者，教师可以这样做：

- 说："不可以，你不可以把牛奶吐出来。"用这样的陈述作为一种对这名儿童乱食行为的警告。但是一定要保证这名儿童能够听见。
- 如果这名儿童继续这个行为，将她的餐具从她的手中拿走，并把这些餐具放到她不能够到的地方。

- 背对着这名儿童。不要看着她,不要和她说话,也不要对她的行为有任何的反应。忽略所有她可能做出的行为。
- 片刻之后,把她的盘子、杯子和其它器具拿回来放在她的面前。对她的乱食行为不做任何的评论。
- 继续帮助她整洁有序地进餐。当她有积极的行为时,要及时地予以强化。
- 只要这名儿童故意表现出乱食行为,教师就要重复这个策略。

持续记录这种行为。 每天使用这样的方法,每天都要在频率记录图上记录乱食行为的数量。当乱食行为的数量连续地接近于零时,你就实现了你的目标。然而,一定要想到偶然事件可能还会发生。

保持取得的进展

在这名儿童已经达到目标之后,你还要继续对她适宜的进餐行为进行间歇的强化。如果有必要,你还要偶尔地给予她一些帮助。如果这名儿童偶尔又出现了乱食行为,那么你要按照之前所描述的方式忽略这种行为。

第八篇

多种问题行为

第48章

表现出多种问题行为的儿童

有时，儿童会表现出多种问题行为。有些时候这令教师感到非常沮丧，因为要改变这名儿童的问题行为需要教师倾注大量的精力。如果之前教师面临多种挑战的努力均以失败告终，那么这样的结果就会强化教师现在在解决这些问题时的那种无助感。

本章将系统地呈现如何面对那些具有多种问题行为儿童的方法。这里需要教师们集体合作来完成。在教师会议上，大家花一定的时间充分地讨论这些问题行为，然后选择一个具体的方法。然后，教师们就可以制订一个为之努力的计划。当你的方法开始发挥作用时，也就证明这个计划起作用了。

对你所担心的问题行为进行考察

将你所担心的这名儿童的问题行为按次序一一列举出来，并在纸上做记录。

- 要回顾一下本书中与你所列出的问题行为有关的篇章内容
- 考虑一下这些问题行为之间是否存在着一定的相似之处。可参考的一条线索是如果这些行为之间存在相似点，那么它们会处于目录中相同的篇章中
- 还要考虑一下本书中应对问题行为的建议之间是否存在着一定的相似之处
- 对列举出的行为进行核实，是否有一些行为是相互对立的。通常一种行为的消退会导致另一种行为的增加。不参与社会互动行为和攻击性行为就能很好地说明这一点。随着积极的社会互动行为的增加，消极的社会行为如攻击性行为就会减少。另一个例子是有关不参与活动与吮吸手指。同样，随着儿童的参与活动的次数的增加，吮吸行为就会自动减少
- 核实一下本书所提供的策略是否都是预防性的。一种预防性的方法主要是基于教师的行为和反应的变化。教师变得越来越能理解这名儿童在做什么，并在这名儿童出现了目标行为时会采取行动加以制止。预防性的方法与其他的技巧结合使用就可以消除这名儿童这种问题行为。本书中的大多数策略都不是预防性的，但是使用这些技巧可以直接促使这名儿童的行为发生变化

第48章 表现出多种问题行为的儿童

按照重要性排列你所列举出的问题行为

对你所列举出来的问题行为进行排序。你要将自己和家长关注的行为放在最前面。你可以用下列标准来决定哪些应该被优先排列：

- 那些会直接威胁到这名儿童自身和其他儿童健康和安全的行为应该被放在最前面。攻击性行为和向他人扔东西是这种行为的代表
- 第二类包括那些对这名儿童自身和其他儿童的自尊心产生威胁的行为。起外号、不参与活动和因害羞而不参加集体活动是这类行为的代表
- 第三类包括那些极具破坏性的行为，如爱发脾气和在教室里漫无目的地乱跑
- 第四类包括任何间接伤害儿童健康和安全的行为，如损坏玩具或者把东西丢进马桶里冲走
- 最后一类包含了所有其他的行为，如撕毁图书和哼哼唧唧

对问题行为排序之后，你一定要了解这些问题行为内部也有着不同等级。如攻击性行为包括各种类型的行为（攻击性是一个行为的集合），从轻轻地扇一个耳光到用拳头猛击。

与家长合作

当你对所担心的行为了解得比较清楚并对这些行为进行排序之后，你就要和这名儿童的家长一起来讨论你的观察情况。有大量问题行为的这名儿童的家长会非常高兴地听到你的积极的意见，如果他们并没有听到积极的意见，那么他们就会采取防御措施，因为他们感觉受到了一种威胁。教师一定要对家长的需要和感受具备一定的敏感性。询问他们有关改变儿童问题行为的意见，参考他们的意见以便实现你的目标。和他们讨论你对改变儿童问题行为的想法以及你将计划如何实现你的目标。让家长了解你将循序渐进地来实现你的目标而不是要立刻改变儿童所有的问题行为。和他们保持密切地联系，以便让其了解你在实现目标方面所取得的进步。

决定采用哪些方法

一旦列举出并对所有问题行为进行排序之后，你就必须决定首先要解决哪种问题行为。最重要的是每次不要针对太多的问题行为，一次最好集中于一种，最多两种问题行为。

（1）从你所列出的最严重的问题行为着手。如果你感觉以两个问题行为作为开始有其必要性的话，那么就按照列出的目录顺延。但这两种行为必须符合下列

标准中的一个：

- 两种行为非常相似，且采取的策略可以很容易合并
- 针对两种行为的解决策略非常相似而且可以很容易合并
- 两种行为是完全相反，一种行为的增加，另一种行为就会自动减少

（2）当一种或者两种行为已经能够很好地得到控制时，你就可以考虑继续解决单子上所列出来的下一种行为。就这样继续下去，直到处理好所有的问题行为。

（3）通常情况下，即使教师没有采取任何具体的干预措施，随着一种行为得到改善，其他行为也将随之发生改变。原因在于，这名儿童可能会因此与教师建立起一种比较积极的关系，这种关系使得这名儿童更倾向于去做教师期望他做的事情。反过来，教师也会发现这名儿童变得越来越让人喜欢，从而对这名儿童做出更多积极的回应。因为教师的积极回应增强了这名儿童的自尊心和自信心，他的整体的行为可能也会得到改善。这名儿童可能很容易地认识到到服从成人的要求并不是一件坏事，尤其是当成人对他的这种服从行为予以强化时。

当教师使用这些策略来处理儿童的多种问题行为时，一定要知道这些策略也存在一定的不足，并有一定的局限性。系统化的方法可以帮助你消除儿童的多种问题行为，但是实施这些方法，也需要一定的时间和精力。不过，从长远的角度来讲，系统化的策略可以为教师节约时间、精力，而且在处理这些问题行为时不会感觉到沮丧。最重要的一点是，教师可以帮助这名儿童在社会化的过程中不断成长。因为，在这个过程中，你帮助这名儿童改善了与其他人的关系并提升了他的自我价值感。

第49章

最后的一些思考

幼儿期是儿童学习并开始内化社会期望和规则的时期。这是一个渐进的过程。在这一时期，儿童的行为渐渐得以塑造并成形，这便于他们在社会活动中更好地发挥其作用。成人在儿童社会化过程中的作用是非常重要的，因为他们可以帮助儿童学习以某种令人满意的和积极的方式来建立社会关系。作为幼儿教师，我们在这个过程中的作用尤为重要。

问题行为在幼儿的生活中是必不可少的。儿童并不是生来就能理解社会规则和社会期望的。儿童是通过其他人，尤其是成人的反应以及他们自身行为的后果而渐渐地习得这些内容。有时，这些问题行为来自那些儿童生活中的、他们无法控制的事件，或者偶尔产生于某种家庭困难。因为儿童一般来讲不能掌控他们身边所发生的事情，因此他们对这些事件的反应可能以不适宜的行为方式表现出来。儿童身边的成人对这一事实的敏感性和理解能帮助儿童度过这段困难期。总的来讲，本书中涉及的这些技巧主要是用于儿童的问题行为在其控制范围内的情况，例如儿童的行为主要是为了引起成人的关注。

这本书可用做是幼儿教师的指南，也可以作为一种刺激以引发教师来仔细地反思为什么儿童会出现不恰当的行为。这本书并不是"食谱"，因此不能解决各种情境中的问题。每个儿童的行为都是独特的，因为引起行为的原因和情境各不相同。书中提及的技巧所起到的也仅是指南的作用，就是帮助教师来深入思考可选择的策略以及不同的可能性。这里探索和讨论了大量的不恰当行为，其中一些是非常普遍的，而一些却比较少见。

本书涉及具体问题行为的每章内容都是基于对教师所设置的课程环境和氛围的一些假设（假设包括四个方面）：第一，我们希望课程设置是以儿童发展为取向的，并伴有适宜的活动和材料以及积极的师幼互动。如果环境和活动是鼓励幼儿参与的，并且成人能给予积极的回应，那么儿童很少会出现问题行为。第二，教师能够仔细地寻找儿童问题行为的原因并且根据具体情况做出适当的反应。换而言之，如果行为的起因超出了孩子的控制范围，那么教师必须尽可能地寻找一些途径和方式来改变外在原因。第三，本书还假设，即儿童能够理解成人对他们的期望，清楚规则，而且能够持续地遵守规则。最后，本书还假设教师和家长能够为了儿童的成长和发展而一同合作。

　　本书用统一的版式来帮助你了解，作为一名教师你应该如何用一种清晰的、聚焦的、重点突出的方式来处理儿童的问题行为。这种版式的结构是以仔细陈述遭到议论的行为为起点；这本书可以让教师重新认识儿童的某种问题行为，接着它将指导教师如何去观察正在发生的事情；在尝试改变行为之前，了解这种行为发生的时间、地点、方式、和谁发生此类行为以及在怎样的情境中最容易发生这种行为。与这名儿童的家长共同协商这一问题在本书中也是这一过程中非常重要的一个步骤。任何行为必定都会产生一定的后果，每章接下来的部分就会讲到如果这种行为没有得到制止会产生怎样的结果。一个非常重要的部分是鼓励教师如何多角度考虑这种行为。这能够帮助教师思考当环境发生变化时如何处理儿童的行为。现在，如果你已经准备来实施改变这种行为的策略，下一部分就是要陈述教师的目标，然后呈现出一个建议性的方法，特别重要的是要对这种行为加以界定，这都会帮助教师收集一些有关这种行为发生的频率的信息，然后将会详细地介绍这个方法中每一个步骤中的具体细节。最终，每章会有一些建议来巩固儿童的行为变化。实施这些步骤的目的在于帮助教师循序渐进地并且认真思考在儿童身上正在发生的变化。

　　本书涉及具体问题行为的每章都针对儿童特定的问题行为提供了不同的指导策略和建议，这些指导策略因儿童问题行为的本质的不同而变化。一些行为需要教师迅速采取行动，尤其当儿童的行为伤害了或者有可能伤害到他人时。另外一些策略则会关注儿童的破坏性行为或者是令人讨厌的行为，或者是儿童在活动中缺乏社会互动。不管儿童的行为是怎样的，教师必须要关注、尊重儿童的行为及他们的需要。想要儿童的行为变得让人能够接受，教师就需要采取有效的方式并花一定的时间。

　　通过以恰当的方式来帮助这类儿童习得适宜的行为，教师和班级所有的儿童都能从中受益。那些曾经引起教师关注的儿童，将会对自己感觉良好，并且将他的时间用于有效的和值得做的有益的活动上。其他儿童将会在一个愉快的环境中度过他们的时间，并且会因为教师不再将过多的注意力放在那一个或者两个具有问题行为的儿童身上而得到更多的关注。最后，作为一名教师，如果你将时间用于有意义的互动并与所有儿童一起享受活动的过程，那么你将会体验到巨大的成功。

　　问题行为是学前儿童生活中不可避免的一部分，但是这些行为并不需要花去教师全部的精力。教师经过深思熟虑后形成的策略能够指导并帮助这些儿童学习更多有效的、可选择的行为方式。